中国地域文化与社会发展丛书

丛书主编／周尚意

地方认同、文化传承与区域生态文明建设

孔 翔／著

国家自然科学基金面上项目"开发区建设与地方文化空间的重构"
（项目号：41271170）
国家社科基金重大项目"加快推进生态文明建设研究"
（项目号：10ZD&016）

科学出版社
北京

图书在版编目（CIP）数据

地方认同、文化传承与区域生态文明建设/孔翔著. —北京：科学出版社，2016

（中国地域文化与社会发展丛书）

ISBN 978-7-03-048805-3

Ⅰ.①地… Ⅱ.①孔… Ⅲ.①区域生态环境–生态环境建设–研究–中国 Ⅳ.① X321.2

中国版本图书馆 CIP 数据核字（2016）第 132918 号

丛书策划：侯俊琳 石　卉
责任编辑：石　卉 程　凤／责任校对：蒋　萍
责任印制：李　彤／封面设计：无极书装

科 学 出 版 社 出版

北京东黄城根北街 16 号
邮政编码：100717
http://www.sciencep.com

北京凌奇印刷有限责任公司 印刷
科学出版社发行　各地新华书店经销
*

2016 年 7 月第　一　版　开本：720×1000　1/16
2022 年 6 月第五次印刷　印张：14 1/4
字数：290 000

定价：**75.00** 元

（如有印装质量问题，我社负责调换）

丛 书 序

　　近30年，中国文化地理学的发展与中国经济的发展有密切的联系。改革开放、高速城市化、人口流动等带来地方文化的重构，重开国门、经济全球化、国家间文化交流频繁。在这样的背景下，地方政府会遇到许多发展方面的问题，其中有些需要文化地理学者开展深入研究。例如，如何克服城市更新中的"千城一面"？如何化解名人故里之争？如何确定艺术集聚区的位置？如何保持乡村聚落的地方文化基因？如何避免少数民族地区文化旅游对文化原真性的破坏？如何处理地上不可移动文物的保护与聚落发展的关系？还有城市改造中区域文化形象定位、旅游开发中地方性的发掘、边疆地区文化中心建设、消费文化与区域资源环境的关系、文化产业发展的地方文化环境、历史文化城市、村落保护与区域发展的关系等问题。

　　解决上述问题，需要了解如下过程：第一，意识形态基础的变化过程；第二，消费文化的多元化过程；第三，指引社会组织的价值理念变化过程；第四，人地系统中的技术变化过程。这些过程是多学科的探索对象，文化地理学要说明的是，在不同区域或不同地方，上述过程会出现什么差异，并评判这些变化过程的利弊，尤其是空间表现形态的好坏。

　　今天的中国，既处在现代化与后现代化并行的时代，又处在社会组织貌似稳定却又不断重组和新技术不断涌现的时代，但依然挡不住生态环境恶化的出现。现在各个地方在谋求发展的道路上，均面临着如何实现产业转型、如何提高文化软实力和如何解决环境问题等挑战。而该丛书则是多位中青年学者，尝试从文化地理学的视角分析地方发展中的现实问题的最终成果，旨在为国家和地方政府的决策、为公民参与这些决策提供参考。

王恩涌

2014年3月2日

前　言

2015 年的冬天，据说是有史以来全球最暖和的一个冬天。身处上海，虽未能像北京甚至整个华北地区的朋友们那样，时时感受到爆表的雾霾，但也时常担忧大气和水环境的安全。《中共中央－国务院关于加快推进生态文明建设的意见》实实在在地代表了全民的心声，不过更多的讨论似乎仍聚焦于产业结构调整和技术进步领域，较少关切生态文明内在的文化内涵，也相对忽视了各地探索特色生态文明建设路径的积极价值。

人文地理学特别关注人地关系问题。近年来，在人本主义思想的感召下，对人地关系的研究更多了人文精神和对文化、人性的关注。随着 20 世纪后期地理学研究的"文化转向"和人文科学研究的"空间转向"，文化地理学已经成为热门研究领域，而无论是传统文化景观学还是新文化地理学，都对探讨特定地方的人地关系和人人关系具有极为重要的启示意义。作为人类的新形态，生态文明研究有必要从地方文化的发展、演进，以及对地方的情感和认同研究中汲取有益的养料，这能有助于生态文明建设从内涵深处汲取前人的智慧，并在当下形成合力。

研究的选题最初源于在古徽州地区指导学生参与人文地理学野外实习，并争取到教育部人文社科项目"基于生态文明建设的传统地域文化保护研究"（项目编号：09YJCZH043）；以后，又作为子课题负责人，参与了国家社科基金重大项目"加快推进生态文明建设研究"（项目编号：10ZD&016），这促使我对区域生态文明建设有了较深层次的思考，并强烈地感受到从传统文化中汲取生态文明建设的地方性经验不仅对生态文明建设而且对地方文化保护都有重要的价值。2012 年以来，我在国家自然科学基金（项目编号：41271170）的资助下，对地方认同有了更多思考。这促使我进一步领会到，地方认同正是区域生态文明建设和传承地方传统文化的内在动因，而构建传统地方文化保护与区域生态文明建设之间的良性互促关系，关键也在于增进地方认同。在全球化和现代化浪潮的冲击下，虽然实现了经济技术水平的迅速提升，却也使越来越多的地方被消解，越来越多的人因为缺乏地方认同而无法构建平静祥和的心灵家园。由此，以传承地方文化建构地方认同，不仅会增强生态文明建设的合力，也会有助于将前人智慧转化为区域生态文明建设的力量源泉，而区域生态文明建设的成果，则能彰显地方传统文化的现代价值，从而为增进地方认同、提高传承地方文化的自觉性创造条件。

全书共七章，可分为四个部分。第一、第二章是核心概念的解析，其中，第一章深入剖析了生态文明建设的区域属性和文化内涵；第二章主要探索了地方认同的形成机理及其与区域生态文明建设和地方文化发展的关系；第三、第四章是理论阐释，分别以价值观和行为方式调整为重点，研究了区域生态文明建设中的人地关系理念变迁及传统地方文化的活态传承；第五、第六章是案例分析，主要以徽州古村落文化为典型案例，探讨了以区域生态文明建设为契机，以增进地方认同为重点，促进传统地方文化保护的可能路径；第七章是对研究的总结和升华，以回应全书的主题。

本研究历经多年，不仅要感谢参与古徽州地区人文地理学野外实习的历届本科学生协助收集第一手资料，更要感谢我指导的研究生苗长松、钱俊杰在相关课题和学位论文中为本书所做的贡献。在书稿的写作和整理过程中，我的研究生龙丁江、卓方勇、王惠分别为第一～第三章的写作收集了不少资料，纵旭同学则承担了许多书稿的文献整理和校对工作，在此向他们表示衷心感谢，但书中的疏漏之处都由我承担。华东师范大学城市与区域科学学院的领导对学生在古徽州地区的实习提供了大力支持，于川江老师更是陪伴我们十多次走入徽州的古村落，这份支持和帮助无以为谢。

虽然本研究历经数年，但写下全书的最后一个字符，内心依然忐忑。这不仅是因为研究的选题很有难度，更因为时间越长，想得越多，就越感觉不完美，尤其是在最后一次梳理书稿的过程中，总是觉得还可以更系统、更深入，这也导致最后的整理从美国访学开始，持续了一年有余。特别感谢科学出版社石卉编辑的时时鼓励，才让笔者决心将远谈不上完美的拙作付梓，以求方家的赐教，并以此作为自己研究的新起点；还要感谢丛书主编周尚意教授一直以来的提携和支持，愿意将选题纳入丛书，但愿不会辜负各位同人的厚爱。

就在今天，莱昂纳多·迪卡普里奥终于凭借影片《荒野猎人》拿到了等了22年的奥斯卡影帝。他的获奖感言没有众人预想的那样激动，却谈到了人与自然的关系，并呼吁大家避免拖延，一起努力。这是否也可以算作对本书强调生态文明建设文化内涵的一个注解，激励我们为有认同和情感、有文化积淀及可持续发展的地方而努力。

孔　翔

2016 年 2 月 29 日

目　　录

丛书序
前言

第一章　区域生态文明建设的文化内涵…………………………………… 1

　　第一节　区域生态文明的总体认识　…………………………… 1

　　第二节　生态文明的文化解读　………………………………… 14

　　第三节　区域生态文明与地方文化繁荣　……………………… 24

第二章　区域生态文明建设中的地方认同…………………………………… 33

　　第一节　地方认同及其价值　…………………………………… 33

　　第二节　地方认同与区域生态文明建设　……………………… 44

　　第三节　地域文化与地方认同　………………………………… 56

第三章　区域生态文明建设中的人地关系重构…………………………… 69

　　第一节　人地关系调整与生态文明建设　……………………… 69

　　第二节　人地观及其对人地关系的影响　……………………… 86

　　第三节　地方文化发展中的人地关系演进　…………………… 98

第四章　区域生态文明建设中的地方文化传承…………………………… 103

　　第一节　地方文化传承的内涵与目标　………………………… 103

　　第二节　传统地方文化传承的路径与绩效评价　……………… 111

　　第三节　区域生态文明建设与传统地方文化的传承　………… 122

第五章　徽州文化的认同与传承…………………………………………… 130

　　第一节　徽州文化形成中的人地关系作用机理　……………… 130

第二节　徽州文化传承的价值与现状　……………………………… 141

第三节　徽州古村落文化认同的状况调研　…………………………… 151

第六章　区域生态文明建设与徽州古村落文化传承……………… 163

第一节　徽州古村落文化的潜在生态价值　………………………… 163

第二节　生态文明建设与古村落文化的生态价值　………………… 178

第三节　徽州古村落生态价值与文化旅游　………………………… 190

第七章　在文化传承中建设美丽家园………………………………… 197

参考文献…………………………………………………………………… 201

第一章
区域生态文明建设的文化内涵

生态文明是人类文明进步的新形态，更是人类文化发展的新目标。随着资源环境的约束瓶颈和生态危机的日趋明显，建设生态文明已经成为我国实现科学发展的重要战略举措和"中国梦"的重要内容。但现有研究主要基于国家层面探讨生态文明的建设理念，较少关注从地方或区域尺度建设生态文明的现实路径。这就容易使生态文明仅仅停留在目标或口号上，难以转化为现实的发展成果。由于生态文明应以在特定生态系统中低耗高效的发展为基础，所以探索符合地方发展条件和发展需求的特色发展路径乃是建设生态文明的内在要求，这对于中国这样的发展中大国，尤其具有启示意义。在建设区域生态文明的过程中，首先，要凝聚地方共识，形成有助于调整利益关系的文化氛围；其次，要盘活地方文化资源，促进因地制宜的发展，而这也将显著地增强地方特性，保持和提升地方文化的活力。可以说，区域生态文明建设不仅是地方文化发展的重要基础和内容，更是地方文化活力的重要源泉和表征。生态文明不仅能为地方文化注入更多优秀的价值理念，也将以传承优秀地方文化成果为基础，不断增强地方文化适应力和创造性。

第一节　区域生态文明的总体认识

2007 年 10 月，党的十七大报告中明确提出要"建设生态文明，基本形成节约能源资源和保护生态环境的产业结构、增长方式、消费模式"；2009 年 9 月，党的十七届四中全会将生态文明建设纳入中国特色社会主义事业的总体布局，使之成为与经济建设、政治建设、文化建设、社会建设并列的战略任务；2012 年 11 月，党的十八大报告进一步在第八部分专题论述了"大力推进生态文明建设"的战略部署，强调"必须树立尊重自然、顺应自然、保护自然的生态文明理念，把生态文明建设放在突出地位，融入经济建设、政治建设、文化建设、社会建设各方面和全过程，努力建设美丽中国"；2013 年 11 月，在党的十八届三中全会通过的《中共中央关于全面深化改革若干重大问题的决定》中，又专题论述了生态文明的制度建设，强调要"紧紧围绕建设美丽中国深化生态文明体制改革，加快建立生态文明制度，健全国土空间开发、资源节约利用、生态环境保护的体制机制，推动形成人与自然和谐发展现代化建设新格局"。随着党中央对生态文明建设的高度关注和系统阐释，生态文明也成为国内学术研究的热门词汇，从 2008 年开始，以"生态文明"为篇名的期刊、会议和报纸论文明显增多，生态文明的内涵、价值目标等更成为研讨的热点（赵东海，2010）。生态文明在近年来成为流行语和重点关注对象，不仅是因为它适应了中国改革发展的新需求，更因为它承载着人类文化和中华文明持续繁荣的希望。

一、生态文明建设的时代背景

虽然西方发达国家对生态危机的关注远早于中国，但中国对生态文明概念的系统阐释并将其纳入政府战略目标的确是最早的。1985 年，张捷在《科学社会主义》上发表论文，阐释了在社会主义条件下培养个人生态文明的价值和途径，这虽是国内最早关于生态文明的论述，但与以后基于国家的生态文明研究在关注点上有较大差异；但 1990 年，李绍东对生态意识和生态文明的论述，已经和当下的研究有相似的关注点，他将生态文明理解为生态意识和生态行为的统一，也符合推进生态文明建设的要求（李绍东，1990）。而在国外，虽然伯翰南早在 1971 年即已预见了一种"后文明"即将出现，但他并未阐释这种"后文明"将是一种什么形式（Bohannan，1971）；直到 1995 年，罗伊·莫里森才将这种工业文明之后的文明形式定义为生态文明（Morrison，1995）。至于社会实践层面，像中国党和政府这样系统阐释并引领生态文明建设的更不多见。由此看来，生态文明建设是适应中国经济社会发展需求而出现的时代命题。虽然西方发达国家也面临生态危机的挑战，并更早开始自下而上地探索应对策略，但中国却更加普遍、迅速地意识到来自生态环境方面的约束和挑战，并在"强政府"的特殊国情下，选择了自上而下开展生态文明建设的策略。

改革开放以来，中国享受着 GDP 迅速攀升的快乐，却忽视了经济规模迅速扩张对生态环境造成的巨大压力。虽然西方发达国家因工业文明的不当发展所面临的生态危机早在中国改革开放前就已触目惊心，但急于摆脱贫困的心理和唯 GDP 的制度环境，还是共同引导着中国经济在两高一低（高投入、高消耗、低产出）的传统模式下实现"井喷"，并形成了难以逆转的生态环境问题。当各地雾霾频发、饮水安全和食品安全频频遭受威胁、能源安全形势严峻、耕地数量和质量红线一再吃紧……国人似乎突然意识到：我们的国土空间已经无法再承受这样的发展，而资源短缺、环境污染对经济发展和福利改善造成的负面影响将很难在短期内逆转。不少研究已将生态环境问题视为中国的"一号问题"（程伟礼等，2012），而生态文明建设也因此在短期内在中央文件中占有重要的地位，并快速上升为"五位一体"总布局的重要内容。

生态问题在中国的强势显现，首先是中国的自然地理条件和历史发展特点决定了其发展一直都会面临资源环境方面的紧约束；更重要的是，改革开放（特别是 20 世纪 90 年代）以来，经济规模以急功近利的方式快速扩张，完全不顾及生态环境方面的外部成本，造成了有限的资源被低效率地大量耗用，并向环境排放了过多的污染物。从资源环境的本底条件看，我国虽然地大物博，但山地、荒漠的比重较大，适宜人类居住生活的国土空间相对有限，加上农耕经济时代较早以精工细作为基础实现了人口的快速增长，因此不仅适宜人类生活的东中部地区人口密度长期较大，即使在生态脆弱地区也有不少人类活动的足迹，这使得各地生态系统都长期受到较明显的人类活动压力，自然资源的存量和人均占有量相对较低，污染物的积累也已达到较高水平。我国早就宣称以占世界 7% 的耕地养活了占世界 22% 的人口，在创造这一经济奇迹的背后，不仅是普遍较低的生活水平，更是对生态环境的巨大压力。我国自然资源的人均占有量几乎都低于全球平均水平，与人类生存密切相关的淡水、耕地、森林和草地等资源，我国的人均占有量分别只及世界平均水平的 28%、32%、14% 和 32%。我国大多数矿产资源的人均占有量也不到世界平均水平的一半。同时，我国自然资源的空间分布和匹配状况也较为不利。以水资源为例，我国水资源总量约为 2.8 万亿米^3，但人均只有 2600 米^3，而且空间分布不均、水土资源组合很不理想：长江流域及以南地区耕地占全国的 36%，水资源却占 82%，地少水多；黄淮海地区，耕地占全国的 41.8%，水资源却占不到全国的 5.7%。早在1986 年对全国 236 个城市的调查中，就有 80% 的城市缺水（樊芷芸，1997）。在矿产资源方面，我国虽然矿种资源比较丰富，但石油、天然气、富铁矿等与经济发展密切相关的重要矿产储量不足，贫矿和伴生矿多，富矿少，开采难度大，主要矿产中有一半不能满足生产建设的需要。即使储量较大的煤矿也分布很不均衡，山西、陕西、内蒙古3省区储量占全国的70%，东部10省仅占5.5%（曲格平，1992），这给经济发展和交通运输都造成较大压力。

虽然我国的自然资源并不充裕、环境自净能力也很有限，但近年来，却依然选择了高耗低效的传统发展道路来实现经济规模的快速扩张。虽然早在1995年，党的十四届五中全会就提出要实现"经济增长方式从粗放型向集约型转变"，但由于对自然资源价值和环境污染成本的严重低估，在唯GDP论的政绩考核模式下，各地滥用自然资源、无视环境污染的案例层出不穷，经济增长方式愈加趋向大规模投入土地等有形资源，以致在2009年，我国消耗了世界18%的能源、44%的钢铁、53%的水泥，却只产出了全球8%的GDP（李婧，2010）。我国单位GDP的能耗、水耗也都显著高于西方发达国家，在欢呼GDP跃升至全球第二的喜悦中，却不得不面临更严峻的资源形势和更频繁的生态危机。数据显示，"全国80%以上的草原出现不同程度的退化，水土流失面积占国土总面积的37%，海洋自然岸线不足42%；资源开采和地下水超采造成土地沉陷和破坏；生物多样性锐减，濒危动物达258种，濒危植物达354种，濒危或接近濒危状态的高等植物有4000~5000种，生态系统缓解各种自然灾害的能力减弱"（马凯，2013）。2013年，包括干旱、洪水、地震在内的自然灾害给中国造成了4210亿元的损失，比2012年略有增加。其中，洪水和泥石流造成约1880亿元的损失，干旱造成的损失达到900亿元，而降雪、冰冻及海洋相关的自然灾害带来的损失超过420亿元，地震带来的损失近1000亿元。虽然中国自然灾害原本较多，但气候变化正在引发越来越多的极端天气，云南省已连续第三年遭遇严重干旱，2013年8月，中国中部六省份出现的热浪造成90万公顷农田无产量，1300万人饮用水困难，而同月创纪录的降雨则在东北和西北引发严重洪灾（路透社，2014）。在环境污染方面，雾霾天气、饮水安全问题、土壤重金属污染……都成为最受公众关注的问题。《2013年中国环境状况公报》显示，74个按空气质量新标准监测的城市中，仅有4.1%的城市达标，其他256个执行空气质量旧标准的城市，达标比例也仅为69.5%；长江、黄河等10大水系的国控断面中，9%的断面为劣V类水质，海河流域劣V类比例高达39.1%；4778个地下水监测点位中，较差和极差水质的监测点比例为59.6%。而环保部、国土资源部历时8年完成的《全国土壤污染状况调查公报》显示，全国土壤的点位超标率为16.1%，中度污染占1.5%，重度污染占1.1%；耕地的点位超标率为19.4%，其中中度污染占1.8%，重度污染占1.1%。正如环保部部长周生贤所说的，"虽然付出了巨大努力，中国环境质量局部有所好转,但总体尚未遏制,形势仍然严峻,压力继续加大"(杨磊,2014)。由此,以生态文明建设保障经济社会可持续发展已经成为政府和民众的广泛共识。

诚然,一方面,快速发展中遭遇的资源约束、环境挑战和频发的生态危机,是促使中国加快推进生态文明建设的主要原因;但另一方面,建设生态文明也是中华民族实现伟大复兴的内在要求。随着中国科技和经济整体实力的提升,生态文明建设具备了更坚实的物质基础;收入水平的提高,则促使民众的需求层次总体上由马斯洛所说的生理需求向安全需求及其他更高层次的需求提升,这会改变全社会对生态文明的认识,为治理污染和保护青山绿水创造更好的氛围。从外部环境看,国际社会越来越希望中国成为一个负责任的大国,而生态环境问题因其巨大的外部影响业已成为全球共同关注的热点问题,这就要求中国更主动地参与全球保护生态环境的行动。而无论从维护国家能源安全、应对绿色贸易壁垒,还是从适应全球气候峰会、推进全民低碳行动看,中国在贸易和生产领域都将面临更严苛的生态环境领域的制度要求;而传统粗放型增长方式所导致的大量能耗物耗和环境污染,也已经成为"中国威胁论"的重要脚注,影响到中国的国际形象和发展环境。由此看来,建设生态文明并非完全是中国面对资源约束和环境危机所做的被动选择,而是中国基于已有的技术经济实力,在反思传统发展模式的基础上,适应国家经济持续发展、民众需求层次不断提升及国际竞争新特点所做出的重大战略抉择。它不单是生态环境领域的重要课题,更是整体经济发展方式和文明进步道路的调整优化;它不单要求改变利用自然资源和生态环境的模式,更要求革新对待自然资源和生态环境的理念和制度,这将促进文化系统的整体效率提升。

二、生态文明建设的内涵解读

随着生态文明建设逐步上升为"五位一体"总布局的重要组成部分,理论界基于不同学科的相关研究也日渐丰富。不少研究都探讨了生态文明的提出背景、科学内涵、基本特征和实现路径,还有相当多的研究借鉴国外生态理论从生态现代化、生态政治、生态伦理等角度阐释了生态文明的理论基础(孙亚忠和张杰华,2009),更有研究从物质变换论等马克思主义经典理论中为生态文明溯源(如张青兰,2010;方发龙,2008等),这些都促进了对生态文明认识的深化。虽然学者们对生态文明的确切内涵并未达成共识,但跨学科的探讨的确有助于更准确地把握生态文明建设的努力方向。

文明的内涵十分丰富，这也使得生态文明的内涵难以取得广泛共识。作为人类生存发展的智慧创造物，文明被视为顺应、改造自然世界的物质和精神成果的总和，它不仅是人类文化发展的成果，更是人类社会进步的象征，是人类在不断学习、反省中传承文化、智慧、物质和精神的成果（余振国，2013）。由此，相当多的研究基于文明发展的历史形态，把生态文明理解为继原始文明、农业文明和工业文明之后一种新的、更高级的文明形态（俞可平，2015），这是目前影响较深的一种认识倾向。但这一认识的确内在地违反了文明分期标准的一致性，因为"农业"、"工业"和"生态"显然属于不同认识范畴（郑慧子，2011）。更重要的是，将生态文明视为工业文明之后的发展新阶段，虽然体现了生态文明是对工业文明反思的成果，却将工业文明与生态文明对立起来，同时暗含着工业文明是建设生态文明不可逾越的阶段，而"先污染、后治理"也是无法避免的。这显然不符合中央政府主动推进生态文明建设的初衷。另一种认识，是从文明的结构出发，将生态文明视为文明体系的重要内容。例如，余谋昌（2006）等认为，生态文明是继物质文明、精神文明、政治文明之后的第四种文明，四大文明一起支撑着和谐社会的大厦。持有这种认识的学者，还倾向于强调生态文明是其他文明建设的基础，因为没有良好和安全的生态环境，其他文明就会失去载体（谷树忠等，2013）。不过，将生态文明视为文明体系的重要内容，却会面临如何界定生态文明特殊范畴的难题。不少研究重点强调了生态文明所内含的价值观念。例如，潘岳（2006）认为生态文明是以人与自然、人与人、人与社会和谐共生、良性循环、全面发展、持续繁荣为基本宗旨的文化伦理形态；姬振海（2007）认为生态文明主要包括人与自然和谐的文化价值观、生态系统可持续前提下的生产观及满足自身需要又不损害自然的消费观；高德明（2009）也强调生态文明主要表现为伦理价值观与世界观的大转变；在蒋高明（2008）看来，生态文明是最高的道德文明，是人类文明的最高准则，实际上还是强调了价值理念的转变。但价值理念的变化，虽然可以纳入精神文明建设的范畴，但显然难以体现生态文明建设的特殊价值。

在笔者看来，生态文明主要应被理解为一种文明进步形态，而不单单是文明体系的组成部分。但它和工业文明、农业文明之间也不是递进的关系，甚至以原始的采集狩猎文明为基础也可能建设生态文明。它是一种以"生态化"为独特标志的文明形态，价值理念的生态化是其实现的前提和保障，而生产方式、消费方式等人类行为方式的生态化才是其实现的基本路径。它与以往文明的研究主要关注时间尺度的变化不同，生态文明应更加强调空间尺度的差异，毕竟"生态化"是在地球表面的特定生态系统内实现的。它强调以往文明成果的累积和技术创新的应用，但更强调人与自然、人与人之间对立统一、相互和谐的生态关系。一方面，生态文明建设的核心"不是项目问题、技术问题、资金问题，而是核心价值观问题，是人的灵魂问题"（陈学明，2008）；另一方面，生态文明建设又必须实现社会生产方式的变革，形成生态化的生产方式（赵成，2008），同时，创造出天人共生、局部和整体协调的物质生产和消费方式、社会组织和管理体制，以及资源开发和环境影响方式，因而是认知文明、体制文明、物态文明和心态文明的统一体（王如松，2010）。从结构层次上看，生态意识、生态道德、生态文化等构成了生态文明的深层结构，体现了生态文明的本质生命力；生态物质文明、生态行为文明、生态制度文明等则构成其表层结构，是生态文明主体直接感受、认知、评价的表层性因素（张首先，2010）。在现有生态文明的评价指标体系中，也更多关注了生态系统服务、生态足迹、生态效率、生态压力等与社会－经济－自然复合生态系统持续发展相关的指标（刘某承等，2014），这也体现了表层结构往往是定量研究的重点。但从生态文明的发展实践看，重要的是以现代经济技术条件为支撑，倡导人类在生产和消费过程中节约和综合利用自然资源，以有效解决人类需求与自然生态环境系统供给之间的矛盾，从而实现人与自然的共同进化（孔翔和郑汝楠，2011）。也就是说，生态文明应以尊重和维护自然为前提，以人与人、人与自然、人与社会和谐共生为宗旨，以资源环境承载力为基础，以建立可持续的产业结构、生产方式和消费模式，以及增强可持续发展能力为着眼点（周生贤，2009），基于人类自身智力和信息资源（李良美，2005），实现地球表层特定空间的经济社会与生态环境协调发展，进而服务于整个人类文明的持久繁荣。

三、区域生态文明建设的研究价值

国内生态文明的相关研究虽然丰富，但总体上看，更多着重理念、原则的探讨，较少基于特定地方的生态系统特征进行深入的分析，也较少考察地方已有文明进步成果的传承与改进。这就使得生态文明建设多年来仍主要停留在口号层面，难以在各个地方转化为有效的实践行动。节能减排目标难以实现、能源资源利用率难以提升、污染物达标排放困难重重、垃圾分类处理进展缓慢……这些都是生态文明的理念、制度和行为方式转变未能落实的体现。而要改变这一状况，首先应使生态文明的研究更微观，能与具体地方的发展特点和发展需求紧密结合起来，直接服务于特定地方的转型发展。特别的，我国是一个发展中大国，国内各个区域的发展基础和发展需求差别很大，无论是自然生态系统的本底条件或开发历史，还是人地关系系统优化的关键瓶颈和解决路径，都存在很大的不同。满足于在国家甚至全球的层面进行探讨，显然难以真正服务于生态文明建设的落实。毕竟，各地生态系统的巨大差异，决定了生态文明建设难以有共同的标准路径，只有切实研究地方生态系统的本底条件、开发特征和优化需求，才能真正有效探索人地和谐发展的特色道路。此外，生态文明建设虽是促进人类文明持久繁荣的共同选择，但也需要调整微观主体间的利益关系，是"知易行难"的战略抉择。只有适应各个地方的发展需求，形成多赢的利益格局，才可能得到广泛拥护。因此，基于区域尺度，在地方层面开展生态文明建设研究具有特殊重要的价值。

不少关于少数民族生态文化的研究，就很好地揭示了基于地方特点研究生态文明的特殊价值。由于我国的少数民族大多分布在自然条件较为特殊的地区，民族文化受全球化和工业文明的影响相对较小，这就较好地保存了在人地关系大体平衡时期，人类与自然环境和谐共处的许多理念和实践经验。例如，藏族生态文化就体现了在高原环境下，人类在恶劣生态环境中保存和延续文明成果的特殊路径。由于青藏高原的自然生态环境脆弱、自然资源稀缺，保护生态环境、珍惜自然资源就成为藏民文化创造和传承的起点，珍惜一切生命也成为藏族生态文化的基本特征；在相对封闭的高原环境下，藏族文化倾向于更好地利用高原内部资源，因而具有封闭、内向和节俭的特点；他们同时受东方传统文化天人合一思想的影响，认为自然环境产生于同一源头，一切生物都有神灵，从而形成了外器（自然环境）与有情（生物世界）世界，构成了天、地和地下三个层次的宇宙模型；他们同时主张整体和谐、同一和合、中和顺从，并由此建构了人、神与自然同生共存的自然-人文生态系统，而人们的社会活动、行为规范也应尽量符合特定区域自然-人文生态系统运转的要求，进而创造出与该系统规范相吻合的生活方式与文化模型。因此，藏民认为自己不仅生活在家庭、院落或部落之中，也生活在整个高原或更大的自然空间中，他们的伙伴不仅仅是本部落的人，更是整个自然-人文生态系统中的一切生物生命体。由此，人们的日常生活与社会活动便有了"意义"，生命过程也有了方向，处于安然、和平、充满希望和精神寄托的状态中。藏民的经济开发活动也强调以保持生态平衡为基础，以维持人的基本需求为目标，并不鼓励高消费，因而是局部、有限的，甚至限制开发技术与工具的提高改进，从而造成了经济发展的停滞不前。由于限制开发、节制消费、淡化财富占有欲，藏族聚居区世俗社会的基本设施、物质产品、生活方式极为简单朴素，人们更注重于对信仰世界的追求，注重与自然环境的融合，从而使藏族聚居区在恶劣的自然环境中仍能保持野生动物与植物资源的多样性。在生产方式上，高原游牧方式也与自然环境高度和谐；而在审美境界上，藏民虽身居高寒荒原，却善于化荒凉为优美，为青藏高原披上了吉祥而神秘的外衣（南文渊，2000）。藏民为雪域每一处山水都赋予了生命的含义，从而将雪域生态保护与人和人造的神联系起来并定格化；其崇敬自然、敬重生命的价值观，以及与自然相适应、相和谐的活动和节制简朴的生活方式则为生态文明建设奠定了价值理念和行为规范方面的基础（洛桑灵智多杰，2013）。总的看来，藏族长期积累的文化的特点是与藏族聚居区特殊的自然环境相适应的。藏民普遍的宗教信仰暗含着朴素的生态文明思想，而注重精神需求、抑制物质生活的倾向也有助于约束过度向自然索取的行为，这是建设生态文明的独特优势；而更为脆弱的生态环境及相对落后的生产力水平，则决定了藏族聚居区的生态文明建设必须有不同于东部沿海地区的独特道路，尊重和改善高原游牧方式可能是藏族聚居区建设生态文明的重点工作，强求工业化和城镇化反倒可能破坏藏族聚居区脆弱的生态平衡，违背生态文明的宗旨。

不仅是生活在地球第三极的藏族有其独特的生态文化，很多其他少数民族也有其适应地域生态系统要求的民俗特征。例如，生活在湘黔桂边界地区的侗族，对自然神的信仰决定了其敬畏自然、爱护环境的本体意识，侗族人坚信万物有灵，对自然有一种异乎寻常的敬畏，对环境的保护无微不至，他们选择在山环水绕的环境中聚族而居，由鳞次栉比、廊檐相接的干栏式木楼组成村寨，并建有恢宏的鼓楼和漂亮的护寨桥（也叫风雨桥、回龙桥），从而使每个村寨的整体环境与天地融为一体，呈现出一种诗意栖居的境界（张泽忠等，2011）；而对动植物的崇拜则造就了侗族"爱林护生、适可而止"的生态经济意识，他们在获取野生动植物资源时，认为贪多必遭惩罚，因而遵循适可而止、取之有度、用之以时的自然法则，对捕杀动物幼仔有严格的禁忌，也禁止在野生动物繁殖期间打猎，而在挖掘山中的耳根、山薯时，则会自觉将连接藤蔓的一小段再埋入土中，以利其再生；而侗族对共同的祖母神——"萨"的信仰则体现了一种母性爱心文化，进而形成了全员参与的环境管理制度。例如，侗族寨老在每年春天和秋天会组织村民修订和宣讲村规款约，而封山育林也是侗族地区比较成功的环境管理实践。侗族民间信仰和生态习俗的形成，也与其生活的自然地理环境密切相关。由于侗族长期生活在相对封闭的深山之中，基本与世隔绝，生存资源也相对短缺，故而一直保持着人与神灵、人与自然、人与人和谐相处的原初生命感觉；而这些地方山清水秀，也使他们在心灵深处更珍惜美好的生态环境（魏建中等，2014）。不过，随着这些地方旅游业发展和居民对外交往的增多，居民的民族文化信仰和生态保护意识有所削弱，地方生态环境压力明显加大，在生态文明建设中需要同时解决较快提高居民生活水平和保护、修复生态环境两方面的难题，这就更要注重发掘地方文化的潜在优势，同时注重学习借鉴先进技术和管理经验。不过，生态问题首先是心态问题，是过度贪婪的心态导致了对自然歇斯底里地开发和破坏，因此，以传统民族文化信仰和习俗调整侗族地区的居民心态，对于生态文明建设具有积极的价值。

不仅是侗族，我国西南地区的许多少数民族也都有与自然和谐共处的理念和行为方式。例如，凉山彝族就构建了敬畏自然、尊重生命的生态价值观和独特的自然-人文生态系统。他们的神山、鬼山森林和村寨水源林、风水林等在涵养水源、保护水土方面发挥着重要作用，而轮歇农业和混林农业等生产方式则促进了农业生态系统的平衡发展（杨红，2005）。云南的许多少数民族都有源于原始崇拜和动物有灵的"神林"文化、"神物"文化及"水土"文化，这对于和谐处理人与植物、动物、土地、水资源等的关系都具有积极价值；而源于感恩自然的"节制消费"文化，则能约束过度向自然索取的行为，对于地方生态系统的长期稳定、协调发展具有积极意义（林庆，2008）。总的看来，少数民族大多适应所在地方的自然地理环境特点，创造了保障本民族文化生存和传承的价值理念和行为方式。虽然这些地方大多相对封闭、生态承载力较低，但这些价值理念和行为方式还是引导当地人战胜了自然环境的挑战，在相对低的技术水平下，实现了与环境的和谐相处。不过，这种和谐还是低层次的，与生态文明的要求相去甚远。但在生态文明建设中，以往形成的独特价值理念和行为方式也应受到尊重。特别是那些具有鲜明地方性的文化习俗，有可能帮助这些地方避免"先污染后治理"的误区，而是在更好保护自然、更少向自然索取的条件下主要依靠无形要素的投入，提升当地人的福利水平。

我国是一个地理条件千差万别的发展中大国，在生态文明建设中，虽然可以共同秉持人与自然和谐共处的理念与目标，但更要依托不同地方的独特自然生态环境和发展特点，探索各具特色的生态文明建设道路。这不仅是因为人地和谐必须适应不同的地理环境，更因为科学合理的地域分工和因地制宜的发展模式正是大国优势的重要体现。近年来，我国强调要推进主体功能区建设，更多保护国土涵养的空间，就是这方面的有效举措。在我国，不少贫困人口生活在生态脆弱地区，近年来因生态环境恶化造成的生态贫困也日渐突出，数据显示，我国生态敏感地带有74%的人口生活在贫困县内，而生态贫困人口总数约为2亿人，消除生态贫困已成为中国减贫的最大挑战和重大任务（胡鞍钢，2010）。在这些地区建设生态文明显然不能以完成新型工业化为条件，也不能大规模推动城镇化，而是要更加切合当地生态环境和人文发展的实际状况，探索特色的实践模式，这也再次显示出在区域尺度进行生态文明建设的独特价值。

四、区域生态文明建设的总体要求

区域尺度生态文明建设的核心应该是区域发展模式的转变。在一般意义上探讨东、中、西部生态文明建设不同战略的研究（曹萍和冯琳，2009），虽然注意到地方不同特点和不同需求对生态文明建设的影响，但缺少对区域生态文明内涵和路径的深刻反思。在笔者看来，生态文明建设的要点是发展观和发展方式的转变。就特定区域而言，首先是要构建一种全新的生态文化伦理和价值取向；但更重要的是，要以生产方式和消费方式的转变为基础，实现经济和生态在更高水平上协调发展的目标。为此，不仅要调整区域发展的价值取向，更要重新评价区域发展的基础条件，探索新的要素投入方式和发展路径，构建新的保障机制，同时努力塑造新的区域间协调共生关系（孔翔和杨宏玲，2011）。这就要求，区域生态文明建设必须适应地方发展特点和发展需求，在继承与创新地方文化的基础上，促进开放条件下的地方发展质量和效率的提升，促进生产力发展、居民福利水平提高和生态环境改善之间的协调，而这就意味着区域发展模式的根本性转变。

具体来说，建设区域生态文明，首先要善于发掘传统地域文化中的朴素生态文明思想，抛弃过度功利和过分贪婪的追求，走出人类中心主义的误区，努力实现"生态人本主义"的发展（李想，2009）。研究表明，大多数地方的先民在强大的自然力量和有限的技术水平下，都曾有过臣服于自然的文化信仰，并顺应地方自然环境的特点，探索出不少与特定生态环境和谐共生的实践经验。只是在近代以来，随着技术进步和工业文明的发展，科学主义和文化决定论才逐步成为一些地方主流的意识形态，虽然它们引导不少地方取得了丰硕的物质文明成果，但也因此陷入了对自然疯狂索取的歧途，引致了自然的报复甚至全人类的生存危机。因此，在区域生态文明建设中，首先要反思人地观和发展观，既要尊重人类发展的权利和技术进步的作用，也要努力促进人与环境的和谐共生。毕竟，我们只有一个地球，破坏了生态平衡，人类自身的文化传承也就无从谈起。在构建新发展观的过程中，不同区域既可以分享人与自然和谐共处的共同价值理念，也要从地方信仰中发掘独特的生态文化传统，以适应地方特点和民众心理特征，形成有地方特色的发展观。例如，藏族地处生态环境比较恶劣的青藏高原，人类活动很容易破坏脆弱的生态平衡，当地文化传统中的许多禁忌和习俗也适应了较少向自然索取的要求，在构建新的发展观中，就有必要因势利导，尊重民族和宗教信仰，而不是过多强调物质文明的高度发达。那种强行改变游牧文化为定居生活的策略，既不适合高原生态环境保护的长期要求，也违背了藏民的传统信仰。虽然从短期看，可能有助于改进公共服务，但适应地方特色需求的发展观才能真正促进地方经济、社会和生态的长期发展。以往研究更多关注了生态文明的共同价值理念，但相对忽视以地方文化和民众习俗为基础构建生态伦理观，这就很难使新的发展观成为每个微观主体的自觉行动，而只是停留在口号层面。因此，在区域生态文明建设中，要善于因势利导，适应地方文化特点来优化和调整发展观，真正使与自然环境的和谐共生成为绝大多数人的自觉选择。

其次，区域生态文明建设必须适应特定区域发展的基础条件和现实需求，探索具有地方特点的生态文明建设路径。虽然生态文明建设都致力于提升发展的质量和效率，但不同区域的自然本底条件和开发历史不同，其合理的功能定位就应该有显著差异，提升发展质量的道路和举措也会有很大不同。例如，我国东部沿海地区近年来经济规模迅速扩张，总体技术水平明显提升，加上这里自然条件优越，但人口密度很大，开发历史也很悠久，因此，在生态文明建设中，必须以相对优越的经济技术条件为基础，主要通过技术进步减少对自然生态系统的索取和破坏，同时要尽快治理和修复已遭破坏的环境，可以说，这是在对工业文明进行反思的基础上依托工业文明的成果，来建设生态文明。但在我国中部的许多农村地区，自然条件相对较好、人口密度也比较大，农业仍是重要的产业部门，农民的经济收入水平还比较低，在近年来的开放格局下，居民改善生活的要求特别迫切，长期的农业开发也给生态环境造成相当大的压力，在生态文明建设中，这些地方就同时面临经济技术基础薄弱、生态环境治理压力大、民众开发热情高等诸多难题，这是以农业文明为基础、建设生态文明的特殊难题，农村人口结构和农业发展模式的转变可能是重点的努力方向。而在西部的一些生态脆弱地区，尽管经济技术水平更低，但人口密度相对较小、生态环境保护的基础相对较好、民风更为淳朴，这就需要着力避免"先污染后治理"，努力保护国土涵养的空间。当然，大尺度的区域划分并不能充分体现区域生态文明建设的独特价值。从我国目前的发展状况看，由于长期面临人多地少的矛盾，加上近年来的急功近利式开发，几乎所有地方都面临生态保护或修复的压力。尽管我们的经济技术水平与西方发达国家还存在很大差距，但生态环境的紧约束和民众需求层次的提升，仍使大多数地方有了建设生态文明的内在要求。同时，这种要求在不同地方又是很不同的。为此，各地都要仔细评估地方发展的基础条件和特色需求，尤其要瞄准主要问题，探索有地方特色的生态建设道路。

再次，区域生态文明建设必须在继承与创新的基础上，努力提高技术、人力资本、传统文化等无形要素在本区域发展中的贡献率。传统的区域开发倾向于激活闲置的自然资源和劳动力等有形要素，这通常会增加自然生态环境的压力，难以保证地方经济社会的持续发展。生态文明下的区域发展关键要增加无形要素在投入物中的比例，注重可再生资源的永续利用，以较少形成对生态环境的压力。为此，各地在生态文明建设中不仅要以制度创新和管理创新加大对无形要素的吸引、培育和集聚能力，也要注重盘活传统文化等无形要素资源，积极吸取先民保护和永续利用自然资源的实践经验，以更好地优化支撑区域发展的要素结构和质量。值得指出的是，因地制宜地探索特色发展道路也是以无形要素支撑区域发展的重要表现，因为因地制宜正是体现了人类以独有的智慧来促进地方更好地发展。由于区域生态文明建设主要依赖于人类智慧的创造物和资源的有效配置与保护性开发，所以，地方发展道路将更具多样性。

最后，区域生态文明建设必须改变要么封闭孤立发展、要么激烈竞争的区域间关系格局，积极构建开放竞争与合作共赢的区域发展外部环境。生态环境问题具有明显的外部效应，同时，要提高发展的质量和效率，也有必要在开放环境下实现区域间的合理分工，以国土资源的优化配置赢得更为科学、可持续的发展。传统的画地为牢的区域发展模式，要么倾向于封闭的内向发展，要么以对外掠夺甚至战争来获得更多的资源，但本质上都以本区域的利益最大化为目标，造成了不同地方之间零和甚至负和的博弈关系。但大气循环和水循环远远超越了人类划分区域的能力，即使动植物资源的流动也常常会自由超越人类的行政区界线，这就使得各个地方都难以在生态问题面前独善其身，尤其是以邻为壑的做法常常会累及自身。这就要求区域生态文明建设必须摒弃以自我为中心的倾向，积极构建区域间合作共赢的正和博弈关系。这种合作共赢关系不仅能促使地方在开发条件下更有效率地发展，同时还能增进相互信任，促进资本、信息和环保技术的交流，以及生态环境保护领域的共同行动。从斯德哥尔摩人类环境会议到哥本哈根世界气候峰会，人类业已深刻认识到国家和区域间合作的必要性和重要性，但也意识到互利合作中利益博弈的艰难。因此，以互利共赢为基础重构区域间关系也是区域生态文明建设取得实效的保障。

全面优化区域发展模式具有重要意义。在建设生态文明的过程中，各区域虽然要努力加强联系与合作，但首先还是要着力优化区域自身的发展理念和行为，自觉按照科学发展观的要求，不断优化区域发展的目标、行为、支撑要素和发展路径，从而为更好地保持区域经济社会的持续发展与生态环境的保护、修复奠定坚实基础。

总的看来，生态文明建设是以科学发展观为指导、立足经济快速增长中资源环境代价过大的严峻现实而提出的新要求（周生贤，2009），适应我国内部巨大的地域差异和生态文明建设的因地制宜要求，区域生态文明建设具有重要的研究价值。在推动特定地方建设生态文明的过程中，首先，要尊重地方文化习俗，适应地方发展特点促进人地观和发展观的优化；其次，要以发展理念的更新、适应地方发展需求促进发展目标和发展行为的转变；同时，注重以集聚和盘活无形要素支撑区域发展，以实现发展模式的全面优化；此外，还要积极构建互利共赢的区域间新型关系，从而促进特定地方在开放的环境中更好地实现经济社会的全面发展、协调发展和持续发展。

第二节　生态文明的文化解读

文明和文化有着紧密的内在联系。虽然从文化角度深入剖析生态文明建设的文献不多，但不少研究都认为，生态文明是与生态文化密切相关的（如陈月平，2013）。正如唐纳德·沃斯特（1988）所说，当代全球性生态危机并不源于生态系统自身，而源于我们的文化系统。生态危机只是文化危机的一种表现形式（舒永久，2013）。因此，要以生态文明建设克服生态危机，关键还要改善我们文化系统，积极建设生态文化。但是，文化的失范乃至精神的移位，都不是一朝一夕能够矫正的（邹广文和王纵横，2011），而生态文明建设中所伴随的利益格局调整，更需要赢得绝大多数人的理解和支持。因此，普遍地改进价值理念，构建与生态文化相适应的价值观，将为生态文明建设塑造良好的文化氛围；同时，生态文明发展也需要盘活文化资源，积极从物质文化、制度文化和精神文化等各个层面汲取有益的营养；而随着生态文明的实现，文化系统不仅会因为人地和谐关系的构建而有了生生不息的基础，更会因为普遍选择低耗高效的生产方式和消费方式而有了更多先进的元素。由此看来，生态文明有着丰富和深刻的文化内涵，生态文明发展离不开文化系统的基础性作用，也将为文化系统的演进和持续发展注入更多活力。

一、生态文明建设与生态文化认同

生态文明是人与自然、人与人高度和谐的文明状态，也是人类文明进步的重要方向。但生态文明的建设过程却需要改变目前的生产方式和消费方式，需要调整不同主体间的利益关系，这就是说，它并不必然是所有人自觉、主动的选择。从全球来看，对生态问题的关注乃是在生态危机下的被动选择；而我国确立生态文明建设的战略部署也是因为经济社会发展遭遇资源环境方面的紧约束。由此可见，生态文明并不是人类社会发展中水到渠成的成果，反而是在危机和挑战面前不得不进行反思而选择的战略目标。这种被动的选择必然要求人类不情愿地改变习以为常的生产和生活方式，最重要的是，首先要改变人类行为的价值理念。这就涉及文化自觉和文化认同的问题。西方最早在生态危机面前反思工业文明从而构建了生态文化，这也成为孕育生态文明的土壤。我国在生产力发展总体水平仍然较低的条件下，率先提出建设生态文明的战略目标，更需要克服经济社会发展与生态环境保护之间的两难矛盾，更必须面对不同阶层、不同地方之间利益关系的调整，这就更需要以对生态文明的广泛认同为基础，需要促进生态文化的普及和生态理念深入人心。从这个意义上说，对生态文化的认同正是生态文明建设的前提和保障。为此，很有必要促进所有人对目前的文化有"自知之明"，从而增强对文化转型的自主能力，共同为适应新环境、新时代建立基本秩序和共处守则（费孝通，1999）；同时，还要建立绝大多数人对生态文明的认知认同、情感认同和行为认同（王逸凡，2013），从而使支持和参与生态文明建设成为大多数人的自觉选择。

1. 生态文化是孕育生态文明的土壤

生态文化在狭义上是指以生态价值观为指导的社会意识形态和社会制度，广义上则是人与自然和谐相处的生存方式（陈彩棉，2009）。生态文化强调要尊重自然规律、珍惜自然资源、实现人类社会与自然生态环境的和谐发展，因而是与生态文明相适应的人类创造物，也是生态文明建设的核心和灵魂。从广义上看，生态文化不仅包含以生态伦理、生态正义、生态责任等为主要内容的价值体系，更包括促进人与自然和谐共处的生产方式、消费方式和制度体系。

不过，更多的研究倾向于从价值理念层面研究生态文化，强调其引导人们自觉与自然和谐共处的独特功能。因为"生态文化决定着人们的思维方式，从而决定了对经济增长模式的选择、相应的制度安排、企业的生产行为及人们对生活方式的选择"（李宁宁，2013）。生态文明最显著的特征即是在人地关系上独特的价值理念及其引导的行为模式，因此，本节对生态文化的探讨也主要基于价值理念层面。

人类社会早期虽然普遍敬畏自然，但这是在生产力极低状态下的被动选择，主要出于蒙昧和对自然的神秘感，因而与人类自觉选择和自然平等相处有着很大的不同。生态文化也强调要尊重和爱护自然，但这是以对自然规律的深刻认识、把握和应用为基础的。虽然这种尊重也可能是基于自然界的强大力量和破坏自然可能造成的严重后果，但这是人类在理性预估基础上的自觉选择，与完全屈服于自然的神秘力量有本质的差别。正是在这个意义上，生态文明才成为人类文明进步的新形态，因为这既不是完全臣服于自然，也不是盲目征服自然，而是以了解自然为基础的平等、和谐相处，是互惠互利的自觉选择。因此，生态文化不同于传统文化中敬畏自然的朴素思想，它是以对自然规律的充分认识为基础的；它虽然也是生态危机下对工业文明进行反思的被动选择，但这种选择却是以不断认识和应用自然规律为基础的，与原始宗教将自然奉为神明有本质的差别。从这个意义上说，生态文化的构建只能是近代以来科技发展和对文明进行反思的成果，传统文化中形形色色的自然物崇拜都只能是生态文化建设的可用资源，却并非生态文化的萌芽或起源。

真正意义上的现代生态文化是建立在科技进步基础上的。科技的发展帮助人类更好地认识了自然，也增强了人类利用和改造自然的能力。但蔑视自然、盲目逐利的价值观，也驱使人类毫无节制地开发和破坏自然生态环境，并不断导致生态危机。一方面，人类在近代科技发展的引领下，通过工业化、城市化创造了前所未有的物质文明成果，物质产品极大丰富，局部控制和改造自然的能力明显增强，人类陶醉于征服自然的胜利；但另一方面，自然生态环境却越来越不堪重负，大气污染、地球变暖、土地退化、水资源短缺、生物多样性锐减等全球生态问题日趋明显，各地自然灾害和生态危机更趋频繁，人类普遍感受到自然的报复。科学主义和理性主义受到更多的质疑，正如狄尔泰所言，虽然人类"掌控征服了自然"，但"它的黑暗和可怕的轮廓正在我们面前出现"（张汝伦，2003）。从19世纪后半期开始，越来越多的学者在日趋明显的生态环境压力面前，不断反思传统文明发展的价值理念。早在1864年，乔治·马什就在《人与自然》一书中，控诉了人类活动对自然环境的破坏，并警告这可能导致地球无以为继；而马尔萨斯的《人口论》则不仅揭示了人口过度增长的危险，也诠释了"李嘉图陷阱"的启示价值；哈里森·布朗在《人类未来的挑战》中，也强调资源过度开采可能造成工业文明不可逆转的崩溃；至于蕾切尔·卡森笔下《寂静的春天》，更成为 20 世纪环境运动浪潮的重要推手，它和《增长的极限》共同成为现代生态文化运动的重要基石。以后，地球之友、世界自然基金会等环境领域非政府组织日益活跃，政府间环境合作项目和首脑峰会日趋频繁，绿党成为重要的政治力量，"地球日""环境日"等吸引越来越多的人关注，"可持续发展"也逐步成为深入人心的理念，保护生态环境已经不仅是一种社会思潮，更是一种不容忽视的政治力量和行为规范。正是从这个意义上说，全球生态文化建设已经取得了长足的进步，并为生态文明战略的提出奠定了坚实的思想和文化基础。

在早期生态文化的价值理念中，倾向于强调人类应合理开发利用自然资源，保护生态环境，以期实现对自然的永续利用。这实际上仍是以人类为中心的人地关系理念。但在利奥波德的《沙乡年鉴》中，他提出了"大地伦理"思想，认为真正的文明应"是人类与其他动物、植物、土壤互为依存的合作状态"，人类也只是"生物共同体中的一个成员"并应自觉维护"共同体的完整、稳定和美丽"。这就将人类视为整个自然生态系统的一个平等主体，开始走出了"人类中心主义"的误区。到 20 世纪 70 年代，阿思·奈斯进一步提出了深层生态学的概念，强调要以生物中心主义平等地看待自然万物，认同自我、动物、植物及整个生态环境，从而使与自然平等、和谐相处成为实现生态自我的基础。加里·斯奈德的生态诗歌（和散文）体现了他的深层生态观，通过提倡生物区域主义来批判和反对人类中心主义，强调人类和其他动植物一样生活于所属社群的区域，共同组成生命的共同体；而人类自我实现的过程就是不断增进与自然万物认同的过程，在此过程中，人类应对整体生态系统包括草木瓦石等负起伦理责任，认同自然万物，轻踩地球，以最终实现生态自我（李顺春，2011）。从以人类为中心的"浅层生态观"到生物中心主义的"深层生态观"，变化的不仅是人类思想理念中对自然和其他生物的态度，更是其所引导的人类行为。而斯奈德所倡导的生物区域意识，更是彰显了认同栖居地、了解地方特性在承担地区责任感、建设地方生态文明中的独特价值。总的看来，只有从价值伦理的角度深刻反思工业文明的误区，才能真正改变向自然任意索取的行为方式，也才能为生态文明建设夯实思想基础。

综上，生态文化是在生态危机中对现代工业文明进行深刻反思和批判的成果，也是孕育生态文明思想的重要土壤。一般认为，犹太-基督教的人类中心主义是生态危机的文化根源，它虽然激励了科技发展，却也赋予了人类为满足自己的欲望而掠夺、统治自然的神圣权利（林恩·怀特和汤艳梅，2010）；虽然浅层生态思想强调要为人类永续利用自然而合理开发自然，但仍以人类的利益作为行为的出发点和归宿，很难改变过度掠夺自然的行为习惯；而"非人类中心主义"的价值理念则强调，人类应平等对待其他生命体并肩负起生物共同体完整、和谐发展的责任，这就为改变人类行为模式、建设生态文明奠定了理念基础。可以说，生态文化的发展正是生态文明战略提出的重要平台，它不仅从对工业文明的反思中为生态文明建设明确了努力的方向，也从价值理念的探讨中为生态文明发展夯实了思想基础。

2. 以生态文化建设促进发展理念的转变

一般认为，生态文明是一种生态理性的文化模式，是人与自然、人与人、人与社会和谐共生、全面发展、持续繁荣的文化形态，它以满足人的基本需要、实现环境正义为发展目标（王晓云，2012），这就改变了以往追求人类利益最大化的发展理念，要求抛弃单纯从人类利益的角度来判定一切事物价值的"人类中心观"，而要代表所有生命物种的利益，承担起整个星球生态管理者的责任（伊武军，2001）。由于建设生态文明是人类文化模式的系统转型，所以处于文化结构中核心地位的价值理念必须发生转变，最重要的是，要使认同自然的内在价值、尊重自然的内在尺度和生存界限等成为生态正义的重要内容，从而促成自然价值观、发展观、消费观、科技观等的转变，使生态伦理的基本规范成为调节人类社会制度和人们实践行为的根本原则（江潭瑜，2008）。

以深层生态观促进发展理念的转变，将改变发展的路径选择和制度安排，进而调整企业和个人的行为方式。从我国目前的国情看，"发展是硬道理"在唯 GDP 论的考核体系下，被曲解成不顾一切地增加 GDP，由此造成了大规模的资源被廉价开发和低效利用，也导致了严重的环境污染和社会问题。在一些地方，由于人们的收入水平较低，需求总体上还处于求生存的层次，罔顾环境代价的经济增长就更有"市场"。因此，虽然生态文明、绿色经济、低碳发展等已经不再是新鲜的名词，但在地方经济决策中，"保增长"仍然是最主要的目标，"以人为本"也常被片面理解为"以当代人的短期利益为本"，忽视了其他生命体的利益，也忽视了人类的长远利益，绿色、生态、低碳、环保等也只能是高高挂在墙上和嘴上的奢侈品。领导和专家常常倾向于以当地人（特别是地方领导）的短期利益为本，根本不顾生态环境甚至环保法规的约束盲目上项目，甚至会对污染严重的项目竞相给予更优惠的引资条件，结果使生态环境的承载力很快突破极限，生态环境问题的突然、全面爆发就是这种理念和行为方式的结果。虽然各地严重的雾霾、触目惊心的水资源和土地资源污染，以及日趋频繁的生态灾难，已经让不少地方的人意识到保护生态环境的重要性，但由于缺乏对发展的正确认识，缺乏"生物中心主义"的价值观，因此，在生产和消费活动中，大多数地方还在继续着大量生产、大量消费、大量浪费的传统模式，根本无法实现与自然的长期、和谐共处。特别是，生态保护和环境污染的治理必然涉及主体间的利益调整。那些对生态环境污染最严重的企业或项目，常常技术密集度低但吸收普通劳动力就业较多，它们的大面积关停将使低技能劳动力失去谋生的岗位；而资源价格的合理回归，同样也会给低收入者带来更大冲击；对生态环境脆弱地的保护则会使相对落后地区的开发面临更多的约束；生态环境问题的外部性，也一定会使得污染和保护在不同地方之间存在"囚徒困境"……总的看来，生态文明建设对各类主体、各个地方之间的利益调整带来了许多复杂的难题，如果没有普遍形成对生态文明和生态文化的认同，没有科学的发展理念为指导，就很难形成生态文明建设的合力。但如果有了科学的发展理念和对生态文明的普遍认同，那么，利益关系的调整就会有更宽松的环境。例如，在英国的低碳发展战略就提出了"低碳贫困户"的概念，并由政府出资为因低碳发展受损的人提供补贴，从而赢得了更普遍的支持，但这样的利益调整举措是需要以富人和穷人都乐意为低碳发展买单为前提的。我国各地、各阶层如果不能形成对生态文化的普遍认同，就很难在总体发展水平仍然较低的情况下，推出适应生态文明建设需求的转移支付措施，也很难形成生态文明建设的合力。

转变每个个体的发展理念，能使其改变价值判断标准，优化行为方式，因为发展观乃是价值观、人生观的重要组成部分，发展观的调整，能在人们内心深处推动革命性的变革，从而改变处事态度与行为规范。在生态文明建设中，要重视传播深层生态文化，帮助人们走出"人类中心主义"的误区，树立"爱惜物命""合理消费"的发展观（顾智明，2004）。同时，生态文化的传播和发展观的调整，不单是政府官员和社会精英的责任，而是要成为当代公民文化建构的重要领域。因为"生态文明建设既是政府和社会的责任，更要依靠公民的自觉践行，只有在公民的日常生活实践乃至思维方式和价值理念中都深深地体现这种生态的价值和思想倾向，生态文明才有了真实的基础，也才有实现的可能性"（黄湘莲，2009）。如果国民能够普遍形成对生态文化的认同，那么社会就能充满尊重自然、善待自然的健康氛围，这就有助于通过相互协商、真诚交往实现主体间的利益协调，从而摆脱局部利益、眼前利益的束缚，在生产力水平总体较低的状态下，较好地平衡经济社会发展与生态环境保护之间的关系。

二、生态文明建设与文化资源利用

生态文明建设是人类在深刻认识和把握自然规律的基础上，对人地关系进行深刻反思的战略选择；也是人类以科技进步和制度创新成果为基础，追求人地和谐和文明可持续发展的新探索。这就是说，人类文化发展所取得的已有成果乃是生态文明建设的坚实基础，在物质文化层面，科技进步是人类认识和把握自然规律的基础，也是人类与自然和谐相处的基石；在制度文化层面，不同文化对人类与自然关系的行为规范都将对生态文明的制度保障体系建设具有积极的借鉴价值；而在精神文化层面，虽然朴素的生态保护思想与现代生态文化仍有很大差别，但传统文化中积极元素的传承，仍对普及生态文化、构建具有地方特色的生态价值理念具有重要的价值。总的看来，生态文明的建设过程，是必须以人类文化的优秀成果为基础的，只有吸收和借鉴人类文明的一切优秀成果，盘活文化资源的潜在价值，才能使生态文明建设更有活力和效率。

1. 物质文化层面

研究普遍认为，生态文明是以高度发达的物质文明为基础的。虽然人类正是在物质文明建设取得辉煌成就的过程中，造成了对生态环境的极大破坏，但这主要是因为"科学文化与人文文化的分裂导致科学技术异化和人类价值观扭曲"，从而引发了全球性的生态危机。在迈向生态文明的过程中，关键是要实现科学文化与人文文化的交融，用科学文化建设继续促进生产力的发展，而以人文文化充实人类的精神家园，从而寻求经济社会的全面发展及人与自然的和谐统一（杨怀中和杨倩，2012）。具体地说，为实现人类和整个生命共同体的持久发展，首先必须更深刻地认识自然规律，并适应和运用自然规律更好地调整整个生态系统的运行规范，而这也必须是以科学技术文化的发展为前提的；其次，生态文明强调要低耗高效地开发和利用自然资源，这就需要大量应用技术进步成果，以无形要素的更多投入来实现更有效率的发展，这也是以科技进步为基础的；最后，人类业已对自然生态环境造成巨大的破坏，加快治理和修复生态环境同样离不开物质文化建设的诸多成果。总的看来，生态文明建设是以高度发达的科技进步成果为基础的，生态文明的生产方式也将处处体现人类物质文化的经验积累。与以往不同的是，生态文明更加强调顺应自然规律创造物质文化成果，在追求富裕、舒适生活的过程中，不是盲目贪大求多，而是注重简朴高效，以整个自然生态系统的利益最大化取代人类的利益最大化。在消费方式上，则将更多关注产品的文化内涵和个性特征，抛弃暴发户式的贪婪。由此，在物质文化的创造方面，生态文明时代会更倾向于以更少的自然资源投入和更高的转化效率生产出够用的、高质量、有内涵的物质文化成果。其中，物质文化的进步将主要体现在生产效率和产品质量的提升上，而不是数量规模的扩大上。那些人类在长期与自然共处中积累的经验，也会因为更能适应自然生态环境的特点、更具文化内涵而拥有更多的借鉴价值。总的看来，生态文明建设离不开更好地盘活现有物质文化建设的成果，离不开在以往经验的基础上继续探索和发现自然规律，只是在物质文化进步的评判标准上，将更加青睐于质量和效率，更多抛弃对数量和规模的偏爱。

2. 制度文化层面

制度重于技术，这是近年来学术界日趋形成的共识。以往经济学主要在既定制度层面探讨稀缺资源的配置优化，但制度经济学的兴起，却揭示了生产要素培育、集聚和优化配置中制度的独特价值。可以说，正是制度文化调节着人们的逐利行为，改变着人类与自然相处的模式。在生产力水平极低的时代，适应各类自然崇拜也出现了许多有益于保护自然环境的制度安排，例如，黔东南苗族和侗族都有许多爱护树林的村规民俗（黄显琴等，2013），而西江流域的蛙、蛇等水神崇拜文化也孕育了适应稻作文化发展需求的环境保护制度（申扶民，2013）。只是在近代以来，由于生产力的迅速发展，在一些地方科学战胜了神学，人们丧失了对自然的敬畏，也抛弃了许多保护自然的行为规范。同时，由于缺乏对自然规律的深刻认识，人们忽视了自然资源的潜在价值，将其视为"不用白不用"的物什，导致了对自然资源的无序开发，而经济学则用"外部性""准公共物品"等理论很好地阐释了在市场经济条件下，自然资源和生态环境遭遇严重破坏的制度缺陷。由此，积极汲取传统文化中的积极元素，构建合理的生态环境保护制度体系将是生态文明建设的重要保障。这些制度将引导和规范人类与自然相处的行为方式，并将非人类中心主义的发展观落到实处。在此过程中，不仅要积极构建和完善自然资源和生态环境保护方面的法律体系；更要通过合理的自然资源和生态环境定价系统，使资源环境的潜在价值得到充分尊重，从而从经济制度上引导人们逐步培养珍惜自然资源和生态环境的意识与习惯；同时，还要推动形成有助于各方参与自然生态环境保护的政治制度，使一切破坏自然生态环境的行为受到广泛监督，使所有政策的制定都能更加体现人地和谐相处的要求，使每个人都能在民主参与中为保护自然生态环境贡献力量。而所有这些制度规范的建立和完善，都需要从以往的制度文化建设中吸取宝贵经验，也需要从其他国家或地方的制度建设中得到有益的启示，也就是说，生态文明建设还需要盘活已有的制度文化资源。

3. 精神文化层面

在精神文化层面，受"敬畏自然"的人地观影响，不少地方都有过与自然和谐相处的价值理念，不少表现为对自然物的崇拜，甚至是对自然万物的"鬼灵"意识。虽然这些认识大多是畏惧和屈从与自然力的表现，但其中也有不少与自然和谐共处的朴素思想。典型的，如我国道家"道法自然"的理念，就被认为是"在伟大的诸传统中，提供了最深刻且最完美的生态智慧"（葛荣晋，1991）；天人合一思想作为中国文化的重要内核，也被认为蕴含着深厚的生态哲理，它强调"天"与"人"的一致、一体、协调，这不仅是强调"人与自然的一致"，也是强调"人与外在的强大力量（或规律或神秘力量）"及"人与道德自我的一致"，从而使生态文化涵盖了人与自然及人与社会的多个层面（李宗桂，2012）；还有更多的研究探讨了儒家、道家、佛家等中华传统文化主体思想的生态意识，认为儒家的"天人合一""兼爱万物"促成了中庸式的生态实践观，道家的"万物一体、道法自然"则引致了"自然无为"的生态思想，佛家的"无我论"和"整体论"则有助于形成"尊重生命，珍爱自然"的行为规范（牛文浩，2013），这些都对当下的生态文化建设具有启示意义。子思在《礼记·中庸》里说，"喜怒哀乐之未发，谓之中；发而皆中节，谓之和。中也者，天下之太平也；和也者，天下之达道也"。这就是说，人与自然关系的核心是"和"，只有和，才能共生，才能和谐（刘启营，2008），从而提出了适度开发利用自然、与自然和谐相处的生态准则。自生态文明研究兴起以来，从我国传统文化中寻求朴素生态文明思想的文献并不少见，有关部门还专门组织了传统文化与生态文明国际研讨会等活动（中国环境科学学会和中国风水文化研究院，2010），以期更多发掘传统文化中与生态文明相适应的价值理念。而"受限制的市场经济、民主法治及萃取于儒道释三家的生态文化"也被视为中国特色生态文明的实现路径（卢风，2011）。笔者认为，虽然儒道释三家的生态思想都不是建立在充分认识和把握自然规律的基础之上的，因而与现代生态文化和生态文明都有很大的差别，但它们尊重自然、爱惜自然、主动与自然融合成生命共同体的思想却是对生态文明建设极为有利的。由于传统文化在普通民众中的影响较为广泛，在发掘、传播其生态思想的过程中普及现代生态文化理念将更容易取得实效。另外，虽然中华传统文化博大精深、影响广泛，但各地民众普遍接受的还是更具地方特色的传统文化（包括民族文化），他们也会有更具地方特点的生态价值理念，因此，在地方传统文化中发掘特色生态思想将具有更重要的价值。

三、生态文明建设与文化持续发展

生态文明建设不仅是发展理念的转变，更是发展方式的转变。它需要从内心深处改变绝大多数人对人地关系和发展内涵的认识，也需要以技术、制度等引导人们构建健康合理的生产和消费模式。由此，生态文明建设应当有着深刻的文化内涵，它不仅包含着对文化发展进步的许多要求，也需要从以往文化发展的先进成果中广泛汲取积极元素，从精神文化、制度文化和物质文化等各个层面推进整个文化系统在继承基础上的创新。生态文明的提出本就是现代生态文化发展孕育的成果，它的实现也必须以现代生态文化的传播和存量文化资源的盘活为基础，而在生态文明的建设过程中，文化系统也会因为人与自然的和谐共生而有了永续发展的基础，至于人类生态理念和发展观的进步，以及行为方式的调整，则将推动整个文化系统朝着更高质量、更高效率的方向优化发展。

西方发达国家最早因为对自然的过度索取而遭到自然的报复。无论是欧洲的马斯河谷（1930年）和伦敦（1952年）烟雾事件，还是美国的洛杉矶（1943年）和多诺拉（1948年）烟雾事件，甚或是日本的水俣病（1953年、1956年）、骨痛病（1955年、1972年）和米糠油（1968年）事件等，这些震惊世界的污染都刺激着美国、日本及欧洲等工业国家的政府和民众率先反思传统发展模式的不足，进而促进了现代生态文化运动的发展；这些国家也在现代生态文化的引导下，普遍提升了民众的生态意识，更加关注以法律和经济制度调整政府和居民的行为规范，并积极支持节能环保领域的技术创新，从而逐步遏制了环境恶化的趋势，有效提高了自然资源的开采和利用效率，并在生态环境治理方面取得了明显的成效，昔日污染的泰晤士河重新焕发了生机，而曾经数十万人西迁的美国泥盆（Dust Bowl）地区，也重新成为美丽的家园。今天的西方发达国家在生态环境建设和保护方面重新走在世界的前列。经历过文化生存的严峻挑战，西方主要工业国都在生态文明理念的指引下，反思和重构了自然观和发展观，并由此改变了生产和消费模式，优化了发展的制度环境，促进了生态保护领域的技术进步，从而获得了文化持续发展的更好条件，并在价值观改造、制度创新和科技进步等各个层面都实现了文化的优化发展。西方主要工业国的发展历程表明，生态文明建设不仅需要以文化氛围的塑造和文化资源的利用为基础，更将促进文化的持续发展和全面进步。在我国建设生态文明的过程中，也要注重同西方文化开展交流对话、取长补短，同时注重保持和发挥中华文化的生态智慧（蔡毅，2013），从而为中华文化的持续、健康发展创造有利的环境。

第三节　区域生态文明与地方文化繁荣

生态文明有着丰富的文化内涵，区域生态文明也与地方文化发展存在紧密的联系。它同样需要以现代生态思想改变当地政府和居民的发展理念，形成有助于生态文明建设的认同氛围；同时，它也必须充分发掘地方文化中有助于生态文明建设的积极元素，通过制度创新和技术创新更高效率地开发利用自然资源、保护修复生态环境。随着区域生态文明建设的推进，地方文化与自然生态环境的关系将更趋和谐，地方文化的保护和传承也有了更坚实的基础；而在此过程中，地方文化还将广泛吸收和借鉴人类文明的一切优秀成果，并适应地方生态系统的特殊要求改进地方生产模式和消费模式，从而提升整个地方文化系统的质量和效率，促进地方文化的进步。在区域生态文明建设中，重要的是要形成与地方发展特点相适应的生态文化理念、生产生活方式和创新支持系统，同时，要更好地协调区域间关系，在合作与竞争中解决生态环境的外部性难题。由此，区域生态文明建设会有助于地方文化的传承发展，也会促进更具地方特性的文化发展模式，同时，还能增进创新在地方文化发展中的积极作用，并可能使地方文化以其鲜明特色和创新活力得到更广泛的关注和认同，从而更具吸引力和竞争力，为地方的长期发展集聚更多高质量的资源和要素。

一、区域生态文明建设将促进地方文化的保护和传承

区域是具有主观意义的空间，地方则是承载主观性的区域（Wright，1947）。在空间转变为地方的过程中，地方文化的发展具有特殊重要的意义，因为空间被赋予文化意义的过程就是空间变为地方的过程，而这个过程也可以说是"人化"的过程（周尚意等，2011）。正是由于地方文化的世代积累，欧氏几何空间才成为有情感意义和特定功能的地方。因此，文化的保护和传承是

地方特性演变的重要基础，也是人类文化保持多样性和蓬勃生机的基石。然而，从历史发展的进程看，确有不少地方文化业已衰落甚至消失，而在文化全球化的背景下，则更有太多的地方文化遭遇涵化（acculturation）甚或被替代的威胁，在工业化、城市化、商业化等的进程中，面临更严重的生存危机。而生态文明建设则不仅可能改善人与自然环境的关系，从而为文化传承创造良好的生态基础，同时，也有可能在重构人与自然、人与人的关系中，更加注重保护地方文化的多样性和传承地方性知识，从而为地方文化的可持续发展创造更有利的环境。

　　不少研究显示了生态环境因素在古文明衰落中的作用，其中气候突变受到了较多关注（吴文祥等，2009）。早在1966年，Mellaart（1966）就提出，干旱是巴基斯坦青铜文明和埃及古代王国等衰落的重要原因；Bell（1971）也注意到这些不同地区文明衰落的同时性，并将这一阶段称为"第一黑暗期"（the First Dark Age），认为这与印度洋夏季风由强转弱具有紧密联系；Weiss等（1993）的研究显示，这次持续若干世纪的干旱不仅导致了美索不达米亚阿卡德文明的衰落，也导致了古希腊文明、尼罗河流域埃及文明及印度河流域古印度文明的衰落。以后，Weiss（2000）和Peiser（1998）继续对该事件进行了更为深入的研究，为气候突变对古文明衰落的影响提供了更多证据。而来自阿曼海湾连续性的古气候记录也表明，这次西亚地区10 000年以来最为干旱的事件持续了约300年，它的开始时间与阿卡德王国北部Tell Leilan被遗弃的年代吻合（Cullen etal.，2000）。而在中国，这次气候事件可能导致了南涝北旱的环境格局，并使得江浙一带的良渚文化、两湖地区的石家河文化、山东海岱地区的龙山文化、内蒙古岱海地区的老虎山文化及甘青地区的齐家文化等新石器文化走向衰落。而从良渚地区的沉积环境看，过去5200年经历了由海向陆演变的过程，随后沼泽、湿地化环境逐渐形成，并在成陆后经历了由暖湿—凉偏湿—暖偏干的转变，而良渚文明恰是以成陆初期的沼泽、湿地化环境和相对暖湿的气候背景为基础而发展起来的，并在良渚中期成陆范围进一步扩大后达到了顶峰，但在气候趋干的背景下，良渚文明逐步衰落（吴文祥和刘东生，2002；吴文祥和刘东生，2004），这也极可能受到了排水不畅、水患频发等的影响（刘演等，2014）。总的看来，自然生态环境的恶化对地方文化的传承会构成巨大的威胁。地方生态文明建设在保护生态环境的同时，也保护了地方文化。

　　另外，更多的研究显示，自然生态环境的恶化也常常与人类不适当的改造自然方式有关，这往往成为古文明衰落更重要的原因。典型的，如古巴比伦的衰亡就被认为是当地先民仅懂得引河水灌溉，却不会排水技术，造成地下水位上升和地下湿润而空气干燥的局部环境，从而形成了大量人造的盐碱地，导致雄伟、壮丽的古巴比伦城在经历过 1500 年的盛世繁华后，到公元前 4 世纪坍塌了下来；而古地中海文明，也因为大量砍伐雪松造成的水土流失、人口增加导致的陡坡地和草地被垦伐及过度饲养山羊等原因，在雨量充沛的条件下竟也出现了严重的荒漠化，至今未能恢复昔日的农业生态系统；此外，单一种植玉米导致的生态系统结构简单脆弱，被认为是玛雅文明衰落的原因，而过度砍伐森林、摧毁草原则被视为是迦太基文明和撒哈拉文明消失的原因（白木和子萌，2003）。考古研究显示，全球许多古代文明都经历了相似的崩溃历程，从尤卡坦半岛的玛雅人、格陵兰岛的古挪威人到南太平洋复活节岛石像的建造者、非洲大津巴布韦和亚洲柬埔寨吴哥窟奇迹的创造者，他们的文明都因为遭遇不同形式的环境退化或者与同样遭遇环境问题的邻居间贸易的衰退而迅速消亡。对我国科尔沁沙地的相关研究也显示，现今科尔沁沙地一带在全新世早期仍广泛分布着永冻层，有效阻止了雨水和融化的雪水向地下渗透，从而有助于草原植物的生长和农业活动的开展，但在距今 5000 年前后，伴随着永冻层的融化也出现了失水过程，而农业活动对大部分植被的破坏和用石铲耕地使表层土松软，加速了失水过程，造成了草原向沙漠的转化，并导致了新石器时代第一个发达文明的衰落（梅克·汪耐尔和靳桂云，1996）。由此可见，人类对自然生态系统的不适当干预很可能加剧自然因素的负面影响，从而导致环境的急剧恶化和地方文化迅速陷入危机。在区域生态文明建设中，尤其要重视探究地方性生态环境运行规律，避免盲目学习其他地方的所谓成功经验，造成难以估价的损失。

事实上，各个地方能传承至今的文化系统都在与当地独特自然生态环境的长期相处中，总结出一些适应地方特点的生产和生活经验。而这些信息也被用于控制地方自然生态环境，"作为人类与自然互动的这个或那个方面相关的严肃思考的结果"，促进了地方文化与自然生态环境的适应，而这种适应也可能是环境在"奖励"特定的行为而"惩罚"其他行为的过程中无意识形成的结果（Hayek，1967）。尊重这种在长期适应过程中形成的地方性经验或知识，对于高效建设生态文明是有积极价值的，但目前，各地都更倾向于模仿和套用西方发达国家的现代化模式，包括它们治理生态环境的所谓先进经验，这就难免陷入对科技的过分信赖和对现代性的过分"迷信"，而忽视本土人群的主体性，使地方性知识不断被冲击、扭曲和遗失，难以在生态文明建设中起到应有的作用（马晓琴和杨德亮，2006）。而对地方性知识的忽略和盲目推崇一种普适性的文明模式，却可能造成更严重的生态问题。例如，侗族先民在被迫进入沅江和都柳江中上游的山区生活后，适应当地低山丘陵多（90%）的特点，通过使河流改道在河滩地密集地建构了稻田、池塘和灌溉网，以更高效率地生产稻米和鱼类；而将山地丘陵用于生产原木，并通过天然河道漂运到汉族地区进行商品交换，还改进了林木生产技术，使当时每公顷林地的年积材量可以高达 30~50 米³，树苗 8 年即可成材；他们还在林地实行林粮兼作，保证山地的植被覆盖率常年超过 75%，从而有效抑制水土流失。这是一种可持续运作的资源利用方式。但在土地使用权承包到户以后，土地资源的人为切割使得林业生产无法继续"长周期、全封闭、综合利用"的模式，不仅降低了综合产出能力，而且水土流失也开始加剧。古代苗族则生息在喀斯特山区的疏林灌草地带，他们依靠游耕和狩猎采集为生，建构了一套能通过地表植物物种和生长态势判断土层厚薄的技术，从而能在高度石漠化的山地上找到苗木的最佳立地位置，并使种下的苗木快速成活和郁闭成林。但他们所生产的粮食品种多而单种作物的产量少，在政治权力的驱动下，不少苗族居民仿效汉族大面积毁林去建构连片的梯土或梯田，这就很容易打穿地表和地下溶洞间的缝隙，从而诱发严重的水土流失。在经历 200 多年的梯田建设后，不少苗族的栖息地严重石漠化，有的地段岩石和砾石的裸露率超过 70%，反而加剧了当地居民的贫困。历史上，彝族是一个农牧兼营的民族，农田和牧场均轮歇交替使用，畜群也实行多畜种混群放牧。由于其生息地山高谷深，因而夏天在山顶放牧，在河谷种植作物；冬天则转移到河谷滩地放牧，山顶种植越冬作物。这一套地方性经验能确保当地长出的各种草本植物或灌木均能得到有效而均衡的利用，并能确保地表的植被覆盖率在任何时候都不低于 80%，从而减缓了流水侵蚀和重力侵蚀，实现高效产出和生态稳定的目标。但目前土地不能连片占有，牧场和农田交替使用的生计方式也无法继续执行，受汉族文化的影响，彝族居民不断扩大农田而压缩畜群，也使水土流失加剧（杨庭硕，2005）。侗族、苗族和彝族在长期适应当地自然环境中积累的技能和经验，有助于实现人与自然的和谐发展，但迫于外部压力而盲目学习汉文化的农耕经济方式，反而造成了水土流失和生态贫困。由此看来，在生态文明建设的背景下，很有必要更加尊重地方性知识，重视保护和传承地方文化中的积极元素，从而促进生态文明与地方文化共同发展。

我国是一个历史悠久的文明古国。无论在政治、社会制度，还是哲学、伦理和艺术层面，中华文明都富含"生态智慧"，从而比较好地处理了人与自然、人与社会、人与人、人与自身的关系，得以历经 5000 年而命脉不绝（李道湘，2013），它也从思维方式、方法论及其样本意义上客观地构成了现代生态文明的培养基础（杜超，2008）。因此，珍惜和保护各个地方的中华文明，对于生态文明建设具有重要的价值。研究显示，几千年来，在我国不同地理环境下形成了丰富多彩的地域文化，这是地域整体人文生态系统中文化生态的结晶与精华。然而，现代化、城市化、工业化、商业化及时尚化等正对地方文化构成巨大冲击，形成我国"千城一面""千村一面"的建设格局，所谓传统地域文化保护也呈现出"孤岛化"、"破碎化"、"盆景化"和"边缘化"等特点，与地域文化保护的整体性要求相去甚远（王云才等，2009）。然而，传统地域文化是特定地方人类活动历史的记录和文化传承的载体，具有重要的历史、文化价值（陆林等，2004），也有助于维护多样性和可持续发展的景观体系（阮仪三等，2002），而具有地方性特点的多样性和细节，以及与之相关的传统和记忆也正是地方独特性的根本所在（Kelly et al.，2001），它们不仅对保持文化多样性很重要，也对建设真正意义上人与自然和谐相处的生态文明很重要。当前，生态危机频发既是人地矛盾的显现，也是忽视地方文化保护与传承的结果。在推动区域生态文明建设的过程中，不仅长期积累的地方性知识应该得到发掘和利用，而且地方文化也会在更好的生态环境中以更具特色魅力的形态得到保护和传承。

二、区域生态文明建设将增进地方文化的特色

如果说从时间尺度看，区域生态文明建设将促进地方文化的保护、传承和发展；那么，从空间尺度看，区域生态文明建设将促使地方文化更具地方性。这是因为因地制宜的发展乃是区域生态文明建设最基本的要求，而在此过程中，不仅传统的地方性知识将得到继承和优化，更重要的，人们还必须进一步探索地方自然生态系统的运行规律，并遵循这些规律以特定地方特有的方式着力研究和解决制约该地生态系统持续、协调发展的关键问题。这也将进一步显现出一个地方与其他地方的不同之处，并可能使在当地长期积累的文化得到更广泛的认同，而这也将使得该地区更具地方性（迈克·克朗，2003）。至于地方性知识在生态文明建设中的价值，则不仅表现在存量知识的运用上，更表现在新增地方性知识适应人与环境和谐发展的要求不断促进地方文化的创新和进步上。

所谓"地方性知识"，最具影响的应该是克利福德·吉尔兹（2000）的研究。尽管在哲学家看来，它并不是指任何特定的、具有地方特征的知识，而是一种新型的知识观念，强调在知识生成与辩护中所形成的特定的情境（context）（盛晓明，2000）。但在大多数研究者看来，地方性知识主要还是指

"本土知识或地方经验"，也就是特定地方的民众在长期的实践和试错过程中所积累的、适合于在本地环境中生存和发展的知识。它未必是高深、前沿的理论，但一定与特定地方、特定时代和社会背景下，普通百姓的日常生活和行为规范密切相关，它未必能找到首创者，但确是集体智慧的结晶，其间也蕴含着许多的生态智慧与生态技能，特别适合在地方"情境的逻辑"中去协调经济发展与生态平衡的关系。生态人类学就积极主张凭借地方性知识去推动生态环境的治理和保护，因为地方性知识必然是特定地方文化的有机组成部分，而地方文化应当是综合的和可以自主运行的（克利福德•格尔兹，1999），因此，地方性知识能在没有外力支持的条件下，自行克服地方发展中面临的生态问题。而地方性知识在生态保护和治理上的独特作用也可以归纳为三个方面（杨庭硕，2004a）：首先，地方性知识具有不可替代性，它必然与所在地区的生态系统互为依存，互为补充，又相互渗透，若能系统发掘和利用相关地区的地方性知识，则能找到对付生态环境恶化的最佳办法，但若忽视任何一种地方性知识，则意味着损失一笔不可替代的生态智慧与技能（古川，2003）；其次，发掘和利用地方性知识，是低成本保护和治理生态环境的重要手段，因为地方性知识往往与当地社会生产、生活有机地结合在一起，当地人常常是下意识地贯彻了地方性知识的行为准则，因此，其应用过程不必借助任何外力就能持续地发挥作用（尹绍亭，2000）；最后，地方性知识具有严格的使用范围，从而避免了维护方法的误用，由于利用地方性知识去维护生态安全，既不会损害文化的多元并存，也不会损害任何一个民族的利益，所以副作用最小（杨庭硕等，2004b）。不过，不少研究将地方性知识狭隘地理解为少数民族特有的传统知识，这就限制了地方性知识的范围，也不符合地方性知识的原有含义。实际上，各个地方的人们（当然也包括少数民族居民）都在长期的社会实践中积累了许多独特的地方经验，它们确实在低成本地保护和治理地方生态环境上具有特殊的价值，同时也不一定具有普遍推广的意义。对于这些地方性知识，在生态文明建设中，不仅要充分尊重和发掘，还要不断有新的经验总结，同时要审慎推广，避免滥用和误用。运用地方性知识克服地方生态治理难题，常常可以用简便的方法达到高新技术支持下的重大生态工程都未必能达到的效果，这对我国在总体生产力比较落后、经济水平不高的条件下建设生态文明尤其具有积极价值。

以我国西南喀斯特山区对石漠化灾变的救治为例，研究显示，发掘利用各民族地方性知识，对完成石漠化的治理具有特别重要的价值（游俊和田红，2007）。在石漠化发生以前，当地民族已经在这里生息了上千年，他们用地方性知识获得了生存与繁荣。而石漠化的露头是受到"向荒山要粮""改天换地"等理念和行动的影响，从这个意义上说，正是因为不尊重地方性知识，并使用了一种完全不适应当地生态系统的文化价值观和资源利用模式才导致了"石漠化"的后果。在当地苗族和瑶族的文化传统中，直接利用的生物物种极其丰富多样，种群规模虽然不大，但均衡取用仍能保证生物的多样性；而他们的游耕操作采取的是尽量少翻动表土的耕作方式，对农耕区段的作物秆蒿有人从不清除，从而增加了表土的有效庇护范围，减少了水土流失。当地的壮族和布依族则除了翻耕稻田外，对所有的坡地都不予挖翻，蔬菜主要是竹笋、蕨菜和菌类，这不会导致表土暴露，因而对水土保持十分有利。这两个民族还将村寨背靠的森林划定为风水林，禁止触动。同时，他们习惯于在稻田中养鱼或捕获水生动物作为食品，但很少参与狩猎活动，从而较少干扰易造成水土流失的地带。由此看来，针对石灰岩山区的自然环境特点，保护和治理石漠化关键是要引导当地民众发展不需挖翻土层的种植和养殖方式。而贵州毕节金沙县平坝乡杨明生副书记低成本完成高度石漠化地区残林更新任务的先进事迹（王庆，2004），更是依靠地方性知识进行生态治理的成功案例。总的看来，地方性传统知识应该在生态文明建设中受到更多的尊重和关注，而不断探索新的地方性知识，运用具有地方特色的技术和管理办法保护和治理生态环境也应该成为区域生态文明建设的重要内容，这些都将促进地方文化更具地方特性。

三、区域生态文明建设将促进地方文化创新发展

区域生态文明建设的基本路径，是以创新促进区域发展质量和效率的提升，从而实现低耗高效的发展和人地关系的和谐。在人地关系的发展史中，过度的采集渔猎和原始的刀耕火种曾造成森林的退化；农耕经济也曾引致水土流失和土壤盐碱化、沙漠化，并成为许多古老文明衰落的重要原因；而工业发展所带来的资源过度消耗和环境污染，更是酿成了许多生态灾难（李善同和刘勇，2002）。总的看来，对自然的过度索取和肆意破坏，正是生态文明建设中必须着力克服的难题，而以创新促进效率和质量的优化则是唯一正确的选择。为此，不仅要激活地方文化的存量资源，更要促进地方文化的理念更新、制度创新和技术进步，从而为地方文化系统的创新发展提供有益的环境。

具体地说，在价值理念层面，地方文化不仅要继承和发扬传统文化中朴素的生态保护思想，更要基于现代生态文化，构建促进整个生命共同体和地球生态系统持续协调发展的理念。这就要求一方面要传承古老的生存智慧和生态敏

感，促进地方生态系统的持续发展；另一方面，也要有现代和开放的意识，加强地区间的生态保护合作，共同促进经济社会发展与自然生态保护的协调。在此背景下，不少地方传统文化将迎来复魅时代（傅修延，2008）。在制度保障方面，区域生态文明建设要注重吸收地方习惯法中的宝贵经验，同时借鉴国内外在生态环境立法和经济制度建设方面的有效成果，按照民主参与、集思广益的要求，推进符合地方发展特点的制度创新，以好的制度环境引导个人和企业养成良好的行为规范，监督政府部门在决策过程中始终注重人与自然和谐发展的长期利益。在物质文化层面，关键还是要推进符合地方生态环境保护和治理需求的技术创新，更多以技术进步、人力资本、制度创新等无形要素的投入推动经济发展质量和效率的提升。在早期李建国（1996）提出的生态文明概念中，就强调要建设生态物质文明，并认为生态经济学和生态工程学的出现，使生态物质文明建设成为可能。而发达国家的经济发展实践也表明，即使经济已经发展到很高的水平，城市依然可以是以古老建筑为主，只不过建筑内部的设施已经现代化，让住老房子的人也能享受现代文明（傅守祥，2010）。这就较好诠释了在生态文明建设中地方文化传承与创新的关系。一方面，生态环境的改善使传统文化得到更好的保全；另一方面，传统文化也能在创新中获得新生命，从而进一步丰富其多样性，使整个文化系统获得优化发展。总之，区域生态文明建设将促进地方文化在创新中获得新的活力，从而以更高质量和更高效率的文化成果丰富地方文化系统的内涵，提升当地人的福利水平和生存质量。

四、区域生态文明建设将增强地方文化的吸引力和竞争力

当前，文化全球化的深入也使得地方文化之间的竞争更趋激烈。在区域生态文明建设中，地方生态环境和发展质量的改善，地方文化特色和创新能力的提升，都将使特定地方更具吸引力和竞争力，从而能吸引更多人力资本等高级要素的集聚，并获得在未来竞争中的巨大潜力。研究显示，文化的全球化必然对文化的地方性造成冲击，所谓"文化全球化"，表面上是一种文化的世界主义趋向，实际上则是地方性文化意欲覆盖"他者"的扩张主义冲动的显现。约翰·汤姆林森在《全球化与文化》一书中提出，处于强势的文化正在把自己的"地方性"扩展为"全球性"，而处于弱势的文化也无不潜在地意欲把自己的"地方性"扩展为"全球性"，这就很好地揭示了"文化全球化"的本质（周尚意等，2007）。任何地方文化都是有扩散倾向的，也会遭遇其他文化扩散的影响，关键要提升自己的影响力和竞争力。正是在这个意义上，地方文化应

当是区域发展的文化力（张在元，2003）或文化软实力（朱竑等，2008）的重要影响因素，而地方文化也可以通过其品牌效应促进地方经济的发展（Barker，2000），地方文化资本在吸引资本集聚方面的价值也已得到关注（Chang，1997），所谓地方标签（place branding）正显现出地方文化日益成为国家或地区一个独特的营销卖点（白长虹等，2008）。在区域生态文明建设中，地方文化将得到更好的保护和传承，将更具地方特色和创新活力，也将因此更具吸引力和竞争力。这将促进地方经济社会的持续健康发展，并使特定区域在未来的竞争中占有有利的地位。

　　本章的分析显示，以往研究更多关注生态文明建设中的经济技术因素，较少从文化视角深度解析生态文明建设的内涵。同时，生态文明的现有研究还主要在国家战略层面探讨生态文明的总体要求，而较少考虑地方或区域尺度生态文明建设的特点，这也是文化发展未能得到重视的重要原因。因为从地方或区域的尺度看，生态文明建设应该强调因地制宜、因时制宜的发展，这就与地方文化建立了更密切的联系。分析表明，生态文明拥有丰富而深刻的文化内涵，首先，它是现代生态文化兴起的成果，是人类在特定发展阶段、面临特殊发展难题时所提出的新的文化发展思路；其次，它推动着地方文化系统在长期知识积累的基础上，按照新的价值理念，以新的制度框架为保障，谋求新的物质和精神文化创造路径，从而促进地方文化系统持续、协调的发展；伴随着生态文明建设，地方文化系统运行的质量和效率将更高，人地关系、人人关系将更为和谐，地方文化也能更具创造力和吸引力。由此看来，区域生态文明建设不仅需要以对生态文化的普遍认同为前提，以地方文化资源的积累和应用为基础，更重要的，它还将在物质文化、制度文化和精神文化等各个层面促进地方文化的创新发展，进而提升整个地方文化系统的质量和效率，使其更具地方特色和竞争力。

第二章
区域生态文明建设中的地方认同

2007年，台北市文化局制作了一个关于保护台北生态环境的短片（黄琇玫，2003），影片主要以诗意叙述的方式呈现了摄影师所感受到的生态变化对台北人集体记忆的各种冲击，从而勾起人们对于地方的认同，并激励他们自觉参与到地方生态环境的保护中。影片的巨大反响显示了地方认同在区域生态文明建设中的潜在价值。由于生态文明建设是一项复杂的系统性工程，同时还具有明显的外部性，也就是说，个人（甚至各个地方）很难独立地进行投入产出的核算，这就不可避免地存在利益冲突；同时，生态环境保护又存在明显的时间价值，由此，人类必须在当期与未来、地方与全球之中进行权衡和次优的选择，这就必须要以民众的广泛支持和自觉奉献为基础。认同作为近年来社会学、心理学和文化研究关注的重点命题，对引导和约束人们的行为具有重要影响，也对激发内在的归属感和奉献意识具有积极的价值，因此，从认同角度深刻探讨生态文明建设的基础环境很有必要。地方认同是一种特殊的人地关系，也是地方文化和地方生态环境保护的重要影响因素，从地方认同的内涵和功能出发，进一步分析区域生态文明建设的文化基础及其对地方文化保护和演变的影响，将使生态文明建设的文化内涵研究更为深刻，并更具实践价值。

第一节　地方认同及其价值

区域生态文明是在地方尺度上重构人地关系和人类行为模式的成果。它需要激发当地人积极的使命感、责任感和创造力，同时也能为当地人带来更多舒适、安全的感觉。因此，区域生态文明是一项与地方认同密切相关的工程，需要以增进人的归属感和参与、奉献意识为前提，也会进一步增强人对地方的情感依恋和理性认同。而深刻理解认同、地方，以及地方认同等命题的内涵和建构机理，将为深刻剖析区域生态文明的建设机理奠定基础。

一、认同与社会认同

认同一直是哲学、心理学、社会学等学科的重要研究命题。在全球化和后现代深入发展的背景下，从国家、民族到个体、自我，都被"认同危机"所笼罩，认同也成了最热门的研究课题（李灿金，2014）。一般认为，认同主要是对"我是谁"或"我们是谁"、"我在哪里"或"我们在哪里"的反思性理解，而源于符号互动论的认同理论及欧洲社会心理学的社会认同理论最有影响（周晓虹，2008）。它们为理解现实社会存在提供有效的解释和优化路径，从而使社会科学在真正意义上成为"社会的"（王歆，2009）。因此，理解自我认同和社会认同的建构机理，以及认同危机的形成及应对策略，将有助于分析生态文明建设的社会基础。

1. 认同与自我认同

认同，译自英文 identity，其拉丁文词源为 idem（即相同，the same）。作为学术术语的 identity 最早由弗洛伊德提出，他把潜意识下的欲望或内疚激发的对他人的模仿命名为认同，而把儿童将父母或教师的某些品质吸收为自身人格的一部分视为认同的作用（何博，2011）。可见，弗洛伊德的认同主要用以描述个人与其准备模仿的他人、群体在情感、心理上趋同的过程（车文博，1988），它不仅关注相似或相同的结果，更关注同一化的历程。这不仅是一个心理历程，也是个体逐步融入社会的历程。因此，心理学和社会学都对认同给予了高度的关注。心理学认为，认同是"一个人将其他个人或群体的行为方式、态度观念、价值标准等，经由模仿、内化，而使其本人与他人或群体趋于一致的心理历程"（张春兴，1992）；它也是一种情感、态度乃至认识的移入过程（费穗宇和张潘仕，1988）。而社会学研究倾向于将认同视为一种同化与内化的社会心理过程，主要是将他人或群体的价值、标准、期望与社会角色内化于自我的行为和自我概念之中（Theodmson et al., 1969），一般更关注社会现象的一致特性（比如身份、地位、利益和归属）、人们对此的共识及其对社会关系的影响，诸如对直系亲属的认同，对雇主、主人、势力强大的征服者、社区和国家的认同，以及法人行动者对其他行动者的认同等（詹姆斯，1990）。

由此，个体经历了认可某一特定外在信息源的态度、习俗和行为并将之内化的过程（Brewer and Gaertner，2004），从而与他人、本群体或他群体在情感、心理上趋同（Freud，1922），产生了身份意识和相关承诺（Taylor，2001）。可以说，认同让个体发现了与他人的共同或区别之处，给人以存在感（Weeks，1998），并成为获得生活意义和经验的来源，它是个人对自我身份、地位、利益和归属的一致性体验（曼纽尔·卡斯特，2003），也是个人建构社会关系的重要基础。

弗洛伊德最早提出了认同的概念，但那主要是一种心理防御机制，通过仿效榜样的行为来满足个人的归属感，因而主要是内省式的，倾向于从人体本能的角度认识自我和群体，抽离了社会关系和文化因素的决定性作用。查尔斯·库利主张人们在参与社会互动的过程中改造着他们自己的世界。他提出的"镜中自我"是一个持续进行的意识过程：首先，想象自己在他人面前的样子；然后，想象他人如何评价我们；最后，基于想象中他人的评价产生情感反应。这是自我认知中的一个主观过程，但相对稳定（王歆，2009）。符号互动学派的社会学家乔治·米德不仅继续阐释了"镜中自我"概念，并且提出"我们在想象中站在他人立场上，并从这一视角看待我们自己"，从而获得自我感。他还提出了"I"（主我）和"me"（客我）的概念，其中"I"是行动的自我，并"给予人格以动力性和独特性"；"me"是社会的自我，"是通过在社会互动中概括他人对自己的态度后形成的"。"他们共同构成一个出现在社会经验中的人。自我实质上是凭借这两个可以区分的方面进行的一个社会过程。"（张向东，2006）埃里克森的研究则阐释了认同对于人格整合和稳定的重要性。他提出认同是"一种熟悉自身的感觉，一种'知道个人未来目标'的感觉，一种从他信赖的人们中获得所期待的认可的内在自信"（Erikson，1959），而认同形成则是从婴儿到老年的一个连续的过程，是一种发展的结构，是个体对其性格连续统一体的无意识追求，以及对某个群体的理想和特征的内心趋同（埃里克森，2000），缺少安全的个人认同（self-identity）会感受到威胁和焦虑，从而产生认同危机。菲尼则进一步提出了个体族群认同发展的四阶段说，认为认同不但包括个体对群体的归属感，还包括对自己所属群体的积极评价及对群体活动的卷入情况等（Phinney，1989）。这就为阐释认同的功能和认同危机的应对策略奠定了基础。

不少研究认为，社会学中的认同可分为社会认同和自我认同（或个人认同）两种类型，其中，自我认同一般指个体对其身份或角色的自觉意识，是"个人依据个人经历所形成的、作为反思性理解的自我"（安东尼·吉登斯，

1998）；而社会认同则指个体通过社会分类，"意识到自己属于特定的社会群体，并认识到作为该社会群体成员的情感和意义"（Brewer and Gaertner，2004）。但细究起来，自我认同和社会认同应该并非不同类型的认同，只是以不同的研究重点来阐释认同的建构机理。因为自我认同虽然更关注个体对自我的认识，关注个体的经历、反思等，但这也常常是在一定的社会关系中建构的，"镜中自我"、符号互动论等都反映了自我认同中社会因素的作用；而社会认同则只是更关注通过归属特定群体来建构自我的机制，它实际上是透过个体的"去个人化"来形成身份或角色意识。因此，所谓自我认同和社会认同更像是两种紧密联系的理论视角，自我认同的研究重点更接近于认同的原始内涵，而社会认同的研究视角则对于引导个体、群体的行为规范更有借鉴价值。对于区域生态文明建设而言，认同和自我认同的内涵有助于揭示认同研究的深远影响，而社会认同的分析框架则有助于形成良好的建设氛围。

2. 社会认同的建构机理

社会认同理论的起源与亨利·泰费尔经由"微群体实验范式"（minimalgroup paradigm）所观察到的内群体偏向和外群体歧视有关，它成型于20世纪70年代中期（Tajfel，1978；Tajfel and Turner，1986），以后随着20世纪80年代约翰·特纳自我分类理论（Self-categorization Theory）等的发展而日益显示出重要地位（Hogg，2004）。这一理论不仅关注个体心理变量的控制，更关注群体过程的分类模式，强调个体通过社会分类来识别环境，同时也识别并对自己进行分类（埃里克森，2000）。不少学者认为，社会认同理论是20世纪60年代后欧洲社会心理学家以反思心理还原主义在方法论和概念上的局限性为基础，转而寻求将个人的心理历程和社会力量结合在一起的理论探索成果（方文，2001）。它呈现出与个体主义的美国社会心理学完全不同的理论视角（周晓虹，1993），"社会"不再只是对个体行为产生影响的具体社会情境，而是个体置身于其中的群体关系背景，并在解释个体行为中居于核心的位置。它在20世纪90年代以后，也逐步成为美国社会心理学的主流理论之一（赵志裕等，2005）。

所谓社会认同，是"个体自我概念的一部分，源于个体对自己作为某个（或某些）社会群体成员身份的认识，以及附加于其上的价值和情感方面的意义"（Tajfel and Turner，1986），它反映出个体不仅认识到所在群体成员应具备的资格，而且也说明了这种资格在价值和情感上的重要性（Tajfel，1978）。在社会认同中，群体认同占据核心的位置（于海涛和金盛华，2013），该理论的主要贡献也在于它更关注内群体偏见（in-group bias）、对地位不平等的反应（responses to status inequality）、群体内部同质性与刻板印象（intragroup homogeneity and stereotyping），以及通过接触而产生的内群体态度改变（changing intergroup attitudes through contact）等（Brown，2000），从而为全面理解社会行为奠定了基础。

泰费尔认为，社会认同的建构经历了社会分类（social categorization）、社会比较（social comparison）和积极区分（positive distinctiveness）等三个基本的心理过程（Tajfel，1982）。其中，社会分类会导致倾向于夸大群体间差异的"加重效应"（accentuation effect）（埃森克，2000），而 Turner（1985）的自我分类理论则认为人们会自动地将事物分门别类，并在将他人分类时自动地区分内群体和外群体。同时，"所有的实验研究都表明，仅仅是对两个不同群体隶属的感知，就足以激发偏好内群的群际歧视"（Tajfel and Turner，1986）。而社会比较则显示，在进行群体间比较时，人们倾向于以积极的特征来标定内群体，而用消极的特征来标定外群体，从而提升个体的自我评估，如果个体对这种评估结果不满，就可能离开其所属群体，或力图使隶属群体变得更好（周晓虹，2008）。而所谓积极区分，是指个体为了满足自尊或自我激励的需要，会突出自己某方面的特长，从而使自己在群体比较的相关维度上表现得比外群体成员更为出色。不过，如果个体过分热衷于自己的群体，就容易引起群体间的偏见、冲突和敌意（张莹瑞和佐斌，2006）。在 Amiot 等（2007）看来，社会认同的发展和整合经历了预想分类（anticipatory categorization）、分类（categorization）、区分（compartmentalization）和综合（integration）等四个阶段，其中预想分类是根据自我特征和群体理解进行的自我锚定过程（self-anchoring process）；而分类则是为寻找主要的社会认同，此时各个认同之间有显著差异，重叠认同较少；区分阶段开始显现多重认同，社会认同逐渐出现整合趋势；综合阶段不同类别的社会认同开始发生冲突，需要重构或产生更高层次的整合。

在认同研究中，认同突显（identities salience）和承诺（commitment）是两个必须关注的概念。因为人在社会中总有多重的角色定位，也会归属于不同类型的群体，所以，认同是一个复杂的层级体系，要想解释人的社会行为，还必须考察不同角色或不同群体在这一层级体系中的位置。那些位置较高的认同和行为的联系将更为紧密，"具有相同角色认同的人，也会因为认同突显上的差异，在一个既定的环境中行为方式可能迥然相异"（Hogg et al.，1995）。"承诺"则是对认同突显的补充说明，一种特定认同的突显程度是由一个人对某一角色的承诺程度决定的。承诺反映了在何种程度上，一个人的重要意义，他人（significant others）认为他应该占据这个特定的角色位置。一个人对一种认同的承诺越强，认同突显的水平也就越高。结合自我认同、社会认同和认同突显的内涵，认同对于个体社会行为的解释力就更为明显。

3. 社会认同威胁及应对策略

认同的基础理论表明，个体不仅希望获得积极的自我认同，也希望获得积极的社会认同。当这种需要不能满足时，便会产生社会认同威胁（social identity threat）。心理学家倾向于通过社会比较来阐释社会认同威胁，认为它是某一群体的个体在认知和情感上对自我和所属群体身份的不承认，从而以一种悲观心态来看待本群体的地位、文化、习俗等，甚至感到耻辱，并在心理上产生一种疏离感、剥夺感和自卑感（Ellemers et al.，2002）。社会认同威胁会使人们不知道他们是谁，并陷入极端不确定的感觉，这种严重迷惑的状态也被称为认同危机（Taylor，2001）。它同时将导致获得消极评价的群体遭遇偏见或歧视，使得该群体得不到信任并缺乏社会归属（Walton and Cohen，2007）。

Branscombe 等（2002）将社会认同威胁分成四种：分类威胁（category threat）、群体价值威胁（threat to group value）、接纳威胁（acceptance threat）和区别性威胁（distinctiveness threat）。其中，分类威胁是群体分类的结果与自己的意愿相违背，接纳威胁是对群体高度忠诚的成员得知自己处于群体的边缘地位，区别性威胁是由于外群体与内群体的差异，而群体价值威胁则是群际地位差异的合理性。社会学家主要以问卷调查及模拟社会游戏等实验方法来测量社会认同威胁（王沛和刘峰，2007），而相关成果也为解释社会集群行为等提供了支撑（王卓琳和罗观翠，2013），典型的，如对农民工群体的"污名化"研究就有助于分析农民工社会认同的形成机制和优化路径（叶育登和胡记芳，2008）。而理论分析还表明，为应对威胁和困境，社会认同管理策略能有助于获得积极的社会认同，从而提高个体和群体的自尊，促进社会不同群体之间的融入与和谐。目前看来，人们面对社会认同威胁时，一般采取的策略包括自我流动（individual mobility）、社会创造（social creativity）和社会竞争（social competition），其中，自我流动是个体尝试离开群体并进入仰慕的参照群体；社会创造是选择其他的比较维度并使内心中赞同新的维度；社会竞争则是个体认为不能改变现有情境而采用的抵抗和对立的策略（管健，2011）。也有研究认为，社会认同威胁会产生脱离群体、改变群体状态及接受消极的社会认同结果等三种后果，其中社会创造和社会竞争都属于改变群体状态的策略（王沛和刘峰，2007）。而影响策略选择的变量则包括内群边界的渗透性（permeability of intergroup boundaries）、内群关系的稳定性（stability of intergroup relations）及内群关系的合法性（legitimacy of intergroup relations）。

总之，认同是心理学、社会学等的重点研究对象，不仅是文字方面的游戏，更是关系到人们精神意识与社会生存等生死攸关的问题（Friedman，1994），它是同一性与差异性的共同体，同一性形成了人们共同的意愿、情感及责任意识，意味着人们需要对这些群体承担责任；而差异性则不仅强化了人们的自我意识，也导致了混乱、歧视、排外及隔离等（Nelson et al.，1992）。可以说，人们不仅以认同为核心构建了自身的内心世界与社会活动，也因为认同感受到痛苦与灾难（Rosaldo，1993）。认同在多元社会力量的型塑下必然有多元品质或特征，同时也是自身对多元社会力量进行主观界定的结果，这是一个动态的过程，需要以社会共识和社会协商为基础，同时又可能遭遇认同威胁，不得不通过行为策略进行认同的解构和重构（方文，2008）。在区域生态文明建设中，特定地方的人们需要适应地域环境的特点改变价值理念和行为规范，这不可避免地涉及认同的动态变化，而对地方的认同尤其具有直接的影响和作用。

二、地方与地方认同

认同研究在关注"我是谁""我们是谁"的同时，也关注"我在哪里""我们在哪里"，这种与地方相关的认同就是地方认同，它同样涉及主体的身份建构，也包含着意义和情感。就个体而言，只有当归属于特定地方群体时，才能获得安全感和成就感（Claval，1998）。而就地方的意义建构和长期发展而言，地方认同更具有深远的影响，它能为当地经济社会发展凝聚更多力量和智慧。在区域生态文明建设中，建构高水平的地方认同也有助于更新人地关系理念，优化人类行为模式。

地方的内涵十分丰富，可以说是现代地理学中最复杂的概念（林耿，2013）。20世纪30年代，哈特向在有关"区域分异"的研究中首次提出将"地方"作为地理学研究的重点，并认为地方是使地理学成为独特学科的原因，但那时的地方主要还服务于对客观的空间差异进行的研究。到70年代，人本主义地理学在质疑科学地理学的过程中提出的"恋地情结"则赋予了"地方"更多主观的意义和情感（Tuan，1974）；全球化背景下，人们对"我在哪里""我是哪里人"的反思，则进一步将地方与个体的身份建构紧密联系在一起。地方不应该是无意义、无情感的冰冷世界，而是充满意义和内涵的人的世界。"在我们的日常生活中，地方既非独立的经验，亦非可以用地点或外表的简单描述所能定义清楚的个体，而是在场景的明暗度、地景、仪典、日常生活、他人、个人经验、对家的操心挂念及与其他地方的关系中被感觉到"（王志弘，1998），这就表明了地方首先是主观的，而地方研究则必须包含地方意识（Lukerman，1964）。当我们赋予空间以特定意义时，它就成了地方，而这些意义也成了人们建构身份的重要因素（Tuan，1977）。有学者指出，当代人文地理学应重新对地方及其内在的隐喻进行概念化，基于主观性意义对地方进行重新认识（Young，2001）；而人或社会群体也需要通过对地方意义的体验来知觉身份和自我存在（Soja，1989）。地方由此成为个人或社会群体身份的组成部分（Harner，2001），处在不同权力地位的社会群体会对地方的意义及自身身份都有着截然不同的想象，从而使地方内部充满了认同的分异乃至冲突（Massey，1994），即使在民族文化重构中，不同主体也会赋予同一地方以不同的文化意义（杜芳娟等，2011），从而显现出复杂社会权力关系对地方和地方认同建构的影响。由此看来，地方绝不仅仅是地球表面的某一个点，也不只是人们日常生活和交往的背景与场所，它更是个体或群体的主观感受，体现着复杂的权力结构（邵培仁，2010）。地方不只是客观的存在，而是不断变化的主观感受，在开放的背景下，虽然分隔边界已经越来越不具有实质的意义，但承认并尊重这种对地方的独特感受依然重要。

因为地方不仅是客观的存在，更是主观的印象，并在个体和群体的身份建构中具有独特价值，这就促进了相关学科对地方认同的探讨。虽然有学者将地方认同（place identity）仅视为地方感或地方依附评价体系的一个维度（Hammitt，1998），但由于认同的内涵和建构机理都很复杂，地方认同更像是比地方感更科学、更严谨的概念。它是认同理论与地方建构研究相结合的成果（Miller et al.，1998），不仅体现了地方同时是真实的与建构的（Agnew，1990），也表明地方是认同界定与安置的重要载体（Entrikin，1997），某些地理定位的感觉，可能对我们如何看待自己非常重要（Massey and Jess，1995）。Proshansky（1978）根据自我和物理环境之间的认知联结，将地方认同视为自我的一部分，是通过人们意识和无意识中存在的想法、信念、偏好、情感、价值观、目标、行为趋势及技能的复杂交互作用而确定的与物理环境有关的个人认同（personal identity），这一定义使得地方认同成为环境心理学中的核心概念之一（庄春萍等，2011）。它主要利用环境意义来象征化或安置认同的一种自我解释（Cuba and Hummon，1993），而当人们通过长期的经验获得在特定地理范围内的归属感，这些地方便具有了地理性的符号意义和社会内涵（Canter，

1977）。这是人们由于长期接触特定空间而产生的熟悉感和其他特殊情感，生活中的历史、文化、生活习惯及自然景观等都是人们与空间最常接触的生活经验（Borja et al.，1997），它有助于提供稳定感和持续感，从而帮助主体建构和维护认同（Korpela and Hartig，1996）。它可能激发"一种强烈的、通常是积极地将我们与世界联系起来的能力，但是，也能够变成有害的和摧毁性的"（苏珊·汉森，2009），因此地理学家、社会学家也都和心理学家一样，对地方认同给予了更多关注。

关于地方认同的建构机理，学者们倾向于将其视为一种特殊的人地关系，同时也反映着人与人之间的社会关系。它是个体与特定地方及该地方人群长期相互作用的成果，是一个复杂而动态的过程。Buttimer 和 Seamon（2015）提出，"身体芭蕾"结合"时空惯例"即产生了对地方的感知。所谓"身体芭蕾"是指人们在日常生活中各种具有连续性和重复性的身体动作，而"时空惯例"则是人们在时间和空间上的惯例行为，这两者的结合，就是在固定地点人们经常性、有规律的动作，也被称为"地方芭蕾"，它反映了主体与特定地方长期、反复的接触，并由此感知到地方的丰富信息，对特定地方变得熟悉。而以此为基础，当特定地方对主体而言具有"强烈的意义和深刻的印象，以至于这些经验及意义变成了认定自己身份最重要的因素"，地方认同便真正形成了（Rose，1995），它也成为区分"我们"与"他人"的重要内容。"我们"通常会"共同生活，共同工作，在同样的时间去祷告，拥有同样的习惯和风俗"（Jackson，1994），并都可能成为所在地方故事的一部分，而这些"故事的力量则在于帮助我们'居住'在一个地方（Sanders，2001）。这就显现出个体的地方认同与分享集体记忆有关，而社会认同理论也对地方认同研究具有直接的指导价值。自我分类、社会比较、积极区分也是认识地方认同的有效路径，而自我流动、社会创造和社会竞争也可能成为人们面对地方认同威胁时采取的策略。地方认同会因此处于动态变化之中，而且比一般的认同更不稳定。因为承载地方记忆的地理景观和分享集体记忆的社会网络都会随着地理空间的重塑而不断变化，虽然依靠主体的适应能力，地方认同会尽量保持其连续性，但在资本驱动的时空压缩条件下，空间的大规模、快速重构还是造就了众多缺乏地方认同的"无根者"。此外，个体能力、经验及价值观等也会影响主体感知和认知地方信息的能力；而人们对特定地方情感上的倾注往往会随时间而变化（Giuliani and Feldman，1993），因此长期居住倾向于增强地方认同（Tuan，1977），但居住的满意度更会影响地方认同的水平（Bonaiuto et al.，1996），毕竟个人对一个地方产生特别的感觉，可能只需要短暂的停留，也可能需要长时间的情感投入以形成更深刻的印象和知觉（Nanzer et al., 2004）。因此，主体与地方的接触时间对于地方认同是重要的，但接触的效率也可能更重要。

在全球化的背景下，地方的意义正在被全球性力量中和与消解，原有对于"地方性"的想象却在认同形成的过程中被不断加强。本土社会力图在一个"时空压缩"的"超空间"时代中，保存自身基于地方意义的身份认同（钱俊希等，2011），而这需要深刻理解地方认同的新功能和新机制。Massey（1993）认为，地方不应是一个封闭的地理空间，地方的建构必须以与外部世界的广泛联系为基础；Cloke 和 Crang（1999）则提出，地方是全球体系中具有广泛联系、相互依赖的切换点，而非传统认识中孤立的马赛克拼图，它不仅开启了外向式的全球化联系，也强化了内向式的地方性社会关系。各个地方以不同的力量和方式在全球联系中彰显其独特性，这也正是全球化下地方多样性更为丰富的原因。而地方认同也不再固定地落实在确切的地理界限之中，而是通过各种媒体跨越时间与空间界限向外伸展（Tuathail，1998），那些相遇的地方、特定的活动空间束交错的区位、联结和相互关系的区位、影响和移动的区位等正成为地方认同的重点研究对象（Massey，1995）。

地方认同与身份认同具有紧密的联系，它有助于个体确认自我身份，认知所归属的群体，并伴随着相关的情感体验和行为模式（张淑华等，2012）。它同时又常与民族认同相联系，因为民族是具有地域性的群体，民族认同往往与对特定地域文化特征的接纳和承诺有关（张艳红和佐斌，2012）。由此，文化认同应当被视为地方认同的核心，地方文化的传承和发展对于地方认同的建构具有特殊重要的价值，而高水平的地方认同，也会促进地域文化的保护和发展，并为区域生态文明建设奠定坚实的基础。

三、地方认同研究的价值

地方认同主要通过回答"我在哪"而回答了"我是谁"的问题，从而为个体建构自觉意识和生活目标奠定了基础。Proshansky 等（1983）曾经阐释了地方认同的五方面功能：一是识别功能（recognition function），也就是根据地方认同的经验对其他任何地方的客观场景进行比较判断；二是意义功能（meaning function），也就是基于已有的地方经验赋予其他场景（setting）以意义；三是欲求表达功能（expressive- requirement function），也就是根据已有的地方认同经验对其他地方提出改造的要求和期望，从而使自己得到更具安全感、舒适感的环境；四是缓冲变化功能（mediating change function），是指当地方认同和现实环境之间发生差异时会激发个体的相关认知功能，以减少甚至消除差异的影响；五是焦虑和防御功能（anxiety and defense function），是指地方认同倾向于界定、保持自我认同，并帮助人们识别环境中的危险因素。这五方面功能主要都体现了地方认同在帮助主体适应客观环境方面的价值。

　　Breakwell（1986）从独特性、连续性、自我效能和自尊等四个方面阐释了建构地方认同的价值。所谓独特性是指将自己视为一个地方的人，对一个地方产生归属感，这会对个人认同提供正性的强化（Twigger-Ross and Uzzel，1996），也会成为塑造地方特性的重要支持；而自我认同具有连续性，对地方场景和景观的记忆也会促使人们与自己的过去相联系（Hidalgo and Hernandez，2001）；自尊则反映了人们对所认同的自我和群体的正性评估，如儿童会感觉当心情糟糕时待在自己的房间中能获得积极的自尊感（Korpela，1989）；至于自我效能则是指人们对能够完成一项行为或任务的信念，保持合理的自我效能对个人幸福感很重要（Leibkind，1992）。Breakwell 的分析框架显然超越了个体适应客观环境的需求，而是更多体现了精神层面的价值，同时也有助于分析地方认同对群体和地方发展的影响。此外，Korpela（1989）认为，高水平的地方认同有助于个体追求自我一致性（self-coherence）、自我价值（self-worth）和自我表达（self-expression）（Korpela，1989）；Williams 和 Roggenbuck（1989）认为，地方认同使地方具有了象征意义，并储存了人们的情感和人际关系，并赋予人们的生活以意义和目的；Dixon 和 Durrheim（2004）则认为，地方认同是一种内隐的心理结构，只有当人们改变位置的时候，人和地方之间的联系（bond）受到威胁，它的作用才变得明显，同时，地方认同会随着一个具体地方典型特征的变化而变化（Stedman，2002）。这些认识是以地方认同的内涵和机制研究为基础的，更多体现的是地方认同在情感方面的意义。

　　总的看来，地方认同是自我认同的重要组成部分，虽然它同样面临是原生还是建构的讨论（左宏愿，2012），但它对个体发展、群体意识和地方建设都具有重要的价值。从个体层面而言，它是个体建构身份和生活意义的重要基础，也是约束其价值理念和行为方式的重要因素，有助于其适应和改造周边自然与人文地理环境，从而寻求到安全、舒适的感觉。而在群体层面，它能建立和分享集体记忆，形成地方发展的吸引力、凝聚力和创造力。特别地，作为内隐性的心理结构，地方认同在地理环境变化过程中会有明显的影响力，从而对认识和解决空间生产与地方发展中的危机具有独特价值。认同已经是社会危机研究的中心话题，哈贝马斯（2000）就曾探讨与认同相关的晚期资本主义的合法性危机，而罗尔斯（2000）也认为"重叠共识"是政治自由主义的三个基本理念之一。对地方的认同能够促进对地方文化上的自觉，从而促进地方的发展（胡大平，2012）。因此，研究地方认同，重要的不仅是在全球化时代为个体寻求自我认同和生存意义奠定基础，而且能为地方发展凝聚力量，以更好地克服文明进步中可能面临的困难。生态文明建设是一项复杂的系统性工程，在我国经济技术水平总体较低的条件下，更面临较多的困难，通过地方认同的研究，帮助大多数人形成对地方的依附和依恋情感，将有助于增进主体参与生态文明建设的积极性、主动性和创造性，从而为更高效率地实现经济社会发展与生态环境保护的各项目标创造有益的文化氛围。

第二节　地方认同与区域生态文明建设

生态文明是经济社会和生态环境协调发展的人类文明进步新形态。面对我国在快速工业化和城市化进程中遭遇的大量环境问题和社会问题，人们本应该对生态文明建设充满期待；但在践行过程中，这个看似不少人梦寐以求的目标却像是遥不可及，遭遇了太多的困难和阻力。而不少相关研究更多描绘了生态文明的美好蓝图，却很少探讨建设过程中必须支付的成本和可能遭遇的阻力，更不用说仔细分析建设路径及实施条件。这就使得生态文明建设更多停留在口号和规划上，节能减排等相关指标也成为政府绩效考核中最难完成的任务。究其原因，主要是生态文明的建设过程充满复杂的利益冲突，不仅包括经济利益、社会利益和生态利益的冲突，也包括当前利益和长远利益、个人利益与集体利益，以及各个地方之间的利益冲突。有研究认为，践行生态文明很难，难在人性的贪婪与凶残，也难在外部诱惑太多，更难在一些主流理念和政策的自相矛盾上（黎利云，2010），这都折射出协调利益矛盾是生态文明建设必须克服的困难，而如果大多数人都能构建起对生态文明的深度认同，利益格局调整的阻力就会相对较小。区域生态文明建设是在特定地方适应当地自然和人文环境的特点、追求人与自然和谐进步的目标所进行的努力，它需要当地人都愿意为了有高度认同的地方奉献聪明和智慧，甚至愿意为了地方的长期、持续发展牺牲个人的短期利益。而在此过程中，原有地方的景观和社会网络可能变化，价值理念和行为模式也需要调整，原本熟悉的文化空间会慢慢变化，这都可能影响地方的原有记忆。同时，这样的变化对不同主体一定是不完全一样的，这就可能改变不同主体间的利益关系，从而对地方认同造成一定的冲击。在此背景下，深入探索区域生态文明建设对地方认同的可能影响及地方认同对区域生态文明建设的潜在价值都十分必要。

一、区域生态文明建设对地方认同的影响机理

地方认同是一类特殊的认同，它不完全以主体对自身和社会关系的反思为基础，而更多体现了主体对周边自然环境和人文景观的感知、认知及情感，因此，它折射的不仅是人人关系，更是人地关系，是人在与环境的互动过程中进行主观评价的结果（潘桂成和Poon，1997）。

从地方认同的建构机理看，三个方面的关系极为重要。一是人地关系。地方认同是以长期的人地相互作用为基础的，"地方芭蕾"就揭示了个体与特定地方长期密切交往的价值，它有助于丰富个体对特定地方的感知经验，并在特定地方经历和分享更多的故事与情感，从而有可能形成较为稳定的认知，并在此基础上以特定地方建构身份，赋予特定地方生活的意义和目标，从而形成比较理性的认同。这是一个接近于自我认同的长期、持续的过程，既有延续性，也会发生动态的变化、经历情感的波折，甚至可能遭遇短期的剧烈波动，但总体上是渐趋稳定的。虽然有了地方认同，仍难免心存对特定地方的抱怨和不满，但这常常是偶尔的情绪发泄或是出于更高的发展期望，而对特定地方却真实地有了安全、舒适的感觉，并能更自然地建立自尊。这虽然在很大程度上是个内隐的心理结构，却是个体在特定空间正常生活、工作的基础，没有地方认同的个体，常常会感觉到焦虑、失落，甚至会产生迁移、消极应付甚至对抗和破坏的念头，威胁到地方的持续健康发展。因此，地方认同从个体层面看，首先是人地关系的显现，是人与地长期相互作用的结果，既显示了主体对地方的总体印象和情感，也会影响到主体参与地方发展的行为和意识。在区域生态文明建设中，大多数主体对地方的高水平认同是有助于增强凝聚力和创造力，从而提升区域生态文明的建设效率的。

二是人人关系。地方是客观的，更是主观的，在由空间转变为地方的过程中，人类文化发挥了重要的作用，而地方也正是人类群体的创造物。主体不仅存在于特定地方的物理空间和自然环境中，也存在于特定地方的社会空间和人文环境中。主体在地方认同的建构中，不仅受到自然环境和历史景观的影响，也受到所处社会结构层级的影响。不要说地方之间的关系本是个复杂的结构体系，就是地方内部，处于不同社会阶层的个体也会有不同的地方记忆。主体的社会网络不仅会影响到他与地方自然生态环境接触的状况，以及感知、收集环境信息的能力，更会影响到他所能分享的集体记忆及综合分析地方信息的

方式。在特定地方处于优势地位的个体，一般会有更多机会采集地方信息和集体记忆，会更倾向于认可地方的主流价值理念（因为这些可能正是由他们主导的），在地方感受到安全、舒适和自尊，从而会以更积极、主动的心态去分析评价地方信息；但处于相对弱势的群体，其所能直接感知的地方信息一般较少，能分享到的地方记忆也较少，因此，对地方的认知未免片面，更容易因为接受到意外的信息而感到茫然，同时，他们对地方主流价值理念常常只能被动地接受，也未必能感受到安全、舒适和受尊重，甚至会有被污名化和排斥的感觉，这就难以以积极的心态去综合评价地方信息，其对地方的情感也就变得很不稳定，难以构建高水平的地方认同。而地方认同的缺失，还可能导致不合适的言行，从而可能进一步被边缘化。由此看来，地方认同的建构虽是以人地关系为基础，但同样反映出社会关系的影响。人们对地方的认同，是与所处社会层级相关的，并非单纯的自我认同，而是与群体认同存在密切的关联。社会认同理论所描述的分类、比较和积极区分原则对于地方认同的研究也是适用的。正因如此，地方认同也会影响到主体的价值观和行为模式，因为主体会倾向于与所认同的群体分享价值理念，并按照该群体的行为模式约束自己的行为。在区域生态文明建设中，一方面要注意妥善协调群体之间的关系，尽量照顾各阶层的利益，让更多群体拥有安全、舒适和受尊重的感觉，以增进生态文明建设的合力；另一方面，也要注重引导群体的价值观和行为模式调整，从而促进人地和谐的价值取向和低耗高效的行为方式成为大多数群体的自觉选择。

三是区域之间的关系。地方认同的重要表现是以特定地方建构自我的身份，而特定地方则是特定空间自然环境和人文环境的结合，包含着特定地方的人类群体特征。因此，人们往往提到特定地方，就不自觉地想起当地民风的特点，如东北、山东、上海、温州。虽然这些地方的地域范围差别很大，内部不同个体的性格差异更大，但总的看来，这些地名都会让人感受到相关地方人们鲜明的文化性格。因此，在以地方建构身份的过程中，主体的心理活动用社会认同理论来解释是比较合适的。也就是说，主体会在分类基础上展开社会比较，并按"积极区分"原则建构认同。不少研究认为，地方认同只有在发生景观变化或迁移活动时才表现得比较明显，这很可能是因为变化为比较提供了更多的机会。诚然，一个从未走出小山村的老人会对小山村充满情感，但这种情感理性的成分并不高，而一旦遭遇开放和变化的环境，其实是很可能遭遇认同危机的。这也是古村落保护面临困难的重要原因。一旦那些长期相对封闭的地方受到外部文化扩散的影响，不少人就会很快在社会比较中发现域外文化的光鲜面，而忽视了地方自然和人文环境的独特价值，原有的地方认同也在社会比较中被摧毁，不少人外迁，更多的人仿效外部的世界重构自己的地方，从而丧失了原有的地方性。在全球化的背景下，地方认同的建构是在更为开放的环境中完成的。由于缺乏社会比较的经验和对地方文化的足够自信，不少相对封闭的地方更快地陷入了地方认同危机，以为"外国的月亮比较圆"，盲目引进了许多域外元素，结果造成"千城一面""千村一面""洋不洋、土不土"，地方认同建构的基础更为薄弱。区域生态文明建设强调要依托地方自然和人文环境的特点探寻特色发展路径，这有利于增强地方性，也将有助于增进地方认同。

总的看来，地方认同是在人地长期相互作用的过程中，以对客观环境的感知为基础，叠加主观经验进行综合分析和社会比较而形成的意识。它不仅受到自然环境的影响，也受到人文社会环境的制约，是在开放、比较的过程中形成的对地方的总体印象，既显现了地方对个体的价值，也影响到个体在地方发展中的价值理念和行为方式。它承载的不仅是人对其生存环境的物质依附，更是饱含着生命的价值和情感的寄托。地方认同显示了地方对人是有意义的，它会使人感到安全、舒适、有尊严，也会促使人愿意奉献生命和智慧去改善它所生存的环境。熟悉的景观、熟悉的社会网络、共同的价值理念及相似的行为模式，是地方认同建构的重要基础，而景观和社会网络的变化、价值理念和行为方式的调整等，则可能对地方认同造成冲击。当然，它不一定是积极的，同时，它也一定是总在发生的，但如果在较短时间内，发生了地域景观、社会网络、价值理念及行为模式的根本性变化，那么地方认同就面临重构的压力。

区域生态文明建设是以改善特定地方人地关系为基础、为实现经济社会发展与生态环境保护协调推进的系统性工程。在建设过程中，地方的人地关系、人与人之间的关系及各个地方之间的关系都可能发生变化，从而会影响到地方认同。具体来说，在人地关系层面，区域生态文明建设不仅会改变人地关系的理念，更会改变人地相互作用的模式，与之伴生的，还有大量生态工程建设所引致的土地利用方式变化和生产力布局调整，这将改变许多人熟悉的地理景观，并可能造成一定数量的生态移民，从而使建构地方认同的物质载体发生变化。在区域生态文明建设中，首先要努力形成因地制宜、低耗高效、持续协调的发展观，这就要求地方价值理念做适当的调整，在人地关系上自觉将人类视为自然生态系统的平等主体，并以此引导对环境的感知、认知和改造行为。适应这一要求，人类应当更深入地探索地方生态系统的运行规律，从而获取更多的地方经验，这会增进大多数主体对地方信息的感知和认知水平，从而有可能构建更为理性的地方认同。在生态文明建设中，生态保护和治理将成为地方发展的重要工作，生态工程的建设不可避免，适应当地自然和人文环境特点优化土地利用方式和生产力布局也是有益的选择。在此过程中，不可避免地会改变地方原有部分景观的面貌，甚至会产生一些生态移民，搬迁一些企业、产业区和社区，从而改变了原本熟悉的地方面貌。从长远看，这样的改变会使得地方生态环境更为美好，但在短期内仍可能对原有的地方感知和认同造成冲击。特别是，搬离家园的生态移民很可能面临文化环境和生活方式的较大调整，原有地方认同会被割裂，在短期内面临地方认同缺失所造成的紧张和焦虑。伴随着生产力布局的调整，居民的通勤方式，以及购物、娱乐等休闲活动也可能发生变化，主体与地方之间还需建立新的"地方芭蕾"，这也会使地方认同可能面临调整。不过总的看来，区域生态文明建设会使地方的生态环境逐步改善，即使景观的变化和价值观的调整会使部分主体有短期的不适应，但从长期看，更好的生态环境、更优的人地关系总会使人更多感受到安全、舒适，从而增进对地方的认同。

在人人关系层面，区域生态文明建设对社会关系的调整，也会使主体的地方认同发生变化。无论生态工程建设，或者土地利用方式与生产力布局的调整，对不同主体的影响总是不一致的，这就可能改变主体间的利益格局，甚至使社会层级发生变化，不同主体在地方的权力结构中也会受到不同程度影响，那些受损较大、获利较小的主体可能会逐步削弱甚至丧失地方认同；而受损较小、获利较明显的主体，则会增进对地方的认同。例如，区域生态文明建设如果要求提高环境税负，那么污染较大的产业就会面临成本上升和利润下降的困局，甚至不得不向外迁移，相关行业的员工就会面临收入下降甚至失业的威胁，原本安全、舒适的感觉就会遭遇挑战，也会面临重新择业或者迁往他地的抉择，这就很容易造成地方认同的下降。毕竟原有对地方的经济依附被削弱了，相关的情感依恋也会随之丧失，主人翁的心态也会因为经济地位的边缘化而变成寄居者的心态。那种经济利益受损的焦虑恐怕很难因为生态环境的改善而瞬间消失。特别是，在重估生态环境价值的过程中，受影响最大的往往是劳动密集型产业，受损最大的群体也往往是低技能的社会底层人员，他们抵抗风险和承受打击的能力最小，在生存都面临困难的境遇下，很难为更好的生态环境做出过大的牺牲。这就要求区域生态文明建设一定要注意维护弱势群体的利益，避免他们陷入困境而面临地方认同的危机。此外，在生态工程建设和生产力布局调整中，也会发生一定规模的人口迁移和社交网络重构，这可能会影响到地方集体记忆的传承，而大量人文景观的再造也会使地方集体记忆缺少载体。总的看来，区域生态文明建设会对地方利益格局和权力结构产生非均衡的影响，从而改变人与人之间的关系，进而使地方认同发生不一样的变化。

在区域间关系层面，区域生态文明建设按照因地制宜的原则发展地方文化，必然使地方的特色更为鲜明，而地方发展绩效的评价标准也会更加关注经济社会和生态环境的持续发展，这就对社会比较过程有着复杂的影响，总的看来，应该会增进大多数人的地方认同。在由传统工业化、城市化所引致的"千城一面""千村一面"转向建设区域生态文明的过程中，地方性知识和经验将受到更多的尊重，地方发展模式也将更体现地方自然和人文环境的特点，发展路径的设计更加尊重地方生态系统的特殊规律，这都有助于塑造地方特色，增强地方特性，从而使地方认同的建构有了更坚实的基础。更重要的是，生态文明是追求质量和效率的文明进步形态，强调整个地方生态系统的和谐发展，因此，传统以数量和速度为导向的评价指标体系必将重构，人们在进行地方比较时会更看重地方发展质量和发展特色，生态环境、文化传承会和经济技术进步指标一样成为人们"用足投票"时考虑的重点，这就将使"积极区分"原则更有利于低耗高效的特色发展模式，从而增进当地人对地方的好感，增强他们的自信心和认同度。此外，由于生态环境问题具有很大的外部性，任何区域的生态文明建设都不可能是孤立、封闭的，而是需要与周边地区开展合作，争取共赢，这也会增加当地人与外界接触的机会，在更丰富的信息比较中形成对本地信息的深刻理解和理性认同。

综上所述，区域生态文明建设会对人地关系、人人关系和区域间关系都产生复杂的影响，进而对主体的地方认同发挥多方面的作用。由于区域生态文明伴随着价值理念、行为模式的许多变化，人们对周边生态环境的认识会更加丰富，这也使得地方认同有了更坚实的基础；但在优化利用环境的行为模式时，必然发生土地利用和生产力布局的调整，以及人口的迁移，这就会造成熟悉的景观变得陌生、熟悉的社交网络亟待重构、熟悉的价值理念不断调整、熟悉的行为方式逐步改变，从而对原有的地方认同造成冲击，却很可能因为更美的生态环境、更高质量的生活状况，而发生积极的变化，不过也要防止弱势群体因为承受了过高的成本而陷入地方认同的危机；至于在区域生态文明建设中所探索的特色发展路径，一般会使得地方特色更加鲜明，地方间比较的指标体系更加强调质量和效率，这都有助于增进地方认同。由此看来，区域生态文明建设与增进地方认同并不矛盾，关键要妥善协调利益关系，积极营造共赢的局面，使更优美、更具地方特色的生态环境成为大多数主体建构高水平地方认同的载体。

二、区域生态文明建设需要普遍的地方认同

区域生态文明是一幅地方经济社会与生态环境协调发展的美好蓝图。实现这一目标，不仅需要付出艰辛的努力，也需要具备一定的基础条件。在人类文明的发展进程中，没有哪个文明、哪个人类群体不希望自己能够生生不息、不断扩大其影响，但又确实有许多文明由于种种原因衰败甚至消亡了，其中不少都或多或少受到生态环境恶化的影响。如果说最早的人类文明衰亡的确是因为不了解自然规律，为了生存而盲目开发利用自然造成的恶果；那么，近代以来，人类对自然规律的认识水平越来越高，但对生态环境的破坏却一度越来越严重，这就不能不说，经济技术基础并不是建设区域生态文明的充分条件。人类的私欲和贪婪的确造就了向自然过度索取的行为，但人类的理性和智慧也会引导文明发展朝着更持续、和谐的方向演进。在求生存的阶段，人类对自然生态环境的破坏其实是有限的；但在求发展的过程中，错误的发展观和人地观，引导着人类大规模开发利用自然的实践，并酿成了更多的生态灾难。不过，最先警醒的仍是经济技术水平更高、受生态危机影响最大的地方，那里的民众已经有了比生存更高层次的需求欲望，同时又掌握了发现和利用自然规律的更多技术手段和经济资源，并由此展开了大规模的生态保护和治理行动，为生态文明建设积累了许多有益的经验。由此看来，区域生态文明建设与地方发展水平有着密切的联系。从供给看，只有具备一定的经济技术水平，才有可能为生态环境治理提供技术方面的支持，而制度文化方面的经验积累也是推进生态环境方面制度创新的基础；从需求看，区域生态文明建设需要社会的普遍认同，只有超越生存层次的欲望并对生态环境普遍有着较高层次的需求，才能为建设区域生态文明创造良好的氛围。不过，需求层次也是与经济发展水平密切相关的，因为相关研究显示，是收入水平决定了需求层次。由此看来，一定的经济技术水平和社会文化基础是推进区域生态文明建设的必要条件。当然，真正选择建设区域生态文明却往往是因为大多数主体对生态环境质量的要求与现实状况存在太大的反差，尤其是面临日益频发的生态危机。因此，较高的经济技术水平是生态文明建设的有利条件，却并非充要条件。而生态环境质量与人们需求的巨大反差才是区域生态文明建设的充分条件（孔翔和苗长松，2014）。这虽然会使得区域生态文明建设更有普遍价值，同时，也不会与工业文明、农业文明对立起来，但也会有不少地方因为经济技术基础薄弱而不得不在区域生态文明建设中克服更多的困难，甚至支付更高的成本。

已有研究较少论及生态文明的建设成本，这应该与成本一词的复杂性有

关。作为人们为达到一定目的所必须耗费的资源的货币表现形式，成本的内涵和外延都处在不断变化之中。生态文明作为一种文明进步形态，需要依靠大量具体的工程、项目才能实现，而一般意义上的生态文明研究的确难以谋划具体的工程、项目，也就难以核算其成本。但就已有的环境项目成本核算来看，由于其生态环境工程的巨大外部性，其社会成本与私人成本的差异也是巨大的，外部成本内部化的过程是很艰难的。这就使得区域生态文明建设的成本预估变得困难，成本 - 效益分析更因为明显的外部性具有很大的不确定性。不过，从近年来有关生态治理、生态保护的案例研究中不难发现，生态建设是耗资巨大的工程，而适应生态文明建设的要求改进管理方式，也需要支付巨大管理成本。在人类行为模式的调整中，每个经济主体（包括自然人和法人）还会因为制度环境的变化支付一定的私人成本。由此看来，要使区域生态文明建设不只是海市蜃楼，就必须付出巨大的代价。这需要投入地方的各类经济资源，更重要的是，其对地方内部不同经济主体的影响是有很大差异的，这就容易造成利益格局的重新调整，需要克服不同主体间的利益冲突。

在市场经济条件下，价格被认为是优化资源配置的最佳信号。即使要解决生态环境方面的外部性问题，在经济学家看来，最重要的还是通过价格信号的调整使外部不经济内部化，具体地说，就是要通过合理评估自然资源的价格和环境污染的成本，使资源的低效利用和过度排污受到控制。由此，区域生态文明建设一般都要重构资源环境类产品或服务的价格体系，并逐步建立和完善排污收费制度，按照"谁使用谁付费""谁污染谁买单"的原则，尽可能通过价格信号的调整消除外部效应。这通常会增加自然资源开发利用和环境污染的成本，从而引导人们自觉选择更高效率地使用自然资源及减少向环境的直接排污，同时还会促进资源循环利用和环保产业的发展，为生态文明建设提供更有力的经济技术支持。但资源价格和排污成本的提高，不仅会直接影响资源和环境类产品的价格，也会普遍影响全社会商品的价格，毕竟所有物质产品和其他大多数服务的生产都需要使用自然资源，并可能对环境造成污染，而资源产品价格还会与人们的生活成本密切相关，这就会引致劳动力价格的上涨，从而进一步助推全社会的物价水平。价格的这一变化，对不同阶层的影响有很大差异。高收入群体承受价格冲击的能力较强，而低收入者对价格变化的反应则更为明显。如果不能对低收入者进行适当的补贴，那就将严重威胁他们的生存安全，增加他们的紧张和焦虑，甚至造成严重的社会问题。

在价格体系调整的过程中，不同行业受到的影响也是不同的。资源开发类产业会受到更严格的约束，节能环保产业则会有很大的成长空间，而高耗能、高污染类产业则将逐步缩减规模甚至被淘汰。这是积极的产业结构转型，但也会造成社会各阶层的利益格局调整。首先当然是不同行业的企业主之间利润水平的相对变化，但更严重的冲击可能还是各行业普通员工收入水平和就业机会的变化。因为企业主的利润率变化虽然会造成高收入阶层的利益格局调整，并可能遭遇利益集团的抵抗，但毕竟企业主个人应对风险冲击的能力较强；而普通员工则在经济实力和社会适应能力等方面都处于弱势，面对资源价格提高所带来的生活成本上升就已经相当吃力，如果还遭遇收入下降和就业机会减少的挑战，将对生态文明建设有更多的不满，并可能对社会的和谐稳定构成威胁。另外，如果价格体系的调整使特定地方的支柱产业面临生存困境，那也会对地方经济的稳定造成压力。因此，资源环境类产品或服务的价格体系重构是一项复杂的工程，必须统筹规划、量力而行，既要目标坚定，又要审慎推进，避免导致严重的经济社会问题。

在区域生态文明建设中，实现发展模式的根本变化主要是靠更高比例地投入无形要素来进行生产。从要素收益率的角度说，这就会使得技术和人力资本等无形要素的需求更旺、收益率提高。而资源价格体系的调整也会提高土地等自然资源的收益率，只有普通劳动力的要素收益率将趋于下降。不同要素之间收益率的这一相对变化，必然会影响要素所有者的收入格局，从而带来各阶层利益格局的调整。不难看出，低技能劳动者因为仅有的生产要素收益率趋于下降而可能受到负面的影响，高技能劳动者、土地等自然资源的所有者则会因为要素收益率的相对提高而处于更有利的地位。这就表明，低技能劳动者可能是受损最大的群体。但是，低技能劳动者往往也是收入水平和需求层次原本较低的群体，他们总体上处于马斯洛需求层次理论中生理和安全需要的层次，对生态环境的要求主要是能保障生存安全；相反，高收入阶层总体上处于马斯洛需求层次理论中情感、自尊和自我实现等较高的层次，对生态环境建设的要求也较高，希望获得清新优美甚至富含文化和情感的生态环境，因此，他们从区域生态文明建设中能得到更多的满足感。这就使得不同社会阶层在区域生态文明建设中的成本和收益是不对等的，高收入阶层负担成本的能力较强，但实际支付的成本较小，获利较明显，而低收入阶层负担成本的能力较弱，但实际承受的代价较大，获利却相对不明显。尽管良好生态环境是对所有人都有利的，但毕竟不同人对这一产品的支付能力和需求欲望是明显不同的。而要素收益率调整的结果，却是支付能力和需求欲望都较弱的群体受到了较大的冲击，这显然不利于生态文明建设获得普遍的支持。而要在社会权力体系中处于优势地位的群体帮助支付更多的成本，也可能遭遇利益集团的阻碍，这就使得生态文明建设在实践中举步维艰。

从不同地方之间的利益关系看，区域生态文明建设的影响也是非均衡的。那些以自然资源开发类产业和高污染产业为支柱产业的地方将受到比较大的冲击，而生态环保类产业发展水平较高、无污染或低污染产业比重较大的地方则获得了更有利的地位。实际上，以自然资源开发为主的地区，往往处于经济发展的较低水平，虽然自然资源的价格重估会有助于当地企业提高资源产品的获利能力，但生态文明建设也会使得资源开发的约束条件趋于严苛，资源产品的市场需求逐步减小，这都会使得企业的生产成本更高但总收入和利润率却未必有明显的提升。而那些高污染行业集聚的地方，一般也并非技术、人力资本等无形要素的集聚之地，却可能有大量的普通劳动力，在生态文明建设中，可能面临支柱产业被迫淘汰、新兴产业难以发展的困局，从而面临较为严重的经济和社会问题。倒是那些生态环保类产业发展较好、无污染的高新技术及服务行业比重较大的地区，正是经济技术基础较好、无形要素比较丰富的地方，其适应产业结构转型的能力更强，在未来的产业竞争中也处于更有利的地位，这就又会出现区域发展中的"马太效应"，让发展水平原本较低的地方承担了更多的成本。此外，生态文明建设还会划出一些生态保护区，主要进行生态涵养，而尽量少进行经济开发。这些地方常常是原本生态环境破坏较小或是生态脆弱的地区，也常常是比较穷困的地区，它们会感到因为生态文明建设被剥夺了开发的权力。由此看来，生态文明建设对地方之间的利益关系影响也是很复杂的，单个地方很难封闭、孤立地开展生态文明建设，这也就要求做好区域之间的利益关系协调。

综上所述，区域生态文明建设是一项复杂的系统性工程，虽然难以准确预估其经济成本，却不难想象其必须付出的各种代价。因此，尽管较高的经济技术水平并非区域生态文明建设的充要条件，甚至都不是必要条件，但没有一定的经济技术基础开展区域生态文明建设可能会面临更大的困难。在区域生态文明建设中，资源环境类产品价格体系和税收制度的调整，必然会引起不同产业、不同地方、不同社会阶层利益格局的变化，而发展方式的转型也会提高无形要素的收益率，却使得普通劳动力的要素报酬率相对下降。这些都对相对落后的产业、地方，以及低技能、低收入群体造成了更大冲击，而它们的需求层次却决定了它们对生态环境质量的要求相对较低。可见，区域生态文明建设对经济利益格局的调整不仅是非均衡的，也是不尽合理的，并不符合"谁享受谁买单"的市场经济原则，让弱势群体和落后地方承担了过高的成本。这容易引发严重的经济社会问题，从而对生态文明建设构成障碍。在此背景下，推进生态补偿机制的建设就显得很重要。目前的生态补偿机制研究重点关注的是区域间的生态补偿，诸如生态保护区建设、河流上下游之间的关系等。但就区域生态文明建设的顺利推进而言，对弱势群体的生态补偿可能更为重要。因为区域生态文明建设需要地方大多数群体的积极支持，更要避免对弱势群体的过度损害造成的社会问题，而不同群体间的利益调整常常因为权力关系的不对等比不同地方之间的利益调整更困难。英国在低碳贫困户方面所做的努力可以为相关研究提供有益的借鉴。只有切实通过生态补偿，保障低收入群体和落后地方的基本利益，生态文明建设才能获得大多数人的支持，凝聚大多数人的智慧和力量。而要让既得利益群体愿意进行转移支付，也必须要赢得他们对生态文明建设的深度认同。即使构建了有效的生态补偿体系，利益关系的非均衡变化也依然会存在，各个群体也都会感受到为区域生态文明建设所付出的代价，当然也能享受到由此带来的福利。因此，最关键的，还是要努力形成绝大多数人对区域生态文明建设的深度认同，使他们愿意为区域生态文明建设承担适度的成本，同时通过合理的制度创新，保障各群体的基本利益，尽量避免非均衡的利益受损造成严重的经济社会问题。

所谓对区域生态文明建设的深度认同，是指在理性思考的基础上基于认可和承诺，对区域生态文明建设所采取的积极支持的态度和行为。这里的认同，与心理学和社会学上最经典的认同概念有所区别，它未必是主体自我意识或身份建构的组成部分。但它又不同于一般的理解和支持，而是取认同的本意，即"同一性"，并且是主观上认可和承诺的同一性，也就是认可并承诺积极参与区域生态文明建设。由于区域生态文明建设与地方的经济社会发展和生态环境保护有着紧密的联系，所以对区域生态文明建设的认同也会与地方认同存在密切关联。正是因为对地方的自然和人文环境充满依附和依恋之情，并且由于地方的持续、协调发展获得了生命的意义、价值，以及心理上的安全、舒适感，主体才会对区域生态文明建设持积极支持的态度，并愿意为之担负成本并奉献智慧和力量。而由此带来的生态环境改善则会进一步增进主体的地方认同，并为生态文明建设创造更好的氛围。可见，当地人普遍较高水平的地方认同是有利于增进对区域生态文明建设的认同进而为利益关系调整创造良好氛围的，瓦斯克等（Vaske and Kobrin，2001）的研究显示，当人们对当地自然资源产生了依恋情感，人们在日常生活中的行为会对环境更负责任；而威廉斯等（Williams and Patterson，1999）也认为，地方认同对在特定场所中对环境负责的行为有直接的影响；摩尔等（Moore and Graefe，1994）的研究则表明，地方认同是影响人对资源环境态度和日常行为的重要中介，地方认同对居民的资源保护态度有显著的正向影响。

　　梭罗的文学作品可以被视为地方认同唤醒生态保护意识的又一案例。美国著名作家梭罗对故乡康科德有着深度的地方认同。康科德是位于马萨诸塞州青山绿水中的一座美丽小城。牧场、林地、小山、溪流构筑了康科德充满诗意的风景，这里不仅是梭罗成长的乐园，也为他的审美、写作提供了源源不断的灵感与素材，成为他生活、创作与情感的中枢。梭罗作品中也不断流露出其深刻的地方情怀。在梭罗心中，康科德是个具体而真实的地方，他熟悉这里的每寸土地，能辨认林子里每一棵植物，甚至能感受这片土地上最细微的变化。他的作品《瓦尔登湖》《河上一周》《缅因森林》都有对康科德周边自然环境和地域景观的细致描写，满含对康科德的认同与归属感。他还试图以康科德为生态区域，对人类在自然中"生态身份"的认同进行重新考量。梭罗试图告诉人们，人不仅有社会身份，同时还有更重要的生态身份，即参照个体所处的生态区域形成人的自我意识和身份认同，而破坏生态环境将导致人类生态身份的迷失。在瓦尔登湖湖畔生活的两年里，梭罗的生态身份认同观也不断发生着变化：从寻找人们在物欲横流的社会中迷失的社会身份，到追求超越文化认同和民族认同的生态身份；从个人意义上的"小我"到生态意义上的"大我"，他所认同的不再仅仅是个人的自我、民族的自我，还有山川的自我、生态的自我、自然万物的自我。他在《瓦尔登湖》的开篇写道，"我到林中去，因为我希望过一种有明确目标的生活，只面对生活的本真，看看我是否能学到生活要教育我的东西，免得到了弥留之际，才发现我根本就没有生活过……我想要一种深入的生活，能吸收到生命的精髓，生活得稳稳当当，生活得像斯巴达人那样刚劲坚毅，以便根除一切非生活的东西，划出一块刈割的面积来，细细地修剪，把生活压缩到一个角隅里去，过滤掉一切杂质，只留下生活中最原本的部分。如果它被证明是卑微的，就找出所有的劣根，并把它公诸于世；或者，如果它是崇高的，就用切身的经历去验证它，在我下一次远游时，也可以做出一个真实的评述"。梭罗的这段话显然阐释了地方认同在寻求生命意义中的独特价值，他还进一步写道，"是什么药物使我们得以保持健康、安详和快乐？不是你我曾祖的遗赠，而是我们大自然母亲的馈赠，那些绿色的蔬菜与植物是万能的灵丹妙药。正是靠这些膏脂，自然母亲才能青春永驻，让自己比潘斯更加长寿"，热情表达着对生态环境的感激、敬重之情。由此衍生的，当然是对自然生态环境的尊重和爱护，是为保护生态环境而牺牲"小我"利益的自觉行动。如果大多数人都对地方有如此深切的认同，那么自然生态环境的保护和治理就会成为大多数人的自觉选择，区域生态文明建设中的利益关系调整也就不会那么艰难。

三、区域生态文明建设与地方认同的互促发展

区域生态文明建设需要以当地人普遍、高水平的地方认同为基础，来形成自觉为区域生态文明建设贡献力量和智慧的良好氛围，从而更有效率地调节利益关系，形成建设合力，克服各种阻碍。而区域生态文明建设也会通过人地关系和人类行为模式的改善，实现更有质量和效率的发展，使地方自然生态环境和人文社会环境都更加美好、健康，并更具地方特色，因此，会增进地方自信和地方认同。当然，在此过程中，要注意妥善处理地方景观变迁、社会网络重构及价格体系调整对不同产业、地方和社会群体的非均衡影响，尽量通过合理的生态补偿机制保障受损者的利益，促进地方经济、社会的持续、和谐发展。由此，区域生态文明建设与地方认同之间完全可能构建起互促发展的关系，这对地方文化进步将具有深远的积极价值。

第三节　地域文化与地方认同

文化是人类智慧的创造物，地域文化就是特定地方的人群在与当地环境长期相互作用的过程中所创造的智慧成果，一般体现了特定时空环境中人与自然、人与社会的关系，也是地方性和地方认同建构的重要基础。地域文化的传承、发展需要得到当地人的认可和支持，尤其是作为独特的符号意义系统，地方文化只有得到当地人的普遍认同才能得到活态的传承。而对地方的认同不仅需要以对地方文化的认同为基础，更重要的是，它会为地方文化建设凝聚智慧和力量，成为地域文化传承和持续、健康发展的动力源泉。在全球化的背景下，地方文化建设面临新的形势，独特的地方文化和地方认同越来越成为大规模、快速、跨界流动中人们寻找心灵家园的基石。在此过程中，文化适应、文化同化都可能为地方文化注入新的元素，但对地方的认同却能为地方文化保存下内核和灵魂，而地方文化的传承则能为增进地方认同奠定坚实的基础。区域生态文明建设需要依靠当地人普遍、高水平的地方认同来减少利益格局调整中可能的阻力和障碍，而地方性经验知识也能为探索生态文明建设的特色路径提供有益的借鉴。因此，在全球化时代，促进地域文化与地方认同的良性互促发展，将对区域生态文明建设具有深远的积极影响。

一、地域文化的内涵

地域文化是指在特定空间源远流长并传承至今的特色文化传统，也可以说是以地域为基础，以历史为主线，以景物为载体，以现实为表象，在社会进程中发挥作用的人文精神（路柳，2004）。这里所说的"地域"，并不一定有严格的地理边界，通常是受地质地貌环境影响并在长期发展过程中经由频繁的文化交流而基本形成的具有相似文化传统的区域。由此，地域文化与文化区研究联系紧密，其地域范围一般是指某种文化特质或拥有某种文化特质的群体大致的空间分布范围，接近于形式文化区的内涵，往往有明显的核心和不够清晰的边界；它还可能是人们心目中某种文化意象的大致分布范围，寄托着人们的情感，与乡土文化区的内涵比较接近。这里的"文化"则更是一个莫衷一是的概念，相关研究更倾向于将其视为一种生活方式或符号体系，而不像现代文化研究更多将其视为意识形态。在早期文化景观学派的地域文化研究中，其代表人物卡尔·索尔等对地方性物质文化景观给予了特殊的关注，索尔曾提出"文化是行动者（agent）、自然是媒介（medium）、文化地景是结果"，不仅阐释了他心目中地域文化的建构机理，也表明了他对人地关系的看法。不过，卡尔·索尔等似乎过于偏爱物质文化，这就难以体现地域文化精神及其价值。阿尔弗雷德·克罗伯（Alfred Kroeber）所提出的"超有机体"（The superorganic）概念则揭示了文化通过符号传递的深远影响，认为它是具有生命并高于有机体的超有机体。这一看法具体化了"文化"这个概念、指派了（文化的）本体论地位及作为（发动）原因的力量（causative power）（Johnston，2000）。地域文化也因此有了更丰富的内涵和更深远的价值。

首先，地域文化是人类在特定空间与自然环境相互作用的智慧成果，深深镌刻着当地自然地理环境的作用痕迹（孔翔和陆韬，2010）。当地自然环境不仅为文化发展提供了特色原材料和丰富的地方信息，更重要的，提出了生存和发展中亟待解决的特色难题。一般来说，人类早期的文化创造主要是运用当地生态环境中的已有资源，观察和借鉴地方生态系统中其他生命物种的成功经验，来克服特定自然环境的挑战。遵循逃避主义的思路，地方文化就是在逃避地理环境的挑战中逐步演进的（段义孚，2005）。例如，群山环抱之中，地方文化的发展不仅要"靠山吃山"，更要应对坡度较大的挑战，哈尼族梯田文化的发展就与适宜稻作的气候条件及山高坡陡的地形条件有关（王清华，1995）；而邻近大海，就要应对水患和咸水入侵等的影响，妈祖文化的兴起就与附近台风频发和湄洲湾独特的海岸条件有关（高红，1997），而沿海黎族的储物特点也适应了海边自然环境的挑战（陈伟民，1999）。在早期的地理环境决定论中，地方自然环境甚至会影响当地人的性格（蔡运龙，1996），而或然论提出，自然环境为人类文化发展提供了平台和挑战，至于应对的方法则取决于不同的生活方式，这还是比较合理的。笔者认为，地域文化作为特定自然地理环境中人与自然长期相互作用的成果，其重要价值不仅表现在以深度体验为基础积累了地方自然生态系统的许多运行特点，更表现在提供了尽量就地取材以适应自然挑战的许多经验教训，这对于低耗高效地推进区域生态文明建设具有积极价值。

其次，地域文化的核心是传承至今的地方精神和生活方式。虽然地域文化是由诸多文化特质所组成的文化综合体，但其最主要的表现形式是当地人独有的、鲜活的生活方式，而其灵魂则是地方精神。在文化的多层结构中，精神文化总是居于内核的地位，它相对稳定，并会制约人们的行为规范和生产模式。地域文化是千百年来当地人世代相传的文化成果，无论物质文化景观或约定俗成的管理规范，都可能发生较大的变化，曾经辉煌却又随风而逝。这种变化本就是文化发展的正常路径，适应当地自然和人文环境的物质成果和行为规范被留下，不能适应的则被淘汰，同时不断创新出新的物质成果和行为规范，来使当地人享受更有质量的生活。但在此过程中，地方文化精神却愈加深厚，虽然也会适应时代的发展而逐步优化，但其变化是缓慢的，沉淀越久，越能对当地人的理想信念和价值观产生影响，也常常成为影响其他文化特质兴衰的重要评判标准。例如，各国、各民族文化差异巨大，即使在全球化时代，不同国家、民族的民众性格仍然较为鲜明，就是地方文化精神的作用。即使在国内，不同地方的同一民族也会有不同精神文化特点，典型的，如东北人豪爽和江浙人细腻的鲜明文化性格仍能得到大多数人的认可。地方文化精神的具体体现，常常就是不同地方的独特生活方式。"东北十大怪""云南十八怪"就是当地人独特生活方式的形象总结，"小桥、流水、人家"也是江南水乡生活方式的高度概括。当地人现今的生活方式，正是诸多本地传承至今与域外传播引进的文化特质的组合，是当地人与自然和人文地理环境长期相互适应的成果。从这个意义上说，地域文化是特定时空条件下片段化的生活方式，它既体现了自然地理环境的特点，也是人类长期思考和选择的结果。那些保存在博物馆里的文物，主要体现的是过去的地域文化片段，它们和空置的老房子、不再被大多数人认可和重复的文化仪式一样，都不是鲜活的地域文化。地域文化以地方精神为内核，就体现了文化发展的历史继承性和相对稳定性，而它以传承至今的生活方式为主要表现，则体现了文化的当下价值。

最后，地域文化是当地特有的符号意义系统。在对文化内涵的发掘中，罗兰·巴特的文化符号论具有重要的价值，它被认为是 20 世纪西方人文社会科学的一个重大成果，不仅导致整个人文社会科学的新转折，也直接推动了全球化和信息化进程，并揭示了文化创造本身的内在悖论（高宣扬，2010）；著名哲学家卡西尔认为，人应该被定义为符号的动物，怀特也提出，符号是整个人类行为和文明或文化的基本单位，全部人类行为起源于符号的使用，认定文化就是符号系统并以符号学来研究人类文化有着广阔的前途（刘敏中，1990）。遵循文化符号论的认识，地域文化就是地方的符号意义系统，它由当地人共同创造并广为接受。而借助这一"表意的系统"（system of signification），地方也成为"论述的社区"（communities of discourse）或"文本社区"（textural communities），一群当地人对这一文本有着共同的理解，并能以此组织他们的生活（Duncan et al., 1988）。而在新文化地理学看来，地方就是意义的地图（Jackson，1989），在特定地方有着建构意义的特殊符号系统，这一系统是由当地人共同创造、认可，并在长期共同生活中逐步丰富的。地域文化的演进也就是这一符号意义系统的演进，它可能是淘汰、增添一些能得到普遍认可的符号，也可能是赋予原有符号新的意义和内涵。图像、景观、仪式等都可能充满符号意义，而语言就是最基础的符号意义系统，这也是方言常成为地域文化重要标志的原因，而文化符号丰富的宗教（包括地方原始宗教）也常是标志地域文化的重要特质。作为独特符号意义系统的地域文化，更多体现了人类的主观创造，也是传承地方性经验知识的重要载体。

　　综上所述，地域文化是个内涵丰富且具有重要研究价值的概念。它发生、发展的轨迹和特性是由自然地理环境、人类符号意义系统及地方精神共同确定的，主要表现为特定地方传承至今的生活方式。因此，特定地域的地理环境、人们的生产方式和社会生活方式，以及历史文化传统都是地域文化的重要组成部分（唐永进，2004），而自然地理环境和社会人文因素及其相互作用，正是地域文化形成的基础。同时，地域文化还具有相对稳定性和历史传承性，是特定空间经历人与环境之间较长时间的相互作用而展示出的片段化生活方式。它包含着在特定地方实现低耗高效和高质量发展的许多信息，对于区域生态文明建设可能具有启示价值。在全球化的背景下，它也会是地方性的重要体现，处于优势的地方也主要通过地域文化把自己的"地方性"扩展为"全球性"（周尚意和吴莉萍，2007）。由于地域文化是一个独特的符号意义系统，也记载了适应特色自然生态环境的许多经验教训，所以重视研究地域文化形成、发展的轨迹，注重探索地域文化构成要素间的关系及地域文化与社会经济发展的关系等，不仅是地域文化研究的重要任务（张凤琦，2008），也对区域生态文明建设具有积极的启示价值。

二、地域文化认同与地方认同

地域文化是地方独特的符号意义系统，也是传承至今的地方精神和生活方式。这就表明，地域文化不仅是地方地理环境的重要组成部分，而且也是感知和分享地方性经验知识的重要载体。如果对地域文化缺乏了解，就难以感知和认知地方符号的表意功能，也难以和地方其他主体进行高质量的交流，进而分享价值观和行为规范，这就会限制对特定地方产生安全、舒适和依恋的情感，从而抑制地方认同的建构。而如果能深刻理解并积极认可地域文化，那就会更深刻地感受到当地自然和人文地理环境的独特魅力，并与地方其他人进行深入的沟通交流，增进对这一群体的社会认同，更多感受到熟悉、自尊和愉悦，进而产生依附和依恋情感。由此看来，对地域文化的深刻理解和积极认可是地方认同的重要基础，而对地方的认同也常会增进主体学习地方文化的积极性，并刺激其主动参与地方文化建设，提高对地方文化的理解和认可水平。

主体对地域文化的深刻理解和积极认可实质上也是一种以深刻感知和理性思考为基础的认同，表明其对地方文化精神、生活方式和符号意义系统总体上持"同一性"。这是一种以地域文化为载体的特殊的文化认同。所谓文化认同，是人类对于特定文化的倾向性共识与认可，它表现为对特定文化的归属感，并能形成支配人类行为的思维准则与价值取向（郑晓云，1992），其中，价值体系是文化认同的核心内容，文化归属感则是文化认同的主体性特征（张乃和，2004），文化可能会改变，但文化认同常常保持不变（约瑟夫·拉彼德等，2003）。由此，对地域文化的认同，核心是积极认可并承诺践行地方文化精神，而表现则是对地方文化具有归属感。

在全球化进程不断深入的现代社会，不同文化背景的主体间交流日趋频繁，这使得文化认同成为多学科交叉的一个新兴领域（董莉等，2014），并与民族认同和国家认同的研究紧密联系在一起。从个体层面看，文化认同是与一个文化族群相关的个体的自我主观意识（班克斯，2010），是个体基于特定文化群体对自我知觉和自我定义的反映（Schwartz et al., 2006）；从社会层面看，文化认同可以被视为个体与文化情境相互作用的结果（Padilla and Perez, 2003），是个体对所属文化及文化群体形成归属感及内心的承诺（陈世联和刘云艳，2006），表现为对特定文化特征的接纳和认可态度（雍琳和万明刚，2003），并能引导个体的认知、态度和行为与特定文化中多数成员的认知、态度和行为相一致（郑雪和王磊，2005），这也是个体在社会环境中建构自我的过程及作为群体中的个体社会意义的体现（Berry，1999）。《中华文化辞典》认为，文化认同是"一种肯定的文化价值判断"，是"文化群体或文化成员承认群内新文化或群外异文化因素的价值效用符合传统文化价值标准的认可态度与方式。经过认同后的新文化或异文化因素将被接受、传播"（冯天瑜，2001），这实际上是在阐述文化认同作为价值判断标准对于群体文化创造的功能。而就个体而言，塞缪尔·亨廷顿（1998）认为"文化认同对于大多数人来说是最有意义的东西"，它同时是国家认同和民族认同重要甚至是最深层的基础，在全球化时代，已成为综合国力竞争中最重要的文化软实力（崔新建，2004）。地域文化认同作为以特定地域文化为载体的特殊的文化认同，也对特定地方的软实力建设具有重要价值，并对当地人的生活意义建构具有特殊的影响。地域文化常常是帮助个体探寻生命价值的重要基础，也是凝聚地方共识的力量源泉。

关于文化认同的建构机理，有研究认为，它是个体在参与文化活动的过程中，对于文化活动目标与价值内化的一种现象（刘敏，2012），这样的理解无疑是表象的。虽然参与文化活动确实是个体感知和认识特定文化的重要途径，但文化认同更重要的是要认可特定文化的价值体系，并对特定文化形成归属感。Marcia（1980）的民族认同状态模型基于行为探索和情感承诺两个维度，探讨了民族的四种状态，即分散（既没有行为探索也没有情感承诺）、排斥（没有行为探索但有情感承诺）、延缓（有行为探索但没有情感承诺）、成熟（既有行为探索又有情感承诺），这对于判定文化认同的水平具有借鉴意义。而 Phinney 和 Ong（2007）提出的民族认同发展三阶段模型，则对认识文化认同的建构过程具有启示价值。Phinneyt 和 Ong（2007）认为，民族认同的建构需经历未验证、探索和形成三个阶段：在未验证阶段，个体并不知道民族的意义是什么，其对民族的感知大多源自父母、社区或更大的社会群体；而在探索阶段，个体开始意识到自己的民族身份，积极参与本民族的文化活动，从而对自己的民族有了更为深刻的理解；到形成阶段，个体对本民族的知识有了更深入的掌握，更自信也更愿意接纳自己的民族身份。联系到社会认同建构的自我分类、社会比较和积极区分三原则，不难看出地域文化认同的形成首先是要由无意识地认识地域文化转向有意识地了解地域文化；然后，是要进行分类，自觉区分所属地域和其他地域的文化，并加深对所属地域文化的认识；在此基础上，个体还要对所属地域文化与其他地域的文化进行比较，从中感受到对地域文化的归属感，并由此感到自尊。有研究认为，人天生倾向于将自己划分到某一群体中，与他人区别开来，并用这种群体中的成员资格来建构身份，从而获得自尊、增进安全感、满足归属感和个性发展的需要（Tajfel and Turner，1986）。地域文化认同就是个体基于地域文化建构身份并获得安全感和归属感的过程。研究显示，身在异乡的苏格兰人在地域文化保存与生活习惯上，甚至可能比住在苏格兰的人更苏格兰（more Scottish），他们常常透过记忆的场所（sites of memory）将记忆外在化（externalize）而形成特色文化景观，同时，也将外在的地景内在化（internalize）而形成记忆，这也成为游离在世界各地的苏格兰人凝聚认同的重要基础（Basu et al.，2001）。这一案例不仅反映了地域文化认同的价值，也显示了特色地理景观和地方集体记忆在地域文化认同和地方认同建构中的作用。

当然，地域文化认同的建构基础首先还是特定的地方，那些特色地理景观和地方集体记忆都是与地方紧密联系的。Thurman 曾说，"土地对人有特殊的意义"，"人与土地不能隔开，否则人不会感到自在，土地的滋养不能灌输到人的身上"，因此人是需要植根于地方的，"根"是人类心灵最深、最基本认同感的所需（蔡文川，2004），而地域文化也同样是植根于地方的，需要从地方不断汲取养料。由此，对地方的认同与对地域文化的认同都有共同的载体，而地域文化还常常是使无差别的空间转变为有特色的地方的最重要因素。从这个意义上说，对地域化的认同与对地方的认同具有一致性，对地域文化的认同是对地方认同的建构基础。

三、地方认同与地域文化的传承和发展

虽然地域文化是地方认同的建构基础，但深刻的地方认同却常常是地域文化传承和发展的内在力量。这与社会认同建构过程中的比较过程和积极区分原则有关。地方认同是对本地方人群及文化的认同，是一类特殊的社会认同。在其建构过程中，不可避免地存在将本地人群和文化与外地人群和文化进行比较的心理活动，而且一般需要感受到所在地方人群和文化的优势，才能建立积极的认同。而如果无法感受到任何优势，则会倾向于离开这个地方，调整对不同地域文化进行比较的策略或标准，甚至产生消极接受或者对抗的情绪。这对于地方的持续健康发展都是不利的。由此，人们在地方认同的建构中，会倾向于以地方文化精神作为不同地方之间文化比较的重要标准，并由此感受到本地文化的优势和魅力；而为了延续和增进地方认同，人们还需要保持和发扬地域文化中积极的元素，并不断扩大其优势和魅力，这就对地域文化的传承和发展具有积极的价值。

在对不同地域的文化进行比较的过程中，主体会自觉不自觉地发生如下三

方面的心理活动。一是大致勾画地域界线。这是进行自我分类的基础。由于地方认同的"地方"可以从房间、社区到城市、国家甚至超越国家的范围（如欧盟、东亚），因此，地域规模的尺度差别可以很大。同时，地域文化的分布范围具有类似形式文化区边界的特点，常常是模糊的，而且还是客观投射于主观的心理界线，因此，界线虽然存在，但不清晰，也不稳定。不过，模糊、动态的地域界线却有助于主体更多或更容易地感受到地域文化中的积极元素，从而有益于主体在特定空间中发现生活的目标和价值。

二是寻找合适的比较对象。一般地，人们会倾向于选择自己觉得熟悉的其他地域文化来进行比较，但这种熟悉仅是自我感觉的，其信息来源既可能是亲身到访，也可能是道听途说的，因此，所谓熟悉是与对本地信息的认识程度密切相关。同时，受信息源的限制，这些自我感觉熟悉的地区，最可能是主体生活的邻近地区，其次，可能是在某一方面很有知名度的地域。对于邻近地区，亲身到访获取信息的可能性较高，道听途说的信息也更丰富；而对知名度较高的其他地域，则亲身到访的概率下降，二手信息的比例明显上升。由于认同的建构是需要人们在比较中获得自尊和满足感的，因此，在选择比较对象时，主体会更多以邻近地区做对比，来发现留居本地的优势；而选择知名度高、距离较远的地区，则常常是为了凸显本地文化某一方面的独特价值，或者该地域所处地理单元相对独立（如孤岛等），主体实在难以在邻近地区找到合适的比较对象。此外，地方认同和地域文化的比较都有空间尺度的问题，但主体一般不会犯尺度上的错误，也就是会自觉地在大体合适的空间尺度里进行比较，如将本村的文化与其他村的文化进行对比，而不会以本村的文化和某市的文化做对比。

三是确立评判的标准。这是进行地域文化比较和贯彻积极区分原则中最重要的内容。主体对不同地域文化进行优劣评判是不可能客观公正的，它其实是个主观的过程。这首先体现在评判标准的主观性上。主体的批判标准一般来说包括两个方面：一是在价值观层面，和主体的价值理念基本一致，这能使主体得到精神上的满足；二是在经济利益层面，能给主体带来实惠或好处，从而获得物质上的满足。由于主体的价值观建构是受到所在社群的影响的，所以主体所理解和认可的地方文化精神常常是对地域文化进行比较评判的重要标准；另外，个体的价值理念和需求层次也会影响经济利益在批判中的影响力，那些需求层次较低、徘徊在温饱线边缘的个体或群体会对经济利益更为看重，而那些追求自我实现和自我超越的个体或群体会更看重精神上的满足，因而对经济利益的关注度较低。

经过地域划界、比较对象的选择和比较标准的确立，主体便可以对不同地域的文化进行比较，并从中寻找到对本地文化的认同。此时，地域文化成为一种有界线、自给自足和统一的实体（Hall and Collis，1995），同时，是与特定社群（community）相联系的实体（Stewart and Strathern，2003），它能帮助主体认定自己属于哪一个地方，而哪一个地方又属于他（Tuan，1977）。在这一比较中，主体并不一定要发现本地文化处处都是最好的（实际上"金无足赤"，这也是不可能的），但也一定不能处处都比较差，尤其是要在主体特别关注的方面，本地文化应该有可圈可点之处，否则，主体便会丧失对本地文化的好感和认同。例如，一个偏僻小村庄的居民也许会发现旁边居于交通要道的小村庄更为富裕，其文化符号也更为丰富，但可能该村村民却同时发现本村保留了更多当地传统的文化符号，而且该村村民也大多更喜欢安宁、优美、人际关系简单的环境，这样就仍可以对本村文化产生好感和认同。而要保持和延续这种好感和认同，重要的就是要倍加珍惜可圈可点之处，同时，积极学习吸收域外文化的先进经验，弥补不足，扩大优势。就那个偏僻小村庄的居民而言，就要更加注重保存本地传统文化符号，同时要学习生态旅游开发的成功经验，把自己村庄的独特卖点转化为高品质的旅游产品，吸收少量高端游客来此度假，从而提高村民收入水平，但也没有破坏了安宁、优美的环境。这样做，对地域文化的传承和发展无疑是有积极价值的。但萌生这样的想法，并能小心翼翼地经营高品质旅游产品，还必须以普遍、深刻的地方认同为基础。否则，很容易受短期经济利益的刺激，盲目学习周边村庄搞简单的经济开发，结果导致地域文化的传统特色消失，安宁、优美的环境被破坏，地方长期发展的能力下降。改革开放以来，我国不少地方的地域文化保护面临困难，地方特色很快消失，"千城一面""千村一面"却并未增强大多数城市和乡村的持续发展能力，就与缺乏对地方认同的关注有关。如果注重引导大多数人合理进行地域文化的比较，深刻感受到本地文化的特殊优势，就能保持和增进对地方的认同，从而凝聚当地人的智慧和力量，共同探索传承和优化地域文化的路径，使地方经济社会发展更有质量和效率。

地域文化间的比较是构建地方认同的重要心理过程，而在比较中对本地文化优势和问题的认识，则能为地域文化的传承和发展奠定基础。如果主体能通过地域文化间的比较建立对地方较强的归属感和认同度，那就会促使主体积极传承地域文化中的积极元素，不断以开放、创新的意识克服地域文化中的弱点和不足，从而促进地域文化持续、健康的发展。在社会认同理论看来，分类、比较是认同建构的重要过程，但这在地方认同中是否同样成立，是值得继续求证的。笔者在苏州市吴中区的东山半岛（图 2-1）和西山岛调研时，曾对当地人的地方认同及建构机理进行访谈，结果发现，大多数东山和西山居民在对本地发展状况进行评价时都会不自觉地提到周边的地名（如苏州、吴中、东山或西山等），而不少东山人对东山的好感的确与和西山的比较有关（如回忆昔日西山依靠东山与苏州联系的往事），西山人对当地发展的评价也会习惯于与东山做比较（如对西山大桥开通以来两地发展速度的比较），这就部分地验证了地方之间的比较是地方认同建构的重要心理阶段，而在地方之间的比较过程中，大多数人还是重点关注本地的优势，进而建构归属感和深度认同。而对此一过程的动态考察，就不难发现大多数当地人的地方认同的确能为地域文化的传承和发展凝聚智慧和力量。

图 2-1　鸟瞰苏州东山镇

四、全球化与地域文化和地方认同的演变

地方认同的建构需要经过对不同地域的自然条件和人文环境进行综合的比较，从中感受到特定地方的独特魅力，进而产生归属和依恋的情感。其中，比较对象和标准的选择对比较的结果会有很大的影响。而在不同时代，由于特定地方对外开放的尺度不同，比较对象和标准就会有很大的不同。越是开放，比较对象的选择范围就越大，比较标准也会更加多元化，对地方之间进行评价的

信息来源也更为丰富，比较的结果也就存在更大的不确定性。最近几百年，全球大多数地方都日益深刻地融入全球政治经济体系之中，地方认同的建构也越来越明显地受到全球化的影响。全球化促进了产品和要素的大规模跨国流动，不仅使地方之间的信息交流更为丰富，更增进了不同价值观的相互影响，并为主体"用足投票"创造了更好的环境，这就使得对地方的认同更趋于理性和不稳定，同时，地方认同对地方经济社会发展的影响则更趋明显。特定地方的自然生态环境状况如何、社会文明进步程度如何，都会影响主体地方认同的水平，进而影响到全球人力资源的分布格局、地方发展的凝聚力和创造力。由此，深入探究全球化进程中，地域文化的演变机理、地方生态环境的保护和建设进程，将对准确把握地方认同和持续发展能力的变化具有重要影响。

第二次世界大战以来，新科技革命的发展不仅大大减少了商品和要素跨国流动的技术障碍，更为信息和文化的交流创造了便利的环境。当代全球化不仅是物质产品价值创造过程的全球化，也是精神产品符号意义创造过程的全球化，"全球性产品"（如可口可乐与麦当劳等）的出现、世界音乐的流行，以及体育和演艺明星的全球风靡效应，都使得文化与地方之间的联结似乎已被打断（Hodson and Massey，1994）；而网络社会的兴起、流动空间的出现，也使得社会的功能与权力更多在流动空间里组织，从而根本改变了"地方"的原有意义（Castells，1996）。但伴随着商品、要素的大规模跨国流动，全球化更多是让"地方"和地域文化有了更大的可透性、开放性和混杂性，地方的界线也表现为暂时性、社会建构和多孔的，并且地方之间会通过更广泛的社会关系联结在一起，表现出地方与全球间的张力（Massey and Jess，1995）。地方是在一较广的场域中相互关系的特定组成，既具有独特性，又相互联系（Massey and Jess，1995）。地方的界线要比过去开放许多，而地方间的相互联结则更为复杂（Massey and Jess，1995）。由此，现今社会表现为由多重且复杂交互作用网络所组成，较长距离的地方交互作用网络发展迅速，并在最近呈现出最真实的全球网络形态（Mann and Kröger，1996）。但这也并不会带来全球的同质化。一些所谓的全球性产品，会以不同的方式进入不同国家的市场也体现了对不同地方差异的尊重（Massey，1994）。而现代经济、社会与政治变迁的过程，以往被视为是超越地方甚至是促使地方同质化的，目前也被认为会受到地方文化脉络与具体个别事项的制约（Daniels，1993）。Michael Sandel认为，将人与特定社群联结的认同与地方团结，是人类社会关系中固有的特性，即使身处全球化的压力之下也依然十分强烈（Entrikin，1999）。当然，全球化会使得组成一个地方的社会关系越来越复杂且不再限定于某个地方本身，但就地方的形成过程而言，全球是位于地方之中的（Massey，1994）。可见，全球化并不会将地方的重要性完全抹去，而是一种在全球与地方间的连续张力及相互建构。无论对资本、人的归属感或地理想象的质量而言，地方的特质及不同地方间的差异仍是重要的（Massey and Jess，1995）。从文化交流的视角看，加速发展的全球化使文化流动更具双向性，用吉登斯的话说，不仅文化他者能够"回敬"文化霸权，而且相互质询已成为可能。因此，全球化并未缔造一个和谐、有序的地球村，而是带来了一个多重"结点"（nodal points）之间相互冲突的、矛盾的世界。对特殊性和多样性的强调应被视作一种日益增进的全球化话语（刘建明，2005）。

从全球化对地方和地域文化的影响来看，全球化对地域文化发展和地方认同的建构而言，并非全是挑战。当然，日益开放的边界和日趋频繁的信息交流，会使得"纯粹地方"的文化越来越少，也会使得地方之间的竞争对地方认同的挑战越来越大。在西方文化霸权的作用下，许多相对落后的地方会丧失对地域文化的自信，而不少人也会难以建构对所在地方的深度认同。这就会使得许多地域文化丧失特色甚至逐步消失，许多地方在盲目吸收外来文化的过程中塑造了太多"无地方性"的文化景观，而不少人也在漂泊中始终难以找到"心灵的家园"，成为孤独的无根者，他们对地方的浅层依附，不仅会使个体感到焦虑、空虚，缺乏生活的目标和意义，也会使地方发展缺乏内在凝聚力和拼搏奉献的精神，这对于个人和地方的长期发展都是极为不利的。在此背景下，主体会有建构地方认同的自觉意识，地方也会有引导大多数人增进地方认同的积极性。而地域文化作为地方认同建构的重要载体，也就会得到地方政府和大多数人的更多关注。由此，地域文化也需要在更为开放的背景下，将外来文化的积极元素与本地文化的灵魂和精神更好地结合起来，实现更有质量和更具地方特色的发展。文化适应的命题也因此更具研究价值。

文化适应是具有不同文化的群体在连续接触过程中发生的文化模式的变化（Redfield et al.，1936）。它在群体层面主要表现为社会结构、经济基础、政治组织及文化习俗等内容的改变；而在个体层面，则指个体价值观、态度等心理和行为发生变化从而适应新环境的过程（Berry，2005）。文化适应研究早期主要是围绕移民和少数民族群体对主流文化的接纳而展开的，尽管在文化适应中接触双方的文化都会发生变化，但一般认为，移民或少数民族群体面临的挑战更大。因为文化适应的核心问题是对不同文化进行比较和价值判断，当个体认为主流文化的价值大于原有地域文化时，就会倾向于全力适应主流文化，并可能产生自卑和缺乏归属感（喇维新，2003）。而移民和少数民族文化在许多研究中都等同于相对弱势、落后的地域文化，它们在和相对强势、先进的地域文化接触后，会倾向于引进、学习强势、先进的地域文化，从而发生文化的同化（李忠和石文典，2007）。同时，传统的单维模型还表明，移民或者少数民族群体对一种文化的适应就会对另一种文化不适应，其结果就是完全抛弃原有的地域文化。但目前的两维模型认为，对本民族文化的适应并不会导致对主流文化的不适应，二者是独立的（Berry，2005），因此，整合（对主流文化和原有地域文化都很适应）、边缘化（对主流文化和原有地域文化都不适应）、分离（不适应主流文化而适应原有地域文化）和同化（适应主流文化而不适应原有地域文化）都可能是文化适应的结果。在实践中，整合是最常出现且效果良好的适应手段，边缘化则是个体选择最少也效果不佳的适应策略（Berry et al，2006）。这就是说，文化同化并不是地域文化适应全球化进程的必然结果。从文化适应的过程看，Adler（1975）认为文化适应会经历接触、崩溃、重新整合、自治和独立等五个阶段，这一过程对原有地域文化的改造是很明显的；而 Bourhis 等（1997）的"交互性文化适应模型"则认为，主流群体和移民群体都具有整合、同化、分离、边缘化、个人主义等五种文化适应取向，更适合文化适应相互接触、相互影响的原意。虽然这些理论更多基于西方的社会现实和文化传统，并主要以对移民群体和留学人员群体的调查研究为基础（唐雪琼等，2011），却与地方认同建构中地域文化比较及积极区分的过程相一致。它同时表明，在全球化的背景下，要增进地方认同，关键还是要提高地域文化建设质量和竞争力，而地域文化建设的质量提升则有赖于深度的地方认同以吸引更多当地人为地方文化创新发展贡献智慧和力量。

区域生态文明建设既致力于保护和改善地方自然生态环境，又需要以地域文化价值理念和行为方式的优化为保障，因此必将有助于提升地方的综合竞争力，并为当地人增进地方认同奠定坚实的基础。另外，区域生态文明建设是一项复杂的系统性工程，不仅需要凝聚智慧和力量，更需要妥善协调各方面的利益关系，因而普遍、深刻的地方认同能为推进区域生态文明建设创造有益的氛围。总的看来，增进地方认同、发展地域文化和推进区域生态文明建设之间存在紧密的互促联系，它们将共同为地方经济社会的持续发展和文明进步发挥重要的积极作用。

第三章
区域生态文明建设中的人地关系重构

人地关系主要是指人类社会与地理环境之间的关系（傅祖德，1999）。随着社会生产力和生产关系的变化，人地关系的内涵不断丰富（方修琦，1999），其实践成果也不断引起各界的反思。虽有研究认为，人地关系重点关注的是人与地的交界作用面（龚建华和承继成，1997），但更多的研究认为，人地关系研究应基于人与人、人与社会、人与人工产物及人与自然等多层面组成的物质－关系系统（王爱民等，1999），同时，应重点关注人类与地理环境交互作用的过程（李振泉，1985）。在区域生态文明建设中，往往是人地关系的失衡及其引致的生态危机，使人类感受到建设生态文明的极端重要性，而人地关系的重构和优化则常常是生态文明建设的重要基础和绩效表征。在人地关系的动态变化中，人地观或自然观作为地域文化系统中精神文化的重要组成部分，常常发挥着引领作用。人地观的优化不仅是人类生产和消费模式转变的价值理念基础，也是地域生态文化建设的重要内容。从人地观的时空演变看，它与特定时代、特定地方的人类发展需求密切相关，也曾经历挫折甚至失败。但在区域生态文明建设的背景下，以人地观的优化引领地方人地关系的重构，不仅能促进生态文明建设落到实处，也有助于探索具有地方特色的人类文化发展新模式。

第一节　人地关系调整与生态文明建设

人地关系包括人对自然的依赖性和人的能动地位（郑度，1994）。早在19世纪，李特尔（C.Ritter）就在其《地学通论》中指出，"自然的一切现象和形态对人类的关系乃是地理学的中心原理"，这就不仅明确了人地关系是地理学的研究对象，更将其视为地理学的核心问题（王义民，2006）；以后，巴罗斯（H.H.Barrows）也提出地理学应该探讨人与自然环境之间的相互关系及人类对自然环境的反应；文化生态学的伯克利学派则以"地球是人类家园"为理念，强调应研究人类对环境的影响。20世纪80年代以来，环境意识的觉醒触发了地理学对人文和自然地理研究割裂现象的反思，黄秉维（1996）就多次强调地球系统科学研究的重心是揭示"人与自然的相互作用及所应采取的对策"，主张开展跨人文和自然学科的综合研究，吴传钧（1991）也认为，"地理学的基础理论研究万变不离人类和地理环境的相互关系这一宗旨"。在以信息技术为支撑的全球化知识经济时代，人类将"全面系统地深化对自然的认识，人类活动空间将发生巨大变化"，"人与自然的作用方式和强度将有显著不同"（郑度，2002），这既是重构人地关系的难得契机，也为克服全球环境问题、建设区域生态文明创造了新的有利条件。

一、人地关系的历史演进

恩格斯曾经指出，"动物仅仅利用外部自然界，单纯地以自己的存在来使自然界改变；而人则通过他所做出的改变来使自然界为自己的目的服务，来支配自然界"（马克思等，1972）。这就是说，人类与自然界的关系有别于其他生物的本能行为，而自人类出现以来，通过有目的的实践活动，的确改变了一般生物单纯适应自然环境挑战的局面，在较大程度上，以技术为中介，对自然界产生了复杂的影响。而在人类发展的不同阶段，人类与自然环境的关系也有着明显的差别，这不仅实现了由自然史到人类社会史的转变，也促成了自然界的人化过程。而在每一阶段，人地关系都有特殊的性质，"体现出人对自然的观念把握的深化、人和自然的物质关系的变革及由此引起的人与自然在其对立统一关系中地位的转化等"（李祖扬和邢子政，1999）。正如恩格斯（1970）所说，"最初的、从动物界分离出来的人，在一切本质方面是和动物本身一样不自由的；但是文化上的每一个进步，都是迈向自由的一步"，因此，人地关系的历史演进总体上显现出人类对自然界的必然性的认识愈加深刻，支配人类自身和外部自然界的能力愈加强大，但其间仍有曲折甚或失败。今天，我们应能看到在微观尺度上，人类改造自然的力量相当强大，但是，在宏观尺度上，人类还不得不正视和尊崇自然的力量。

在原始社会，人类主要以采集和渔猎获得所需的生活资料，其主要劳动对象都是现成的自然物，虽然已经使用人类智慧的创造物作为劳动工具，但其劳动成果主要还取决于自然的恩赐，这也是万物有灵论、巫术、图腾崇拜等原始宗教产生的原因。"在原始人看来，自然力是某种异己的、神秘的、超越一切的东西"（马克思等，1971），原始人也因此把自然视为万物的主宰和力量的化身，倾向于以各种原始宗教仪式表达对自然环境的顺从和敬畏。正如马克思所说，"自然界起初是作为一种完全异己的、有无限威力的和不可制服的力量与人们对立的，人们同它的关系完全像动物同它的关系一样"（马克思等，1972）。这一时期的人地关系，主要还是人类小规模地利用自然环境的现成物，并在尊崇自然的同时，尝试探索和适应自然环境的挑战。

农业的发展，改变了人们与地理环境相处的方式。无论是农耕还是畜牧，都不再是单纯以现成的自然物为劳动对象，而是在模仿自然的过程中，更有效率地获得适合人类需求的食物，而在各类金属工具的帮助下，人类对自然的开发、利用和改造能力也明显增强。这一时期，在剩余农产品的支持下，出现了体脑分工，专门的"劳心者"不仅致力于探索发现自然规律，还通过文字将其记录和传播开来，这就为人类大规模利用自然规律改造地理环境创造了条件。当然，农业文明时代，自然力的作用仍然明显，尊天敬神仍然是各地人群普遍的信仰选择。不过，人在万物之中的独特优势地位也已受到重视，"惟天地，万物父母；惟人，万物之灵"①的思想就是这方面的体现；而"人法地、地法天、天法道、道法自然"②及"不做违反自然的活动"（refraining from activity to contrary nature）（李约瑟，1990）等理念则反映出人类和自然在初级平衡状态下的基本关系。由此，农业文明主要是利用自然过程，并未对自然实行根本性的改造，对自然的轻度开发也较少造成不可逆的生态环境破坏。不过，这一时期的社会生产力水平和对自然的认识能力总体还是较低的，人类与地理环境之间的平衡只是一种低水平的平衡，并不能带给人类物质和精神层面的自由感，不断提高对自然的开发利用能力仍是人地关系发展的基本取向。

工业文明时代，人类的智慧不仅在模仿自然的基础上进一步改良了自然物的属性，更重要的，还创造出许多自然界原本没有的东西。自然地理环境也逐渐在科技发展的背景下褪去了神秘的面纱，"自然对人无论施展和动用怎样的力量——寒冷、凶猛的野兽、火、水，人总是会找到对付这些力量的手段"③。从蒸汽机到电力的应用再到计算机技术的变革，每一次科技革命都建立了人化自然的新丰碑。"如果说在原始文明时代人是自然神的奴隶，在农业文明时代人

---

① 《尚书泰誓》。

② 《老子》第三十五章。

③ 《黑格尔全集》第 11 卷，1934 年俄文版，第 8 页。

是在神支配下的自然的主人,那么在工业文明时代,人类仿佛觉得自己已经成为征服和驾驭自然的神"(李祖扬和邢子政,1999)。人地关系的这一变化首先源于人类生产工具的变化,机器成了物质文明的核心,它和现代能源的开发相结合,产生了改造自然的巨大力量;其次,人类在认识自然界规律的同时,倾向于应用这些规律去"引起自然界中根本不发生的运动",或者"至少不是以这种方式在自然界中发生的运动"(恩格斯,1984),从而使整个地理环境发生了巨大变化。不过,这种藐视和征服自然的理念和行为,也对地理环境造成了空前严重的损害,进而使人类自己也面临"一种未曾预见和预防的后果","由于工业现实观基于征服自然的原则,由于它的人口的增长,它的残忍无情的技术和它为了发展而持续不断的需求,彻底地破坏了周围环境,超过了早先任何年代的浩劫"(阿尔温·托夫勒,1984)。"人类好像在一夜之间突然发现自己正面临着史无前例的大量危机:人口危机、环境危机、粮食危机、能源危机、原料危机……这场全球性危机程度之深、克服之难,对迄今为止指引人类社会进步的若干基本观念提出了挑战"(米哈依罗·米萨诺维克和爱德华·帕斯托尔,1987)。而这也促使人类反思和重构人地关系。

事实上,正如马克思所言,"人作为自然存在物,而且作为有生命的自然存在物,一方面具有自然力、生命力,是能动的自然存在物,这些力量作为天赋和才能、作为欲望存在于人身上;另一方面,人作为自然的、肉体的、感性的、对象性的存在物,和动植物一样,是受动的、受制约的和受限制的存在物"(中共中央马克思恩格斯列宁斯大林著作编译局,1979)。在人地关系的历史演进中,不仅要看到人类智慧和力量的成长,更要始终铭记"我们连同肉、血和脑都是属于自然界并存在于其中的"(恩格斯,1984)。在此背景下,动态地考察人地关系就必须审慎地关注如下命题。

第一,人地关系命题的独特性在于,人是有能动性和创造力的生物。作为生物,它离不开自然环境提供的生存平台;但作为独特的高等级生物,它又不会始终被动地接受自然的挑战,而是会依靠智慧的力量,不断探索自然界的客观规律,并以其指导利用和改造地理环境的行动。由于人类对自然的这种探索是不断积累和传播的,同时,随着生产力的发展,会有越来越多的人类个体专注于对自然规律的探索和对客观世界的改造,所以,人类在与地理环境的相互关系中,可能越来越具有主动性。人地关系的天平,也会越来越偏向人类的作用力一方。

第二,随着人类对自然环境的改造日渐明显,在人地关系的探讨上,不仅要关注人与自然地理环境的关系,也要关注人文地理环境的作用。所谓人文地理环境，"是指人类在自然环境的基础上，通过一系列社会活动形成的一种人类物质财富和精神财富在地球表面的分布现象，它由社会化了的人口、民族、宗教、聚落、风俗、文化及政治、经济、国家、政党和社会团体等人文要素组成"（叶岱夫，2001）。人文地理环境虽然是由人类所创造，但也会影响和制约人类的活动。特别是从农业文明开始，人类的创造物（如耕地等）就已经成为人地相互作用的重要载体，不同的信仰和风俗对人类改造自然环境的实践更是发挥了指导和约束作用。而在工业文明时期，不同地方的技术进步水平也已成为主导人地关系发展的重要因素，对"地"的研究也逐渐由自然地理环境转向人文地理环境，自然环境的人文化倾向日趋明显（杨青山和梅林，2001），正是在这个意义上说，人地观对人地关系的演进具有极为重要的影响。

第三，尽管人类利用和改造自然的能力不断增强，但人地关系的天平却不可能完全由人类掌控。从物质循环和能量流动的角度看，人类尽管处于生物链中的较高层次，但仍必须依赖自然界才能获得所需的物质和能量（赵明华和韩荣青，2004）。也就是说，人类无法离开地理环境而生存，也不能凌驾于自然之上。人类和其他所有生物一样，还必须从自然环境中获取食物、水、空气、阳光等自然物质，并不断与自然环境进行物质和能量的交换（曹孟勤，2007）。特别是在地震、火山、海啸、泥石流等灾难面前，人类还不得不感慨自然力的伟大。而人类一旦遭遇自然界的处罚，常常会反思自己的价值理念，也会更深刻地求解自然规律，从而会更好地约束自己的行为，也会进一步增强"逃避"的能力，从而使人地关系可能朝着有助于整个地球生态系统更为高效、和谐的方向演进。

第四，人类尽管充满智慧，但人类的智慧也是有限的和逐步得到开发的，因此，有限理性的人类可能不得不承受由不合理行为所造成的环境恶化的后果。地理学的人地关系研究必须充分考虑"人的不合理性"（方创琳，2004）。毕竟，人的活动受人的思维所支配，同时又受到社会政治、经济、制度、思想和文化等条件的限制，因而在认识和改造自然的过程中难免会犯各种错误（明庆忠，2007）。恩格斯就曾告诫人们，"不要过分陶醉于我们对自然界的胜利。对于每一次这样的胜利，自然界都报复了我们"；但是，我们也因此"一天天地学会更加正确地理解自然规律，学会认识我们对自然界的惯常行程的干涉所引起的比较近或比较远的影响"，"而且也认识到自身和自然界的一致，而那种把精神和物质、人类和自然、灵魂和肉体对立起来的荒谬的、反自然的观点，也就愈不可能存在了"（马克思等，1972）。因此，在人地关系演进的历史进程中，不仅要看到进步、挫折甚至失败，更要看到希望。当全人类都日益深刻地认识到人地关系的危机时，转变和改进就不再遥远。1972 年在斯德哥尔摩召开的人类环境会议就提出，"要确定我们应当干些什么，才能保持地球不仅成为现在适合人类生活的场所，而且将来也适合子孙后代居住"（巴巴拉·沃德和雷内·杜博斯，1981），以后，越来越多的会议和行动都对威胁人类的全球变化问题提出了应对之策，这些对于创立更为和谐的人地关系都是积极有益的。反思过去，展望未来，我们对构建和谐的人地关系既不能盲目乐观，也不应消极悲观。在困难和挑战面前，人类完全可能依托智慧和科技的力量，调整自己的理念和行为，促进人与地理环境的永续共存。

第五，人地关系既是在全球普遍存在的命题，又是具有地方特点的。人类作为一种高等级生物，在全球各个地方与地理环境的关系可能具有相对一致性，但更重要的，面对各个地方自然地理环境的巨大差异及由此衍生的人文地理环境的多样性，人类的智慧会指导不同地方的人地关系以不同的形式呈现。因此，很有必要基于特定地方的自然和人文地理环境特征来探讨人地关系问题。特别是在进入工业文明时代以来，全球各地的文明发展差异趋于扩大，不同地方的文明可能处于显著不同的发展阶段，人地关系也就会处于显著不同的状态。因此，很有必要基于特定地方的人地关系发展基础和特色难题，深入探讨适合不同地方的人地关系优化路径，这也是本书探讨区域生态文明建设的初衷所在。

总的看来，人地关系的历史变迁，主要是人类生产力水平的提升，促进了自然生态环境承载力的变化，进而促成了人口数量和质量的变化。随着越来越多的人专注于探索和发现自然规律，人类社会认识和改造自然的智慧和力量不断增强，人类征服自然的欲望和勇气也被唤醒，人地关系原有的低水平均衡被打破，但在重构更高水平均衡的过程中，由于有限理性，人类也不断遭受挫折和惩罚。因此，人地关系的变迁虽然也会受到自然地理环境变化的影响（在某些时点，这种影响还特别显著），但人类自身生产力水平的提升及由此引致的主流价值理念的变化才是最主要的诱因。由于各地生产力水平越来越呈现出明显的差异，对特定地域人地关系的解读就具有更明显的实践价值。

二、地域人地关系的案例解读

虽然人地关系是指整个人类与地理环境的关系，但单纯从全球视角探讨人地关系是明显不够的。全球尺度人地关系的演进历程表明，地理环境在人地关系变化中接近于被动的变量，无论人类臣服于自然抑或力图征服自然，自然都只是按既有的规律运行，即使报复也只是按既有规律运行的结果。地理环境似乎只是人地关系中的因变量，而人类的作用则是唯一的自变量。但这一误解主要是因为忽略了地球表层地理环境的区域差异。在不同地方，地理环境的差异是巨大的，其对人地关系的影响也是巨大的。另外，不同地方人类文明进步的路径和水平也存在明显差异，人类的作用因而也是大不相同的。因此，考察人地关系及其变迁历程，不仅要基于全球尺度和较长的历史阶段，更要基于特定地方的地理环境特点和文明进步特征。这是全面认识人地关系的基本要求，但也会面临相当大的困难，毕竟各个地方的区域差异是难以尽述的。尽管现有研究根本不能穷尽所有地方的人地关系进程及现状，但一般地说，和谐的人地关系会促进地方文明的进步和持续发展，不和谐的人地关系则会使地方文明遭遇危机，甚至衰落。无论古埃及、古巴比伦甚或近代以来英国、美国等地方的典型案例，都是这方面的体现。它们同时也表明，重构人地关系是有可能使遭遇危机的地方重新恢复发展活力的。

1. 人地关系与古代农业文明的兴衰

弗·卡特在《表土与人类文明》一书中，考察了尼罗河谷文明、美索不达米亚文明、地中海文明、希腊文明、中华文明和玛雅文明等 20 多个古代文明的兴衰过程，提出绝大多数地区文明的衰败源自赖以生存的自然环境受到破坏，进而面临生态灾难（姬振海，2007）；汤因比也在《人类与大地母亲》一书中指出，"人类的贪婪正在使自己伟大母亲的生命之果——包括人类在内的一切生命造物付出代价"（陈静生，2007）。不少古代文明的繁荣都得益于当地人较好地适应了地方自然地理环境的特点，从而成功克服了自然生态系统的挑战，创造出人地和谐的文明成果；而一旦人类利用自然的方式、方法出现明显的失误，在生产力水平极低的条件下，古文明就很可能遭遇自然的严厉报复，甚至由此衰亡。

古埃及是世界文明的重要发祥地，辉煌的古埃及文明也是以人地和谐相处为基础的（王会昌，1996）。古埃及位于尼罗河中下游的狭长地带，其地形条件有利于农业生产。而在极端干旱的环境中，尼罗河的周期性泛滥不仅提供了生产、生活所需的水，还带来了大量富含营养的淤泥，同时，每一次洪水泛滥还是对土壤盐分的稀释，从而帮助古埃及克服了干旱地区农业中常遇到的盐碱化问题。埃及曾经历两次干旱周期：第一次出现在 20 000 年前左右，它使人们集中到尼罗河谷地；第二次则出现在公元前 4000 年左右，它使整个东北非只有尼罗河谷和少数绿洲才适合人类生存。人口的集中增加了该地区对食物的需求，也促进了农耕文化的发展，第二次干旱还促进了对尼罗河灌溉事业的管理（林秀玉，2004）。顺应尼罗河地区的地势，古埃及人还修建了大量渠道、水库等水利工程，终于在水资源极为缺乏的条件下发展起较高水平的农业，并积累了丰富的农业知识和数学知识，创造了人类文明的奇迹（金观涛，1986）。虽然古埃及后期因遭遇外族侵扰和政局更替逐渐衰弱，但尼罗河至今仍以其独特的水利功能造福着埃及人民。

古代两河流域也曾孕育辉煌的人类文明。约公元前 3000 年，"迁移到伊拉克南部干旱无雨地区的苏美尔人，利用河水灌溉农田并在生产中发明了世界上最早的文字，从而创造出一批人类最早的城市国家和灿烂的苏美尔文明"。以后，"苏美尔文明不断向周围扩大发展成为巴比伦文明，并把北方亚述帝国带入两河流域文明圈"。但从公元前 2000 年左右开始，"以拉旮什、温马为代表的一批苏美尔城市开始走向衰亡"。（吴宇虹，2001）到公元前 300 年左右，两河流域的文明便衰亡了。1982 年，美国著名学者雅各布森在《古代的盐化地和灌溉农业》一书中阐释了两河流域南部苏美尔地区灌溉农业和土地盐化的关系，并认为这是苏美尔人过早退出历史舞台的重要原因（Jacobsen，1982）。具体地说，由于两河流域的地势平缓、降水极少，所以缺乏天然的排水系统，而其人工灌溉系统又重灌溉，轻排水、排洪，所以，灌溉到田里的水容易积留在地表，在烈日之下，随着水分蒸发，会留下较多的盐，从而出现土壤盐碱化趋势（邹一清，2005）。在两河流域南部的吉尔苏，从早王朝时期到新巴比伦时期，每个时代都有盐碱地的记载。"而土地的盐碱化使得不耐盐碱的小麦逐渐退出两河流域南部的农业舞台"，"而大麦的单位面积产量也随着盐碱化程度的加深不断下降，直至该片土地成为不适宜种植任何谷物的劣质土地"，最终被抛弃，古代两河流域文明也就不可避免地退出了历史的舞台（宋娇和李海峰，2015）。

楼兰文明虽然在全球的影响力有限，却也是不少中国人眼中具有传奇色彩的地方。楼兰文明的盛衰史也折射出和谐人地关系的重要价值（蓝天，2001）。楼兰地处中西交通要道，楼兰人主要在孔雀河下游的三角洲地区生活。在汉晋屯垦时期，楼兰先民根据荒漠的自然条件，建造了楼兰绿洲及丝绸之路上的重要城镇——楼兰城，因此，楼兰的出土文物不仅有许多汉地织造品，也有古代中亚地区的产品。但西晋泰始年间，楼兰开始盛极而衰，公元 400 年，高僧法显在途经楼兰时记载，"上无飞鸟，下无走兽，遍望极目，欲求度处，则莫知所拟，唯以死人枯骨为标识耳"（陈宗合，2001）。学术界对楼兰的盛极而衰虽有不同的解释，但大多认为人类对地理环境的过度开发是重要原因。从已发掘的墓葬来看，楼兰建造一个太阳形墓葬至少要砍伐 100 多棵大树，而古城中的主要房梁木和房基木的直径也达 30 厘米，而在古城城郊发现了大片枯死的胡杨林，一些雅丹台地的顶部则叠压着厚达 20~30 厘米的枯枝落叶。这些都表明楼兰的林木植被曾经较好，沿河两岸和湖口堤边也都适于人类生活。但是，魏晋时期对楼兰的过度开发，超出了自然界的承载力，据《水经注》记载，敦煌官员索勖在楼兰屯田，一次就召集数千人横断注滨河（今塔里木河下游），堪称掠夺性的经营（侯灿，2013），直接导致植被的破坏和绿洲的衰败。历经千百年强劲的东北风掏蚀，如今的楼兰只剩下不适宜人类生存的雅丹地貌。

从古埃及、古代两河流域和古楼兰文明的盛衰史中，不难看到农业文明时期地域人地关系演进对地方文化发展的影响。由于生产力水平极低，地方人地关系的主要挑战在于能否适应地方自然环境的特点，因势利导，使自然环境为农业发展和居民生活创造有利的条件。早期，古埃及人、苏美尔人和楼兰人都较好地适应了地方自然地理环境的特点，克服了地理环境的不利影响，实现了人地关系的和谐。但一旦忽视了利用自然地理环境的负面影响，就有可能破坏人地关系的脆弱平衡，如果这种影响还是不可逆的，那就不可避免地导致古文明的衰亡。先人们就只能远走他乡，以求得生存。古代两河流域那些被废弃的城市和掩藏在雅丹地貌里的楼兰古城，都是地域人地关系系统被破坏的后果，也时常警示现代人务必重视人地关系的协调。

2. 人地关系与近代工业文明的变革

近代工业文明的发展极大地提升了人类利用和改造自然的能力，但也在不合适或过度利用自然的过程中造成了人地关系的更多紧张和冲突。从工业文明的发源地英国开始，不少发达的工业国都曾遭遇严重的生态危机。不过，与古文明在生态危机面前的脆弱和无力不同，发达的工业国大多通过对生态灾难的机理分析，依靠更高水平的技术和更严格的管理克服了生态危机，并取得了人地关系调整优化的宝贵经验。

作为工业革命的发源地，英国人最早比较普遍地意识到人类可能拥有强大的改变自然的能力，并由此开始了对自然的大规模改造和利用，却也忽视了自然环境的承载力。这就造成了恩格斯在《英国工人阶级的状况》一书中所描述的当时英国城市触目惊心的河流和空气污染（梅雪芹，2003）。恩格斯写道，在曼彻斯特周围的一些工业城市"到处都弥漫着煤烟"，像波尔顿"即使在天气最好的时候，也是一个阴森森的讨厌的大窟窿"；而斯托克波尔特则"在全区是以最阴暗和被煤烟熏得最厉害的地方之一出名的"；即使在埃士顿—安得—莱因等新的工厂城市，其面貌"无论从哪一点来说，都不比该区其他城市的街道好一些"（恩格斯，1956）。而在伦敦，"空气永远不会像乡间那样清新而充满氧气……"。到 20 世纪中叶，工业发展和城市规模扩张使得伦敦的煤烟和废气排放量急剧增加。20 世纪 50 年代，伦敦每年的"雾日"（即视域不超过 1000 米的天数）平均达 50 天左右，而 1952 年 12 月 5~10 日发生的"伦敦烟雾事件"更导致超过 4000 人死亡。这就促使英国政府和人民反思人地关系理念，力求走上人与环境和谐相处的发展道路。1956 年，英国颁布了世界上第一部《清洁空气法》，并逐步将重工业设施迁出伦敦城外，还实现了全民天然气化（冯文雅，2014）。此外，伦敦还大力发展地铁、公共汽车、火车等公共交通，并采取了严格限制小汽车尾气排放的许多举措，以减少私家车的"刚性需求"。例如，2003 年，伦敦开始对进入市中心的私家车征收"拥堵费"，而排污较严重的车辆则根本无法获得通行执照。考虑到伦敦有 21% 的空气污染物源自建筑物的取暖需求，政府采取了建设节能写字楼、提高现有建筑能源利用率及利用新能源等举措。在对大气污染进行综合防控的过程中，伦敦已成为一座"绿色花园城市"，城区三分之一面积都被花园、公共绿地和森林覆盖，拥有 100 个社区花园、14 个城市农场、80 公里长的运河和 50 多个长满各种花草的自然保护区（张淑燕，2016）。伦敦从"雾都"变身"绿城"，不仅优化了当地的人地关系，更为伦敦延续和创造世界城市的辉煌奠定了基础。

与伦敦类似，美国洛杉矶等城市也曾在工业文明的发展历程中破坏了人地关系系统的平衡，遭遇到生态环境危机。洛杉矶坐落在三面环山、一面临海的开阔盆地中，濒临圣佩德罗湾和圣莫尼卡湾，背靠圣加布里埃尔山，属地中海型气候，全年阳光明媚，年降水量仅 378 毫米，以冬雨为主，日夜温差较大（Kroopf，2007）。虽然有从西北方向海上吹来的强劲地面风，但它并不穿过海岸线；在海岸附近和海岸线主要是风力较弱的西风或西南风，并将城市上空的空气推向山岳封锁线。同时，该地区持续性的反气旋和加利福尼亚寒流促使洛杉矶上空形成了强大且持久性的逆温层，这使大气污染物不能上升到越过山脉的高度（朱维琴，2005）。在农业文明时代，拥有阳光、海滩的洛杉矶无疑是宜居的，但自从 1936 年开发石油以后，洛杉矶不仅成为西部地区的重要海港，而且发展了飞机制造和军事工业，很快成为美国的第三大城市。在 20 世纪 40 年代初，已经拥有汽车 250 万辆，每天大约消耗 1100 吨汽油，排出 1000 多吨碳氢（CH）化合物，300 多吨氮氧（NOx）化合物，700 多吨一氧化碳（CO）。另外，还有炼油厂、供油站等其他石油燃烧排放，这些化合物被排放到阳光明媚的洛杉矶上空（余歌，2010），发生光化学反应，生成淡蓝色的光化学烟雾，在洛杉矶特殊的气象条件下，滞留市区久久不散。从 1943 年起，洛杉矶每年从夏季至早秋，只要是晴朗的日子，城市上空就会出现弥漫天空的浅蓝色烟雾；1943 年以后，烟雾更加肆虐，致使远离城市 100 千米以外、海拔 2000 米高山上的大片松林枯死，柑橘减产；1955 年，因呼吸系统衰竭死亡的 65 岁以上的老人达 400 多人；1970 年，约有 75% 以上的市民患上了红眼病（朱景，2013）。严重的环境事件促使政府采取治理大气污染的举措，1943 年 10 月，洛杉矶县议会成立了烟雾和气体委员会；1945 年 2 月建立了空气污染控制指导办公室。但面对强大的汽车制造商团体，早期政府难以有所作为，只是建议居民尽量少用汽车出行。但 1955 年 9 月爆发的最严重的光化学烟雾污染事件，成为美国环境管理的转折点，不仅促使洛杉矶政府克服利益团体的重重阻力，采取多项举措遏制核心污染源，还催生了美国联邦著名的《清洁空气法》，并赋予了环保机构更大的权力，加强了综合、协调治理及执法力度（郑权等，2013）。经过近 40 年的努力，洛杉矶虽然人口增长了 3 倍、机动车增长了 4 倍多，但发布健康警告的天数却从 1977 年的 184 天下降到了 2004 年的 4 天（凌子，2015）。洛杉矶的光化学烟雾事件既是工业文明下和谐人地关系被破坏的典型案例，又是人类在生态危机中通过技术和管理改善人地关系的成功实践，更重要的是，光化学烟雾在洛杉矶的爆发是与洛杉矶的独特地形和大气环流条件密切相关的，体现了基于特定地域探讨人地关系演进的必要性。

　　无论是伦敦还是洛杉矶的大气污染及治理历程，都表现了工业文明下地域人地关系面临的主要挑战可能源自人类对自然的藐视和过度利用。提示，即使在人地关系失衡的环境中，人类也越来越善于通过技术和管理的变革，克服环境危机，重建人地关系的平衡。这是文明进步的重要成果。但值得指出的是，英国、美国等少数发达国家走过的先污染、后治理的道路，并不一定可以不断被复制。因为先发国家在环境危机面前所动用的资源不仅限于本国、本地区，后发国家未必能像先发国家那样通过不平等的国际经济贸易体系，获得足够的资本、资源来应对危机。典型的，如英国等国在兜售工业品时，可以廉价进口国外的初级产品和自然资源，同时，工业品的贸易条件较好，因此，工业所造成的污染换来了丰厚的利润，为以后治污提供了资本支持。但后发的新兴工业化经济体，在大规模发展加工制造业并承担环境污染的时候，国际市场的工业品价格是持续下降的，石油等能源、资源的价格则剧烈波动，因此，工业化和贸易未必会带来快速的资本积累，甚至可能陷入贫困化增长。如果那样，先污染、后治理就根本没有资本的支持。因此，尽管工业文明下的人地关系失衡有过许多重构的成功案例，但各个地方都还是要尽量避免重走先污染、后治理的老路。此外，生态环境的破坏有许多是不可逆的，还有更多的生态危机难以通过现有技术或管理经验进行化解，这就要求我们尽早自觉推动生态文明建设，以实现人地关系系统在更高水平上的重构。

三、人地关系重构与生态文明

不少研究认为，建设生态文明最要紧的有两件事：一是转变价值观念，二是改变生产和生活方式（高文武等，2011），也就是要从思想认识和实践行动两个方面重构人地关系。人类在人地关系中之所以常常犯错，主要是因为认识水平有局限，包括难以约束贪欲。这在人类工业、农业的发展中都曾有过惨痛的教训，而在修复和重构和谐人地关系的过程中，也往往是以价值理念的改进为引导，以约束过度贪婪的行为为重点，同时，还必须适应特定地方的人地关系系统特征，才能真正有效地在更高水平上重建和谐人地关系。这种更高水平的和谐人地关系就会接近于生态文明的发展要求。本节拟以英国泰晤士河的治理和美国南部大平原"尘盆"地区的重生为案例来分析这一进程，希冀对中国现阶段重构人地关系和建设区域生态文明有所启示。

1. 英国泰晤士河的治理

泰晤士河发源于英格兰中部格洛斯特郡莱赫拉特附近的森林地区，全长346千米，大伦敦区位于泰晤士河的下游，泰晤士河也被视为伦敦的母亲河，近代以来，不但供应了两岸数百万居民的生活生产用水，更承担着巨大的航运功能，孕育了伦敦的繁华。但工业化过程中，大量未经任何处理的生活污水和工业废水直接排入泰晤士河，导致了严重污染，昔日优雅的"母亲河"变成了肮脏邋遢的"泰晤士老爹"（梅雪芹，2005）。由于长期饮用受污染的河水，伦敦一度霍乱频发，1832年的霍乱导致了5275人死亡，而1848~1849年有14 789人死于霍乱，1853~1854年也有11 661人死于霍乱（Wood，1982）。1858年夏季的泰晤士河"恶臭"大爆发，更使得议员们因无法忍受恶臭而逃离议会，使各项工作陷入停滞，政府也不得不开始认真考虑泰晤士河的治理。1858年8月2日，英国议会通过法令，要求负责伦敦市政工程建设的"都市工务局"（the Metropolitan Board of Works），"尽快采取一切有效措施，改进大都市的地下水排污系统，以求最大限度地防止都市地区的污水排入泰晤士河中"（Halliday，1999）。这也正式启动了泰晤士河的污染治理工程。整个过程大致包括三个阶段：第一阶段（1891 年以前），基本确定了污染治理规划，修建了两大排污下水道系统；第二阶段（1955~1975 年），进行全流域治理，基本修复了泰晤士河的生态系统；第三阶段（1975 年至今），主要是巩固治理成果（许建萍等，2013）。

泰晤士河治理的早期规划是由"都市工务局"总工程师约瑟夫·巴扎尔基特（Joseph Bazalgette）制订的。该规划的基本思想是，在泰晤士河南北两岸建造两套庞大的隔离式排污下水道管网以汇总污水，北岸排污干渠在贝肯顿（Beckton）附近注入泰晤士河，南岸排污干渠则在克罗斯内斯（Crossness）附近注入泰晤士河，这两地距入海口约 25 公里，离当时的伦敦主城区较远，同时计划在两地建造巨大的污水库以蓄存污水，在退潮时让污水排入北海。根据这一规划，两条干渠长达 161 千米、支线长达 1650 千米的拦截式排污下水道管网和配套的蓄水池于 1864 年完工并启用，一段时间内缓解了伦敦主城区河段的严重污染（Leslie，1982）。但这显然是一种"以邻为壑"的做法，因为污水并未得到净化处理，只是将污染集中转移到河流入海口。很快，入海口附近的水环境严重恶化，不仅威胁到当地的生态环境，也威胁到伦敦城区的河道水质。在 1878 年的"爱丽丝公主号"游艇沉没事件发生后，当局在两大蓄污池附近分别建造了以化学沉降法处理污水的大型污水处理厂，并将污水中的固态垃圾分离后用专门的船只运至北海倾泻，一定程度上改善了泰晤士河的水质。

1955~1975 年，泰晤士河治理由地方分散管理转向流域统一管理。英国政府从 20 世纪 60 年代起，将泰晤士河划分成 10 个区域，合并了 200 多家相关单位组建了泰晤士河水务管理局（Charles，1981），并对伦敦原有下水设施进行了大规模改造，重新布局了各类污水处理设施，还通过革新污水处理技术对原有设施进行了升级改造，污水处理能力显著提升，河流生态系统基本恢复（许建萍等，2013）。

1975 年后，英国政府一方面采用超声波监测控制污泥密度和包膜电极监测溶氧等新技术，继续对污水处理设施进行技术改造；另一方面，严格控制工业污水排放，同时，随着产业升级，大伦敦区的煤气厂、造船厂、炼油厂等相继关闭，泰晤士河的污染源大大减少。终于，"曾经遭受到极其严重的污染、已被人们视为死河的"泰晤士河，"已经恢复到接近未受污染前的那种自然状态"（Green 和蔡瑞良，1979）。而在泰晤士河从污染爆发到治理的过程中，不难得到至少三方面的启示：第一，错误的人地关系理念常常是破坏和谐人地关系的诱因；第二，重构地方和谐人地关系必须着眼长远和全局，不能以邻为壑；第三，在生态环境治理中，管理也许比技术更重要，而无论是管理还是技术，最终依赖的仍是人类的智慧。因此，高水平人地关系重构和地方生态文明建设的过程，最重要的是依靠人类的理念和智慧。人类不仅要对自然常怀敬畏之心，更要胸怀全球却又着眼地方，唯此，才能真正以智慧和力量创造人地和谐的美好图景。

2. 美国南部大平原沙尘暴的治理

人类对"沙尘暴"的关注源于 1935 年 4 月 14 日发生在美国"黑色星期天"的那场最可怕的沙尘暴。在那之前的 3 月 15 日，堪萨斯人已经经历了一场沙尘暴的袭击，并且在随后的一些天里，沙尘仍在降落，人们惊呼"世界末日到了"；但 4 月 14 日那天，天气暂时转好，人们以为肆虐数周的沙尘暴终于停止，于是纷纷走出家门，气温却在下午骤降，黑风暴突然来袭，一瞬间变得比夜晚还黑，人们在漆黑中寻找藏身之处，深恐窒息而亡，直到数小时后才敢上路，所有的汽车都熄火了，被风沙席卷的城市只能靠电力来照明，离家几米之远却找不到家……这一天美国南部大平原大部分地区的人们都遭遇了类似的状况，美联社记者罗伯特·盖格（Robert Geiger）在报道中称该地区为"灰碗"（dust bowl）[①]。而根据美国水土保持局（Soil Conservation Service）的相关记载，从 1930 年开始，大片区域内能见度不足 1 英里[②]的强沙尘暴天气，1932 年为 14 次，1933 年为 38 次，1934 年为 22 次，1935 年为 40 次，1936 年为 68 次，1937 年为 72 次，1938 年为 61 次，1939 年为 30 次，1940 和 1941 年均为 17 次（Worster，1979）。而前述 1935 年 4 月 14 日的"黑色星期天"，沙尘形成了高达七八千英尺[③]的黑浪，所过之处，天昏地暗；1934 年 5 月 12 日的强沙尘暴则席卷了整个美国东部，估计在美东地区倾泻了 3.5 亿吨的尘土（Hart，1981）。由于整个 20 世纪 30 年代美国沙尘暴受灾最严重的地区集中在西南部大平原，大致包括科罗拉多州东南部、堪萨斯州西南部、得克萨斯州与俄克拉荷马州之间狭长地带，以及新墨西哥州东北部，总面积约 39 万公里^2，因此，探索这场生态危机的起源和治理都需要从解析这个地区的人地关系演进历程着手。

从相关历史地理教材看，美国南部大平原地处内陆，位于北纬 40° 以南、西经 98° 以西、落基山脉以东、墨西哥湾以北，属于半干旱地区，年均降雨量

---

① 生态破坏：美国30年代沙尘暴（Dust Bowl）的生与灭，http://blog.sina.com.cn/s/blog_5a18c50f01017sx5.html［2011-07-13］。

② 1英里=1.609 344公里。

③ 1英尺=0.3048米。

不到 500 毫米，降雨的年度和季节分配很不均匀，加上地势平坦，易于受到山风、海风和极地强冷空气的影响，大风天气较多（拉尔夫·布朗，1990）。在这种气候条件下，经过漫长的自然演化，这里成为典型的"草地—野牛—印第安人"生态圈，其中草地植被不仅能涵养水土，又可以为以野牛为代表的各种草原动物提供食物，而印第安人则主要靠狩猎为生。尽管当时也常遭受干旱、风灾、蝗灾等的袭击，但因为草地的保护，南部大平原的生态环境总是能够较好地得到保持（高国荣，2010）。但自 19 世纪七八十年代开始，来自海外和美国东部的移民源源不断，这就压缩了畜牧业的发展空间；而 1910~1930 年的大规模移民，更使毁草造田在南部大平原达到高潮，从而为 20 世纪 30 年代的沙尘暴埋下了祸根（Worster，1986）；第一次世界大战期间，战争带来的巨大粮食需求进一步使西经 100° 线以西的草地被大面积开垦，但政府和农场主都未明确认识到大平原农业发展模式面临的生态风险；而战后的粮价下跌，则迫使生态不稳定的南部大平原地区走上不断扩大种植业生产规模和机械化发展的道路，从而为 30 年代"灰碗"的形成创造了条件（高祥峪，2013）。事实上，该地区早在 19 世纪已有沙尘暴和干旱的记录。第一次世界大战前，主要以饲养家畜为主，地表长期以来被扎根很深、相当强韧的草皮所覆盖，水土仍大体保持完好；但战时受谷类价格高涨的刺激，大批私营农场主纷纷来此垦荒栽种冬麦。1925~1930 年，共开垦了 500 多万英亩①的处女地，农产品产量达到 1914 年的 2.5 倍。他们的粗放耕作和"残杀地力"迅速破坏了以往自然形成的植被，原有草根全部枯死，土壤表层经春季强风吹袭逐渐流失殆尽（王雪琴，2003），这就为沙尘暴爆发提供了"尘源"。后来的调查显示，沙尘暴产生的直接原因是长时间的干旱，特别是 20 世纪 30 年代早期，该地区的降雨量显著低于正常水平，这也被气象学家观察到的那十年间热带海表温度异常所证实（Schubert 等，2004）。但就巨大的沙尘源头来看，过度开垦和机械化耕作也是非常重要的诱因。农场主在农产品价格刺激下，不仅开垦了更多的土地，还购买了最新式的电动拖拉机和新型的圆盘犁以取代旧式的马拉犁板犁，结果使得地表土更为疏松，并裸露在干燥、多风的环境中。约翰·斯坦贝克曾在《愤怒的葡萄》中详细描写了 20 世纪 30 年代美国大平原地区沙尘暴形成的自然背景，并将沙尘暴问题的实质归咎于资本主义农业机械化生产对自然环境和人类社会造成的消极影响（高祥峪，2011）。总的看来，美国南部大平原地区的沙尘暴爆发是原有相对和谐的人地关系被破坏的后果，最根本的诱因还是人类的贪欲和对人

---

① 1英亩=6.072市亩。

地关系的错误认识。当时的总统罗斯福就认为，沙尘暴是大自然对浪费土地资源的警告（Nixon and Franklin，1957a），它清楚地表明，"自然不允许人类继续违反它的规律"①。

面对严重的沙尘暴危机，罗斯福政府不仅先后成立了民间资源保护队和土壤侵蚀局等专门从事资源保护的机构，还结合土地调整、牲畜收购和《泰勒放牧法》等在刺激有效需求的同时减轻了土地负担，这些都为沙尘暴的治理起到了积极作用。更重要的是，政府还采取了一系列针对沙尘暴的专项治理措施（高祥峪，2009），以遏制土壤沙化，重建人地关系平衡。例如，为阻碍大风带动尘土，联邦政府资助了起垄计划。所谓起垄，就是在土地上对着风向挖出垄沟以阻碍大风带动土壤颗粒并吸收水分。1935 年春，联邦对农场主的起垄行动给予了财力支持，堪萨斯州、得克萨斯州和新墨西哥州分别收到 25 万美元、50 万美元和 40 万美元；1936 年，国会又为此拨款 200 万美元，分别资助了堪萨斯州、科罗拉多州、新墨西哥州、俄克拉荷马州及得克萨斯州的 110 多个县。到 1937 年 6 月底，政府至少资助了 800 多万英亩的起垄，而农场主个人也出资治理了约 190 万英亩的土地。除堪萨斯州外，各州均报告因为起垄项目，防范风蚀的条件得到了"极大的改善"（Hurt，1981）。种植防护林无疑也是对防风治沙具有积极效应的举措，罗斯福一直对植树抱有浓厚兴趣，认为种植防护林可以降低风速，影响水分的蒸发。在罗斯福的初步设想中，防护林应该位于沙尘暴地区的东部，而且是南北走向，但实践中，"种植走向通常是东西方向——为了顺应当地的风向"（Nixon and Franklin，1957b）。由于国会拒绝给防护林项目拨款，1935 年项目正式启动时，联邦政府承担了主要的开支；1936 年，政府与农场主几乎平摊开支；到 1937 年，农场主承担约 60% 的开支；1938 年，则主要由农场主支持该计划；到 1940 年，农业部的官员认为，"可以有把握地讲，大草原地区大部分人已经接受了该计划，并且对它的发展抱以非常浓厚的兴趣"；到 1942 年，当防护林计划结束时，"堪萨斯、俄克拉荷马和得克萨斯分别拥有防护林 3540 英里、2994 英里、2042 英里"；1944 年，沙尘暴地区防护林的平均成活率为 58%；到 50 年代，防护林防风固沙的显著作用才得到显现，但在建设过程中，它已经为阻止沙尘暴向东扩展发挥了积极作用。由于严重的沙尘暴破坏了当地的人地关系，联邦政府还直接收购贫瘠的土地并重新安置人口。1934 年秋，联邦政府收购了约 27 万英亩的土地，1937 年通过的《琼斯—班克黑德农场租佃法》则进一步促进了收购。联邦政

---

① 82- Message to Congress on National Planning and Development of Natural Resource，June 3，1937. http://www.presidency.ucsb.edu/ws/index.php?pid=15415&st=&st1［1961-12-23］.

府"从 1935 年起，以平均每英亩 3.56 美元的价格购得近 100 万英亩贫瘠的土地，尽管其中 25 万英亩仍然遭受风蚀，但 35 万英亩已经恢复为牧场并出租给牧场主"（Hurt，1981），而政府在收购土地上的植草活动至少花费了 15 年的时间（Bonnifield，1979），这使得部分土地退出了粮食种植并朝生态稳定的方向转化。在人口再安置方面，主要的目标是使小农场主得以在经济上自足，这也安定了部分在生态适应性上更成功的农场，对改善该地区的生态环境做出了实质性贡献。总的看来，美国罗斯福政府的沙尘暴治理政策覆盖面广、政策工具多，并与反经济危机政策紧密结合，使沙尘暴地区的部分土地处于受保护状态，把沙尘暴的危害降到了最低。同时，政策也使得部分农场主固守在沙尘暴地区，使南部大平原不至于变成经济荒漠，为政府治理沙尘暴提供了社会基础和经济基础。在罗斯福政府重建南部大平原地区和谐人地关系的过程中，理念的转化是重要前提，诸如防护林等较长期的措施就未能得到国会的有效支持。而农业发展模式等的转变则是关键，但这也是以人们对地方生态系统认识水平的提高为前提的。因此，重构和谐人地关系不仅要有人地观的调整，也要依靠人类智慧提高应对地方性问题的管理和技术水平，这也凸显了探索地方人地关系演进历程的独特价值。到 20 世纪 40 年代初期，南部大平原的沙尘暴危机基本结束。

近年来，我国的沙尘暴问题也日渐明显，这与内蒙古等地草原的过度垦殖密切相关（景爱，1996），包括乌珠穆沁旗草原等也都在进行治理和生态系统重建（包学明等，2009），在此过程中，积极吸收美国政府治理沙尘暴的经验也是很有必要的。在美国，20 世纪 30 年代的沙尘暴治理中就注重从单一的灾害事件中引出全面的治理和研究，并较为关注人类和自然的相互影响，突出环境事件对人类的综合影响，而不是简单解决风蚀问题（葛全胜等，1997），这也提醒我们在人地关系的治理措施上要有全面、综合的观点，注重对地方生态系统的综合考察和特色问题的系统思考。同时，美国的治理举措特别尊重农民和地方的利益，尊重严格的契约关系（王石英等，2004），这对于我国在市场经济环境下重建和谐人地关系也具有积极意义。

值得指出的是，在美国，20 世纪 30 年代南部大平原地区的沙尘暴危机是与地方文化有密切关系的。"除了自由放任的资本主义文化以外，美国独特的边疆文化传统也在一定程度上影响了尘暴重灾区的出现"。从 19 世纪开始，美国"在西部拓殖的过程中形成了所谓的边疆文化"，"铸就了美国人狂妄自负的乐观主义个性，他们以自然的征服者自居，引以为豪，并习惯于低估甚至忽视来自自然的警告"，"滥用资源可谓司空见惯"，而频繁迁徙所导致的土地所有权不断变更，也使得"人们往往看重短期利益，甚至不惜采用竭泽而渔的开发方式，而很少顾及土地资源的保护"（高国荣，2010）。这再次说明，和谐人地关系的破坏常常是错误人地观的后果，要延续和重构和谐的人地关系，很有必要确立和传播正确的人地观，并以其指导人地和谐相处的实践。在人类社会生产力迅速提高的背景下，把人类生存和发展的需要作为终极价值尺度的、弱化的"人类中心论"基本上是合理的，但要真正走出那种仅以人类眼前利益为目的，对自然进行任意掠夺和残暴征服的、强化的"人类中心论"（余谋昌，2009），人地和谐关系才能延续和优化。

第二节　人地观及其对人地关系的影响

人地观是指人们对人类社会与地理环境之间关系的认识和看法，是客观的人地关系现象投射到主观意识的结果，也是引导和制约人类社会利用和改造地理环境的思想理念。人地观是主体对人地关系现象感知、认知和认同的结果，既以客观的人地关系现象为基础，又受到主体感知能力、实践经验和思考智慧等的影响。理论上说，正如"有一千个读者，就有一千个哈姆雷特"，不同主体的人地观会有很大差异。但是，特定时期、特定地方的人地关系现象会给大多数主体留下相似的感知结果，而人地观的形成又受到主体之间交流的影响，因此，特定历史条件下、特定地方还是会呈现出主流的人地观，而形形色色的人地观在人类与地理环境关系的基本问题上也大致可以划分为少数类型，从而为探讨人地观对人地关系的影响奠定了基础。由于人地观是人类在与自然界发生联系的过程中不断思考和总结的结果，所以，也是人类文化的重要构成要素，是价值层面重要的文化特质。而因为它对人类利用和改造自然环境的方式和强度会有重要影响，所以，它也是文化系统中较为活跃的特质，会对整个地方文化系统的演进发生复杂的作用。

一、人地观的演变历程

普列汉诺夫说过，"社会人和自然环境之间的相互关系，是出乎寻常地变化多端的。人的生产力在它的发展中每进一步，这个关系就变化一次。因此，地理环境对社会人的影响在不同的生产力发展阶段中产生不同的结果"。因此，在漫长的人类发展史中，主流的人地观会因为人类社会生产力的变化及人地关系现象的变化而不断变化。根据人地关系的发展水平，人类文明大致可划分为四种历史形态：①原始文明时代，人类匍匐在自然的脚下；②农业文明时代，人类开始对自然初步开发；③工业文明时代，人类以自然的"征服者"自居；④生态文明时代，人类要努力实现与自然的协调发展（李祖扬和邢子政，1999）。在这样的简单划分中，不仅可见客观的人地关系演进特征，也可见主观的人地观会发生怎样的转折。恩格斯曾说过，"自由是在于根据对自然界的必然性的认识来支配我们自己和外部自然界，因此，它必然是历史发展的产物。最初的、从动物界分离出来的人，在一切本质方面是和动物本身一样不自由的；但是文化上的每一个进步，都是迈向自由的一步"（恩格斯，1970）。这样的进步历程，不仅表现为文明演进的成果，也表现为人对自然环境的态度。不过，人的思想意识的普遍转变通常是滞后于文明发展实践的，因此，主流人地观的变化过程并不与文明形态的变化完全同步，同时，由于全球各个地方进入农业文明和工业文明的时间存在显著差异，所以，这一大致的演变历程主要还是以较早进入工业文明阶段的经济体为研究对象的。

　　一般认为，史前阶段（即人类产生到文明出现以前的阶段）是人地观演变的第一阶段。虽然这是一个没有文字的时代，但只要有了人，就会有人们对人地关系的认识。透过原始宗教和神话传说，可以追寻到原始人地观恐惧和崇拜自然的基本特征。原始宗教是指原始人群中普遍存在的自然崇拜、鬼魂崇拜、灵物崇拜，以及占卜、巫术等，它是初民屈服于自然或在自然面前软弱无力的表现；而美丽动人的神话传说则主要反映出初民对驾驭自然的向往，每一类自然现象在神话里都可能被拥有人性甚至接近人形的天神所主宰，但这类天神在生活实践中显然是不会出现的。因此，初生的人类对自然界的大多数现象还是感到神秘和难以捉摸的。由于缺乏对自然规律的把握和有效的技术手段，在自然面前甚为被动，较少成功的经验会被长期遵循。而对于生产生活中的得失成败，人类也倾向于从某种自然力量中寻求答案，因此对自然的崇拜实际上就是乞求。但作为智慧生物，人类即使在早期，也并不甘心于长期受自然的奴役，幻想中的超人应运而生，他们在神话传说中不仅超脱了自然的束缚，而且束缚了为难人类的自然力量。随着制造工具水平的提高，人类驾驭自然的能力逐步增强，到史前文明的后期，人类控制自然的强大潜能已初现端倪，人地观也将迎来飞跃。

　　从文明之初到16世纪初，可以被视为是人地观演变的第二个阶段。在此阶段，人类逐渐从自然的束缚中解放出来，走上了能动地改造自然的道路。对自然规律的经验积累和技术水平的提升，促进了生产力的发展，人类脑海中的自然不再仅仅是被崇拜或乞求的对象，利用和改造自然也不再只是幻想。各个地方的人类开始更多利用所掌握的地方性知识克服地方性难题，以逃避自然的严苛挑战。但在这一时期的大多数人看来，自然的力量仍不可轻视，特别是在某些极端自然灾害面前，人类还不得不听凭自然的主宰。因此，主流人地观并不忽视自然的力量，甚至较普遍地存在迷信思想，但也会去努力探索自然规律，并积极应用自然规律以逃避自然的挑战。这种既敬畏自然又勇于解剖自然的看法，引导了不少地方顺应自然规律、促进人地关系和谐的范例。不少留存至今的文化遗迹正是这一时期人地观指导下的优秀实践成果，体现了在相对低的生产力水平下，依靠地方性知识的智慧和力量促进人地关系和谐发展的一般路径。当然，随着后期生产力水平的加速发展，这种敬畏自然、善待自然的人地观也会悄然改变。

地理大发现开辟了不同地方之间相互交流的新渠道，人类的足迹开始踏遍地球的各个角落，整个世界不可避免地连成一个整体，人类实现了认识和改造自然能力的又一次飞跃，主流的人地观也发展到一个新的阶段。走出中世纪的黑暗，当人类用300年时间经历了巨大社会变革和观念更新之后，工业革命发生了。它激发出人类征服、利用和改造自然的巨大潜能，而人类也开始沉醉于征服自然的胜利。此后，在数次科技革命的推动下，社会生产力继续飞速发展，人类控制自然的能力似乎大大超过了自然控制人类的能力，相当多的人自觉不自觉地认为，人类已经成为自然的主宰，可以对自然为所欲为。由此，工业国的主流人地观中少了对自然的敬畏，多了对知识的渴望和对技术的膜拜。在技术力量的支持下，越来越多的自然资源被用来满足人类的生产、生活需求，而此一过程中产生的环境污染和资源耗竭却被忽视。这样的人地观虽然激励了人类探索自然规律、改造自然环境的行动，但却掩藏着掠夺自然的恶果。

尽管近现代工业文明创造了巨大的物质和精神财富，但也加剧了人与自然界的矛盾。接踵而至的人口危机、资源危机、环境危机等，也曾驱使人类向太空寻找新的生活空间。但星际探索的成果显示，在可以想见的未来，人类还难以找到地球以外的人间天堂。也就是说，在相当长的一段时间内，人类还必须依赖地球，必须与地理环境友好相处。于是，"我们只有一个地球"的理念从发达工业国的有识之士开始向外传播，而可持续发展也已成为当代人探索的最重要的主题。这样的人地观不仅已经通过现代传媒在工业国广被接受，也已通过联合国组织的多次首脑会议转化为共同纲领和国际法，成为约束全人类行为的指针。这将促进人类早日抛弃以牺牲环境为代价的发展模式，特别是那些尚未进入工业文明阶段的国家和地区，完全有可能在人地和谐相处的理念下，避免先污染、后治理的道路，从而为实现发展的代际公平创造条件。虽然由于人地观不仅受到人与地理环境关系的影响，也受到人与人之间关系的影响，目前还并不是大多数人都自觉以和谐相处的人地观来指导自己的行动，可持续发展也还更多地停留在理念和梦想的阶段，但新的、以高水平人地和谐相处为目标的人地观正成为全人类努力的方向，而这也是生态文明建设取得实效的前提和基础。

从发达工业经济体的文明演进历程看，主流的人地观从原始的对自然的恐惧、崇拜，到以后对自然的敬畏，再到工业文明时期对自然的征服，其中的变化是与社会生产力水平密切相关的。而对自然的崇拜几乎是全人类在同一时期共有的，但以后转变为对自然的敬畏，却在各个地方有明显的不同，有的地方一直还存有对自然的敬畏之心，而对自然的蔑视和征服则主要是在发达的工业国，当然，即使恐惧和敬畏自然，也可能在不恰当地利用改造自然的过程中遭受自然的报复，但在现代文明看来，这样的报复都是局部的，也很可能是可逆的。而资本主义的发展将全球都纳入其生产和市场体系之中，因此，征服自然的人地观虽然只是在少数发达的工业国成为主流，但也严重影响了全球的生态环境，使整个人类都面临生态危机。以后，为应对生态危机，与自然和谐相处的人地观迅速为全球所普遍接受，这种和谐相处既包含着敬畏自然的思想，也包含着对更高水平人地和谐相处的向往。它不是以较低生产力水平为基础的对自然的适应，而是建立在掌握较多自然规律基础上的对自然的尊重和爱护，是以人为本的"弱人类中心主义"的人地观。在此人地观的引导下，人们追求的是富足的生活和自我实现，而不是简单的生存和安全。在人地观的历史演进中，最初的主流人地观是具有全球普遍性的，但那不是文化扩散的结果，而是先民在自然压力下共同的本能反应；以后，随着各地生产力水平的发展状况不同，主流人地观的地区性差异渐趋明显；但在全球变暖等生态危机面前，主流人地观又迅速趋于一致，这倒是技术进步支持下的文化扩散的结果。因此，人地观的历史演变也有一个螺旋式上升的过程。对自然的征服意识虽然导致了严重的生态危机，但也为生产力水平的提升创造了条件，是螺旋式上升过程的重要阶段。当人类普遍开始向生态文明迈进时，不仅要接受人地和谐相处的普遍理念，也要尊重地区差异和地方性知识，尽量避免盲目的模仿，以更有效率地实现各个地方生态系统的质量优化。

二、代表性的人地关系理论

人地关系理论是有关人地关系的思想和学说，是在认识论层次上对人地关系问题的总的看法，是对人地关系进行价值评判的重要理论依据（赵明华等，2004）。它们一般以主流的人地观为基础，是对主流人地观进行概括、总结，并上升到理论层次的成果。不少研究对已有的人地关系理论进行了梳理和总结。例如，有研究将近 20 年来新型人地关系理论归纳为人地关系调控论、人地关系危机论、人地关系目标论、人地关系方法论等四大类、14 小类（欧阳玲，2008），笔者虽不认同这样的分类方法，但从这一分类方法中确实感受到人地关系领域内也是学说林立。而在近代以来的人地关系理论中，现代主义和后现代主义思维方式的影响比较明显，其中，现代主义思维方式倾向于在分析事物之间的相互关系时，主张一方决定一方、优于一方，或者一方比另一方更为基础，环境决定论、意志决定论等就是这方面的代表；而后现代主义思维方式强调的是事物双方是处于相互平等、相互补充、共同发展的关系中，因此更强调协调型的关系，协调论就渗透着这方面的影响（李广全和刘继生，2001）。而就近代地理学人地关系理论看，自然神学的目的论思想（认为造物主创造了有秩序的自然，人作为自然的一部分与自然有相互的适应性，但人因具有创造力而与其他自然物不同）、自然控制的思想（表现为对无法解释的事项、无法控制的自然力量的在心理和精神上的认可）、大地主宰的思想（认为上帝创造了人和世界万物，并给予了人特殊的地位）、基于理性哲学思考基础上的"环境决定论"思想及达尔文的进化论思想等都是重要的思想渊源（王爱民，2000）。因此，环境决定论、可能论、适应论、生态论、环境感知论、文化决定论和协调论等是最具代表性的人地关系理论。

（一）环境决定论

人类社会发展初期，落后的生产力水平使先民在自然面前如此渺小，只能以某种超自然的力量来解释自然的运动规律及其对人类生活的影响。这种以自然神学为基础的认识，算得上是环境决定论的最初萌芽。以后，古希腊思想家强调气候和海洋对人类的影响，古代中国的思想家则重视水土的作用。例如，亚里士多德认为，寒冷地区的民族勇敢无畏，但缺乏智慧和技术；亚洲人很聪明，但缺乏勇敢进取的精神；居住在两者之间的希腊民族兼具两者的优点，所以能自立，而且能够统治其他民族。而柏拉图则有海洋决定论思想，认为海洋使"国民的思想中充满了商人的旗帜，以及不可靠的、虚伪的性格"（蔡运龙，1996）。法国启蒙运动时的政治哲学家孟德斯鸠（Monlesquieu）是环境决定论的承上启下者。早期环境决定者认为地理环境影响着人的体格、气质和精神，孟德斯鸠则把地理环境的作用归纳为自然条件与人的生理、心理特征，以及与法律和国家政治的关系，认为地理环境，尤其是气候、土壤等将影响着人的性格与感情。以他为代表的一批学者认为，社会发展的决定力量不是"神的意志"，而是地理环境（陆丽姣，1990）。以后，黑格尔将地理环境看作精神的舞台，是历史的"主要的而且必要的基础"（黑格尔，1978）；巴克尔提出，地理、气候条件影响人的生理，生理差异导致精神和气质的差异，从而有不同的历史进程（Buckle，1972），这些都体现了环境决定论的基本认识。但正式在地理学中创立环境决定论学派的是德国地理学家拉采尔（F.Ratzle）。他在代表作《人类地理学》中提出，人是环境的产物，环境"以盲目的残酷性统治着人类的命运"，而各个地方的人类活动特征取决于当地地理环境的性质。以后，他还提出了"生存空间"的概念，对地缘政治研究产生了深远影响，他的学生森普尔（E.C.Semple）则将这一思想传播到美国。

虽然环境决定论一直遭受强烈批评，但其历史进步性和合理内核也应受到尊重：首先，它以强调自然环境的作用否定了"神权统治"，从而激励了对地理环境的科学研究，有助于破除神秘主义和迷信思维；其次，它强调关注人与自然、人与环境的关系，从而为人文地理学与自然地理学的合作研究明确了方向；最后，也是最重要的，它强调了环境对人类生存和发展的极端重要性，从而为强化环保意识和生态意识奠定了基础。在环境决定论者看来，环境的影响虽然是"主要的而且必要的"，但人的力量和作用也没有被完全忽视。在其发展过程中，环境影响人类的途径也由早期的气质、精神等方面，转向对生产力发展的综合影响，直接的、线性的、单向的、静态的"绝对的机械决定论"也由此转向动态的、网络的、关联的"相对决定论"（王爱民和缪磊磊，2000），这对于科学认识环境与文化的关系具有积极价值。

以马克思为代表的历史唯物主义者也非常重视地理环境的作用。马克思就曾指出，"任何历史记载都应从这些自然基础，以及他们在历史进程中由于人们的活动而发生的变更出发"；普列汉诺夫也特别重视"自然界对社会生产力状况的影响"，认为"被地理环境的特征所决定的生产力的发展，增加了人类控制自然的能力，因而是人类与周围的地理环境发生了一种新的关系"，也就是说，社会生产力既受环境影响，也会对环境产生反作用。那种片面强调环境对人的影响，特别是认为通过夸大环境影响种族生理、心理特征来解释环境决定作用的理论，显然是唯心、错误的；而综合分析环境对社会生产力的影响，并充分肯定人的主观能动性，则有可能解释人地关系的内在机理（蔡运龙，1996）。

（二）可能论

可能论，亦称或然论，源于维达尔·白兰士（P.Vidal de la Blache）的论述。他认为自然为人类的居住规定了界限，并提供了可能性；但是人们对这些条件的反应和适应则根据自己的传统和生活方式而不同。人类生活方式不完全是环境统治的产物，而是各种因素（社会的、历史的和心理的）的复合体。同样的环境可以产生不同的生活方式，环境包含许多可能性，对它们的利用完全取决于人类的选择能力（普雷斯顿·詹姆斯，1982）。因此，可能论者认为，在人与环境的关系中，环境并不是唯一起作用的因素，人的选择能力和创造力可以发挥重要的影响。维达尔的学生让·白吕纳（J.Brunhes）进一步指出，"自然是固定的，人文是无定的，两者之间的关系常随时代而变化"。他还将人类活动的基本事实分为三纲六目，以具体阐释人地相关原理。1922 年，法国年鉴学派的代表性人物、历史学家吕西安·费弗尔（L.Febvre）称这种理论为"或然论"，并将其论点归纳为，"世界并无必然，到处都存在着或然。人类作为机遇的主人，正是利用机遇的评判员"（李旭旦，1985）。

很显然，与决定论相比，可能论更强调了人类的选择力和创造力。但它作为一种抽象的观念，并未提出具体的模式和适当可行的方法来解决复杂的人地问题（王洪文，1988）。它的理论深度与环境决定论相比，还有很大差距，比如并未说明人类活动如何影响环境、改变后的环境又将如何作用于人类，而这正是人地关系理论研究最期待解决的问题。在白吕纳的研究中，有提出心理因素是地理事实的源泉，是人类与自然的媒介和一切行为的指导者，"心理因素是随不同社会和时代而变迁的；人们可以按心理的动力在同一自然环境内不断创造出不同的人生事实"。但问题在于，如果心理因素是最终原因，必然走向唯意志论；如果心理因素受地理环境的约束，则又回到了地理环境决定论。因此，可能论并未能摆脱把人地关系看成是因果链的思想怪圈（金其铭等，1987）。不过，维达尔及其弟子以可能论为指导开展了许多小区域的人地关系研究，以后卡尔·索尔文化景观学派的许多研究成果也可以作为可能论的生动案例。在笔者看来，可能论更加强调的是特定地方的人地关系形成机理，这对于解释不同地方的文化系统具有积极的借鉴价值，也对于区域生态文明建设具有指导作用。

（三）适应论

适应论是英国人文地理学家罗士培提出的，强调的是人群对自然环境的适应，即在长期通过文化的发展对自然环境和环境变化进行适应。这既意味着自然环境限制了人类活动，也意味着人类对环境的利用和利用的可能性（王恩涌，1995）。适应论与可能论不同，它认为人类对环境的适应是一种客观需要，而不是可能论者所说的"心理因素"，也就是说，适应论的适应是被动的，似乎与环境决定论相比，只是较多地认可了人类在适应过程中的主观能动性。

适应论、可能论和环境决定论，都将人与地理环境视为一个整体，进而分析人与地理环境之间的相互作用关系，只是环境决定论更强调环境对人类活动的"强制性"或"限制性"，可能论则强调人类活动在环境限制基础上的选择力和创造力，适应论则深受达尔文进化论思想的影响，强调人对地理环境的适应是经过长期相互作用中的试错而形成的，与"适者生存、不适者被淘汰"有相似之处。适应论的思想有助于指导地方生态文明建设，同时，也很好地揭示了在长期实践中积累的地方性知识和经验所具有的独特价值。

（四）文化决定论

文化决定论者认为，虽然自然环境对处于文明早期的人类社会或社团具有较强的影响，但技术进步才是文化发展的主要因素，它有助于增强人对自然环境的控制。因此，地理环境对人类活动影响力逐渐减小，而文化的作用则日趋明显。由于文化可以积累，并能长期延续，所以其影响力是加速增长的，而不同文化以不同的速度发展，便创造了具有各自特殊机会和限制条件的文化环境（德伯里，1988）。文化决定论走向极端就会产生征服自然的意识。《圣经》中有关神为人类创造万物、人主宰和统治万物的故事，本就为征服自然提供了信仰基础；培根的名言"知识就是力量"则鼓舞着人类为了统治自然而努力认识自然；洛克更是提出，"对自然的否定就是通往幸福之路"，进一步激励了向自然界宣战的雄心。而随着科技革命和生产力的发展，人类应用科技驾驭自然的能力不断增强，特别是信息技术革命以来，发达工业国几乎感受不到自然阻挡人类向地球索取的能力，于是征服自然的思想盛极一时。

不言而喻，文化决定论对人类社会生产力的发展也曾起到伟大的促进作用，而科学技术本身无论在过去、现在或将来都是协调人地关系的重要手段。但忽视自然的力量也会招致自然的报复，对资源的掠夺式开发和对环境的疯狂破坏，已经威胁到人类的生存和发展。因此，文化决定论思想的弊端也已被广泛认知。不过，如果将文化决定论的内涵理解为文化发展的水平决定着人类活动对环境的影响程度，从而引导各个地方的人们注重对自然规律的探索和地方文化建设，那么文化决定论也可能对生态文明建设中的地方文化发展发挥积极作用。

（五）生态论

美国地理学者巴罗斯将生态学的观点引入地理学中，认为地理学应论述人与自然和生态环境的相互影响；以后，随着人类活动对生物多样性和生态系统的破坏受到地理学者的关注，逐渐形成了人地关系的生态学研究方向（Robin，1983）。生态论的要义在于，将人类活动、生物作用、自然营力在一定的生态系统中加以整合，并为人地关系研究提供了结构与功能、营养层次与连锁反馈、生态平衡等生态学的研究方法和概念体系，从而以人类活动对生态系统的冲击为重点，探讨人地关系系统的作用机制。

生态学的研究优势在于探索生态系统内各个要素之间的相互关系，因此生态论的研究有助于结合物质流、能量流等，解析人地相互作用的内在机理，同时也避免了决定论、可能论、适应论等简单分析人地之间谁控制谁的误区，打破了自然和人文的二元论观点。同时，人类作为自然生态系统中独特的智慧生物，的确对生态系统的结构和功能都产生了巨大冲击，如能揭示人类冲击对生态系统的复杂影响，则有望在人地关系研究中取得实质性突破，并为区域生态文明建设提供坚实的知识基础。

（六）环境感知论

环境感知的研究是与心理学和行为科学的发展密切相关的。环境感知主要是指人们通过对环境中客观物体空间特性等的感知、认知，在头脑中产生空间映象或图式的过程。这里的映象（images）是指大脑通过想象可回忆出的物体图像，图式（Schemata）则是指基于经验产生的可使环境信息条理化的结构（沃姆利斯等，1988）。它们指导着人类利用和改造自然环境的实践。行为地理学有关空间意向图的研究就是环境感知研究的代表性成果。这类研究的最大特点就是考虑到人的差异性，因为对环境的感知是以人们从环境中获取信息并进行加工处理为基础的（Gold，1980），而在此过程中，无论是信息收集、信息过滤还是其他处理信息和以环境信息为基础指导空间行为决策的过程都受到个体生理、心理和实践经验等的影响。此外，环境感知还是时间的函数，在不同阶段环境中，点、线、面要素在空间意象图中出现的频率是不同的（周尚意和彭建，1998），因而感知的水平也是不同的。在一地长期生活的民族，在迁移到新的地区时，往往会选择那些地理环境与其原住地环境相似的地方，这主要就是因为移民头脑中存在着一种对其原住地的环境感知，而且这种感知会影响到他们的行为。例如，当欧洲人大量涌入美国阿巴拉契亚山以西地区时，北欧人倾向于定居在中西部靠北的地方，以及威斯康星州和密歇根州，因为那里气候寒冷，在大湖附近为冰川地形，与原住地的景观相似，更有趣的是，冰岛人还选择定居在了密歇根湖上一个名为华盛顿的小岛；而草原地区的乌克兰农民则大多选择在美国西北的草原地区仍然从事农业耕作，而英国矿工却在威斯康星州西南一铅矿地区继续其采矿生涯（王恩涌，1995）。当然，环境感知是一纵向循环过程，在不断的反馈中，特定的环境塑造了特定的文化，而不同文化又因其特有的价值理念指导和约束着人们的环境行为。

环境感知论有助于从更为微观的视角探索人地关系，从而能更透彻地认识和检验人地关系作用机理。特别是其对心理因素和个体经验的关注，为深层次思考人地之间的协调机制奠定了基础，也更具有实践指导价值。本书对地方认同的关注也与环境感知存在密切联系，因为认同和情感也都是环境感知的结果。由于环境感知的研究更为微观，也更适合在区域尺度的生态文明建设中进行应用。当然，由于个体行为受到复杂因素的影响难以测量，环境感知论的理论和实证研究都还远未达到人们的期盼。

（七）协调论

协调，是指自然界多样性中的统一，深受系统论和后现代主义思想的影响。自古以来，许多学者都提出，自然界各种不同事物之间具有内在联系和相互制约性，而谋求人地关系协调的思想也由来已久。自20世纪60年代以后，逐步形成了人与环境之间的"和谐论"，从而奠定了现代地理学的统一性与综合性（金其铭等，1987）。协调论的思维已经摆脱了把人和地理环境简化为因果链的两端、纠缠于谁决定谁的思想怪圈，并强调人地关系是复杂的巨系统，因而要服从系统论的基本规律，系统中的任何一个成分不可无限制地发展，其生存与繁荣不能以过分损害另一方为代价，否则自己也会失去生存条件（蔡运龙，1996）。因此，人与自然应该"互惠共生"，保护地理环境也是保护人类自身的内在要求。可持续发展就是协调论的代表性成果，它有助于人与自然、人与人的和谐共处，也有助于各个地方人类文化的延续和发展。

协调论目前是人地关系的主流理论，其核心思想对生态文明建设具有重要的指导价值。但在实践应用层面，人们更多的只能在微观尺度看到协调论思想的指导成果。这也从侧面反映出从区域尺度开展生态文明建设的必要性。而纵观人地关系论从环境决定论到文化决定论再到协调论，实际上，其理论视角也是基于不同时空尺度的。地理环境决定论主要是在宏观尺度分析了地理环境对人类活动及人类历史的影响和控制，所得结论具有综合性和历史性；而文化决定论则是从微观尺度上观察到人类活动对自然地理环境的改造和局部控制，结论具有时效性；而人地协调论是从中观层次上，既认识到地理环境永恒和多样化的控制作用，又尊重了人类活动的主观能动性和创造性，以不能实质性地改变地理环境为前提，主动要求与地理环境相协调，因而更具现实指导意义（赵明华和韩荣青，2004）。也就是说，现在主要从微观层面上展现的生态文明建设成果有可能在更大的地域范围内实现。此外，可能论、适应论、生态论、环境感知论等的研究，也大多在区域或更微观的尺度展开，因此，对于特定地方的人地关系协调发展更具指导价值。

在以往的人地关系论中，文化都是被包含在人类活动之中的，它既是人类活动的成果（如建筑、土地利用等物质文化特质），也是人类活动的指导和约束因素（如人地观、土地利用制度、法规等精神和制度文化特质）。有研究认为，应该将文化视为人和地之间自组织的关键，视为独立于"人"与"地理环境"的变量，并且是"人""地"系统联系、相互作用与演化的纽带，从而构建起由"人""地""文化"形成的三元结构模式（吕拉昌和黄茹，2013）。这样的研究思路进一步凸显了人地关系发展中文化的作用，也表明了本书从地方文化传承和发展的角度探究生态文明建设路径的独特价值。

三、人地观演进对地域人地关系的影响

人地观会影响人类利用和改造自然环境的实践，因而对地域人地关系系统会产生重要影响。从人地观演进的总体历程及代表性的人地关系理论看，人们对自然环境的态度总体上是由臣服、敬畏走向盲目轻视，再回归理性善待。当前，主流的人地观都强调人与自然是息息相关的，但在自然面前，人类不是无所作为的，而是要基于不断发展的生产力水平，更好地维护和保护自然资源，修复和改进自然生态系统。也就是说，人在人地关系系统中是有主观能动性的，要善于探索自然规律并应用科学技术，合理变革、维护自然界的有序结构、平衡状态和再生能力，因此，具有生命力的人地关系理论应该能包容人类中心论、生物中心论和生态中心论（杨通进和徐嵩龄，1999）。另外，由于人类社会历史发展的差异，面对具有明显外部性的生态环境问题，不同地方的利益分配一定会存在矛盾，这也会影响到人地关系的和谐（叶岱夫，2001）。因

此，当前环境领域的全球合作治理受到广泛关注，大多数地方都承认，只有以全球整体利益为出发点来加强环境保护，才能使地球生态系统更具安全性和包容性。不过，由于不同主体之间的人地观存在差异，虽然在言语上都表达了国际合作的意愿，但在行动中，类似卡特尔的背叛行为屡见不鲜，不仅达成协议的讨价还价过程极其艰难，更是难以真正将协议落到实处。因此，在改善人地关系的过程中，很有必要关注人地观的地域差异及其影响。

人地观的地域差异不仅与生产力发展水平的空间分异相关，也受到地方文化理念的影响。虽然各个地方的原始人类都表现出对自然的恐惧与依附，但至迟在农业文明发展初期，各个地方的人地观就出现了明显差异。例如，古希腊哲人擅长将自然视作外在于人类的、独立的认识对象，从而形成了较为发达的自然哲学。虽然中世纪的西方，科学也曾是神学的婢女，但源自古希腊的主客两分意识，还是很快促进了近代西方自然科学的发展（东西方文化发展中心，1999）。而中国早在先秦之际，《庄子·齐物篇》里就记载下"天地与我共生，而万物与我为一"的理念。以后诸子百家虽对人地关系的认识有所不同，但"民胞物与"的理念更被普遍接受①。这也较好地协调了中国农耕社会的人地关系，使不少地方克服了人多地少的矛盾，创造出优秀的地方文明。而西方主客两分的认识，随着人文主义和科学精神的觉醒，会引导科学的发展，也会导致文明走向与自然的分离和对立。因为"按照笛卡儿的解释，我们与地球无关，有权将地球视为一堆无生命的资源，可以随意掠取"（戈尔，2012）。也许按照"天人合一"原理生活的东亚人未能自发地走出农业与手工业相结合的自然经济轨道，停留在"前发展"的原始农业社会或"低发展"的高度农业社会；而西方人则从主客两分的思路出发，走向征服自然、向自然索取的路径，率先跨入"高发展"的工业社会，开辟了文明史的新纪元（东西方文化发展中心，1999）。但工业文明在造就巨大物质财富的同时，也带来了触目惊心的环境问题。过去西方人"相信对环境的征服是上帝的意旨、上帝的计划"（赵世瑜和周尚意，1991），但在生态危机中，更有必要重温"天人感应论"，相信"天地人，万物之本也……三者相为手足，合以成体，不可一无也"②。虽然不同地方在不同主流人地观的引导下走过了不同的人地关系发展历程，但越来越多的人相信，"我们连同我们的肉、血和头脑都是属于自然界，存在于自然界的；我们对自然界的整个统治，是在于我们比其他一切动物强，能够认识和正确运用自然规律"，而随着生产力的进步，"那种把精神和物质、人类与自然、

---

① 张载：《西铭》。

② 董仲舒：《春秋繁露·立天神》。

灵魂与肉体对立起来的荒谬的、反自然的观点，也就越不可能存在了"（恩格斯，1971）。因此，各个地方的主流人地观在农业和工业文明时期确实有过显著的差异，并导致了各个地方人地关系的不同演进过程，但随着生产力的进步和生态危机的爆发，各个地方的主流人地观都倾向于吸收与自然和谐相处的内容，都不喜欢简单重蹈先污染、后治理的增长路径，这对于各个地方基于特色文化传统，优化人地观和人地关系、建设生态文明都具有积极的价值。

第三节　地方文化发展中的人地关系演进

文化的内涵十分丰富。虽然有数百个不同的定义，但一般都认为，文化是人类群体的特殊成就（克罗伯和科拉克洪，2000），而无论作为"已改造的环境"或"已变更的人类有机体"（马林诺夫斯基，1987），文化的两种主要成分都渗透着人与地理环境的关系。因此，人地关系是地方文化系统的重要组成部分，而人地观则是价值理念层面重要的文化特质。在地方文化的发展中，无论物质、制度或精神层面的许多成果都是和谐人地关系的体现；而人地关系的失衡，则可能造成地方文化的衰落甚至消亡。因此，许多特色地方文化都折射出和谐的人地关系，而生态文明建设中人地关系的重构和优化则将为地方文化发展创造新的契机，优秀地方文化也可能在区域生态文明建设中得到更好的传承。

一、人地关系是地方文化系统的重要内容

文化的概念众说纷纭，相关研究也散见于各个人文学科。但自 20 世纪 60 年代开始，英国伯明翰大学当代文化研究所（CCCS）推动开展了文化研究，对文化现象和理论的研究都取得了新的进展。在伯明翰学派的代表人物威廉斯（1991）看来，"文化"主要是在三个相对独立的意义上使用的：一是指知识活动尤其是艺术活动的作品与实践，这被认为是人文学者的研究领域；二是具有特殊生活方式的符号特质，这主要是人类学家与社会学家考察的对象；三是作为发展过程的文化，这主要体现在历史学家的研究成果中。而伯明翰学派的另一代表人物霍尔（1991）则认为，文化包括公开的和隐蔽的两个层次，并且"文化所隐藏之物大大甚于其所揭示之物"，并且"它能隐藏的东西最难为其自身的参与者所识破"。而在 1838 年，拉厄根·佩吉亨就最早采用了"文化

科学"一词；克罗伯也较早提出了文化学的基本概念和原则；目前，文化学已经被视为研究人类文化系统、揭示文化发展一般规律的科学（顾嘉祖，2002）。由此，系统论思想也被引入文化学的研究中，文化被视为是人类社会的一种分系统，是由社会建制、实践活动和观念形态三个分系统所构成的系统（苗东升，2012）。由于一定文化主体总是在一定地理环境中同大自然实现天人合一的，所以生存地域的气象、地理、生物等特点必定会反映在文化的观念形态中，天人合一也只能是特定部分的人与特定部分的天相整合，而且需经历特定历史过程的积淀，因此文化系统具有地域性（苗东升，2013）。同时，作为文化系统还具有恒动性特点，其演化动力主要来自政治和经济系统，但又具有一定的独立性（苗东升，2014），这也使得文化研究越来越多地受到国际政治等相关学科的关注（秦亚青，2003）。而在文化系统的结构和功能研究中，文化结构学派及结构功能主义理论的影响最为深刻，从表层结构到隐藏在社会关系背后的深层结构，以及更具模式化的心理结构，文化作为整体存在的"超有机体"，主宰着丰富多样的文化现象（罗超，2004）。而作为文化系统中为完成某种功能而无须再分的最小单元，观念型文化、制度型文化和技术型文化被视为最主要的三个文化因素（柏贵喜，2002），它们大致对应了常说的精神（理念）文化、制度文化和物质（器物）文化。而在强调地理视角的区域文化综合体研究中，文化景观结构、文化区域结构等受到更多关注（许桂灵和司徒尚纪，2006），但这与从理念、制度和器物层面考察地方文化的思路并不矛盾。由此看来，对地方文化系统的研究不仅要关注器物、制度层面的文化现象，更要关注隐藏在文化现象背后的隐形文化，包括精神或理念层面的文化，也包括制约特定地方文化发展的地域因素和历史因素。

　　从相关概念看，人地关系及其演化进程是地方文化系统研究的重要内容。这不仅因为人地观和人地关系理论都对地方文化精神具有重要影响，许多与生态环境保护相关的制度、仪式等也可视为制度层面重要的文化特质，还有不少适应地方自然环境挑战的独到技术和器物都是地方物质文化的组成部分，更重要的，地方特色文化系统常常就是在独特的自然环境中，经由人与环境长期相互作用的产物，是特定地方的天和特定地方的人"天人合一"的成果。因此，人地关系作为地方文化重要的隐形变量，广泛渗透在地方文化的许多特质之中。地方文化的许多价值理念、制度仪式和技术、器物等，都是在特定的自然环境中，经由人的主观能动性而创造的。整个地方文化系统的历史演进则体现了人地关系的长期变迁，因此，无论是人地关系的理念还是成果都在地方文化系统中刻下了深深的烙印。

作为在脆弱的高原生态环境和贫瘠的自然资源环境中长期孕育、发展的特色文化系统，藏族文化就在整体上和各个层面都折射出地域人地关系的特点。由于自然环境恶劣、自然资源弥足珍贵，藏族的精神文化与物质文化都以保护自然环境为前提，保护自然、珍惜一切生物生命也成为藏族文化的基本特征；在相对封闭的高原地理环境中，藏族文化强调谨慎地利用高原内部资源来求生存发展，封闭性、内向性和节俭性是其基本倾向；受东方民族综合思维模式的影响，藏族文化主张整体和谐、同一和合、中和顺从，进而建构了人、神与自然为一体、同生共存的自然 - 人文生态系统；而无论是高原本教文化还是适应高原环境而发展起来的藏传佛教文化也都成为其独特地方文化系统建构的参照系和指导思想。从价值理念层面看，藏族文化强调万物一体、崇敬自然、尊重生命的价值观念，并通过宗教，建构了外器（自然环境）与有情（生物世界）世界，形成了天、地和地下三个层次的宇宙模型，引导藏民将整个藏族聚居区和每一个区域（通常以部落为区域单元）都视为一个完整的自然-人文生态系统，并以此赋予日常生活和社会活动以"意义"，使民众在恶劣的环境中处于安然、和平、充满希望和精神寄托的社会活动中；在制度和物质层面，藏族文化主张奉行和谐、节制的生活方式，强调局部的、有限的经济开发活动，以维持人的基本需求为目的，并不鼓励高消费，在物质生活与精神生活的关系上，更注重对精神生活的追求，在清贫的物质生活环境中创造了丰富的精神文化产品。在藏族聚居区，世俗社会的基本设施、物质产品、生活方式极为简单朴素，人们更注重于对信仰世界的追求，注重与自然环境的融合，这就保证了藏族聚居区绿色植物的生产量大于消耗量，野生动物与植物资源保持了多样性。而在个人与社会的关系上，认定自然的物产归自然，社会的财富归集体，通过社会的统一管理和使用，有效地控制了个人由于利欲而对自然资源进行抢占破坏。而在生产方式上，则创造了与高原自然环境高度和谐的高原游牧方式。以独特价值理念和生产方式为基础，藏族文化还创造了人与自然和谐统一的审美境界，虽身居高寒荒原，但"着意化荒凉为优美，使青藏高原带上了神奇而吉祥的色彩，雪山成了神山，草原变得美丽吉祥，圣湖涌现人间百象，而朝圣的每一步路都是珍贵可吻"（南文渊，2000）。在极其恶劣的自然环境中，藏族人仍"诗意地居住在大地上"，这种独特地方文化正处处体现着人地和谐相处的智慧。

二、地方文化发展与人地关系的演进存在紧密联系

在地方文化与地方人地关系的紧密联系中，生产力水平是重要的中间变

量。因为生产力水平不仅制约了人类认识和改造自然的能力，也制约了人类创造文化的能力。从精神或价值理念的层面看，不仅人地观的演变是与社会生产力密切相关的，而且马斯洛需求层次原理也揭示出人的精神需求的提升正是生产力水平提升的结果，所谓"仓廪实而知礼节"，地方的价值观、道德观是与生产力的发展紧密联系的，当然其间并非线性相关的关系，比如在原始时期，生产力水平较低，集体主义意识和奉献精神往往更强，而在私有制出现后，个体意识和私欲反而可能膨胀，直到更高生产力水平，才又重回"予人玫瑰，手有余香"的境界；在制度层面，也是生产力发展促进了人们更好地设计人与自然、人与人之间关系协调的规则；而在物质或器物层面，更高水平的物质文化成果一般也是更高生产力水平的表现，同时，也体现了协调人地关系的更多智慧。另外，生产力水平的提升也是地方文化和地方人地关系演进的重要成果，因此，它们之间并非是简单的因果链关系。

从动态的视角看，地方文化中留存至今的许多优秀成果正是和谐人地关系的体现，典型的，如宏村等世界文化遗产，都是很巧妙地适应和改造自然环境的范例；而地方文化发展遭遇的许多挫折也都与人地关系的失衡有关，如古巴比伦文明和古楼兰文明的衰落等。因此，可以说和谐的人地关系是推动地方文化持续、健康发展的积极力量；而人地关系中的矛盾、冲突也会为地方文化发展提出新的课题，这可能是地方文化在更高水平上优化发展的契机，也可能导致地方文化的衰落，关键要看能否以智慧和力量将人地关系重新调整到和谐的状态。不少西方发达国家都在生产力迅速发展的过程中，盲目轻视自然的力量，导致了严重的生态环境危机，但由于较好地调整了对人地关系的认识，建立起有效的危机应对体系（包括制度和技术等），都已逐步克服地方性生态危机，重生的泰晤士河、重见蓝天的洛杉矶城都是这方面的典型案例。倒 U 形的环境库兹涅茨曲线则从发达国家经济发展与环境污染之间的关系，一定程度上展示了地方文化与地方人地关系之间可能的变动趋势，即早期地方人地关系与地方文化处于低水平均衡状态，随着生产力的发展，地方文化发展与人地关系之间存在矛盾和冲突，但当生产力发展到较高水平，人地关系将在高水平文化建设成果的基础上实现高水平的均衡。当然，由于环境的破坏有时是不可逆的，人地关系与地方文化之间的张力也必须约束在一定的范围，否则地方文化将陷入衰退，甚至消亡。而作为地方精神文化特质之一的人地观，也会随着地方生产力水平的变化而逐步调整，虽有滞后性，也可能出现错误或挫折，但人类的智慧终将引导人地观的调整和优化，以适应地方文化持续发展的内在要求。

三、区域生态文明建设中的人地关系重构为地方文化发展创造新契机

生态文明建设是以人地关系的重构为基础的。在区域生态文明建设中，首先要普及人与自然和谐相处的人地观，这就会改变以往"强人类中心主义"或"环境决定论"的思想，强调人类作为地球上的智慧生物，代表所有生命物种的利益，承担起地球生态环境管理者的责任（伊武军，2001），并在此基础上，基于地方性经验，创造具有地方特色的生态文化，从而为地方文化精神注入新的元素。其次，生态文明建设是以法律制度体系为保障的系统性工程，不仅地方传统社会中与资源环境保护相关的不少村规民俗可能重新得到确认，还可推出更多与地方自然地理环境相关的资源环境保护、利用举措，从而能丰富地方制度文化建设的成果。最后，区域生态文明建设将积极结合科技进步成果和地方性知识，更高效率地推进自然资源的开发利用，更高水平地开展环境治理和环境保护，从而创造出许多新的、更为适应地方生态系统特色挑战的物质文明成果，这也将推进地方文化系统的创新性发展。美国南部大平原地区在应对沙尘暴危机、重建和谐人地关系的过程中，就较好地实现了地方文化的优化发展，在价值理念、制度体系和管理技术等方面都积累了更多经验。如今的中部大平原，和美国其他地方一样，总体上呈现出环境优美、经济发达、社会和谐的景象。

值得指出的是，区域生态文明建设特别强调对地方性知识的发掘和应用，这就为传统地域文化的保护和传承创造了新的契机。许多已经几乎被遗忘的地方文化成果将可能展现出独特价值，从而在新的市场经济环境中获得新生，而地方文化也会在综合运用全球最新技术成果和地方性传统知识的过程中，更有效率、更有特色地实现持续、健康发展，因此，进一步探讨区域生态文明建设中的地方文化传承问题很有必要。

第四章
区域生态文明建设中的地方文化传承

地方文化（也称地域文化）是在长期的历史发展过程中传承、创新、扬弃、积淀而形成的、具有浓厚地方特色的文化综合体。它既包含了应对特定自然地理环境挑战的成果，也是当地世代乡民的情感寄托。在全球化和现代化深入发展的背景下，地方文化不仅是漂泊异乡者的心灵归宿，也是文化多元化条件下地方竞争力的重要源泉。中共十七届六中全会提出，文化已"越来越成为民族凝聚力和创造力的重要源泉、综合国力竞争的重要因素，以及经济社会发展的重要支撑"，为维护国家文化安全，"增强国家文化软实力和中华文化国际影响力"，有必要建设优秀传统文化传承体系，"取其精华、去其糟粕，古为今用、推陈出新，坚持保护利用、普及弘扬并重，加强对优秀传统文化思想价值的挖掘和阐发，维护民族文化基本元素，使优秀传统文化成为新时代鼓舞人民前进的精神力量"[①]。在此背景下，很有必要以区域生态文明建设为契机，在发掘、利用地方性知识、经验的过程中，更好展示传统地方文化的独特魅力和现实价值，以构建区域生态文明建设与传统地方文化传承之间的良性循环。

第一节　地方文化传承的内涵与目标

在人口大规模流动的背景下，越来越多"无根"的人们期望能从家乡的传统文化中找寻"乡愁"，因此，无论是发达国家还是发展中国家，都愈加重视

---

① 人民网，中共中央关于深化文化体制改革推动社会主义文化大发展大繁荣若干重大问题的决定，http://theory.people.com.cn/GB/16018030.html[2011-10-26]。

传统文化的传承，将其视为凝聚地方认同和增强文化竞争力的重要资源。但传统文化毕竟有其时代局限性，在现代流行文化的冲击下，普遍遭受传承的困难。特别是在我国，"文化大革命"所造成的"文化断层"尚未弥合，又受到全球化时代外来文化的复杂影响，保护传统文化面临着更大挑战。人们在物欲横流的环境中，倾向于过度追求物质享受，而相对忽视了传统文化的教化意义；对科学的片面迷信，又使不少人将现代化与传统文化对立起来；而急功近利的"开发"更使得传统文化遭遇毁灭性打击。以作为中国传统文化重要载体的古村落为例，据中国文联副主席冯骥才介绍，在 2005 年全国仍保存着代表性民居和民俗的古村落还有约5000座，而到2012年10月，只剩下2000~3000座，7 年消失近一半（王学涛，2012）；而另一相关研究也显示，我国长江、黄河流域，以及西北、西南17个省份中颇具历史、民族、地方文化和建筑艺术研究价值的传统村落从 2004 年的 9707 个减少至 2010 年的 5709 个，平均每年递减 7.3%，每天消亡 1.6 个传统村落（胡彬彬，2012）。也就是说，传统地方文化的传承在当代中国面临巨大挑战，文化保护的需求与现状之间存在很大差距，而要切实推进传统地方文化的保护和传承，首先还要明确保护的客体和目标。

一、传统地方文化的内涵

一般认为，地域文化是指以地域为基础、以历史为主线、以景物为载体、以现实为表象、在社会进程中发挥作用的人文精神（路柳，2004）。这里的"地域"是指具有特色自然和人文地理环境的地表空间，是承载千百年来居住于其上或路过其间的人们情感和记忆的地方；而这里的景物，则是人类的创造物，更多的被称为景观；至于这里的文化，则主要是精神层面的文化，虽不是许多人所说的价值观，但也包含着特定地方相对一致的价值理念。因此，地方文化的概念至少是有四层含义的：它首先是特定的地理环境，是人类与地理环境长期相互作用的产物；其次，它是有历史过程的，也就是不断伴随着传承、创新、扬弃和发展，因此，传统地方文化保护的困难在各个历史时期都是存在的，只是在全球化时代，由于文化的传播扩散更为普遍和快捷，传统地方文化被全球主流文化同化的危险就更为突出；再次，地方文化是个综合体，景观是载体，现实是表象，而最深层的是地方文化精神，是相对一致的价值理念的体系；第四，地方文化是与情感和认同密切相关的，没有情感和认同，也就不能在社会进程中真正发挥作用。地方文化的概念是与文化地理学中文化区特别是以多种文化特质划分的形式文化区存在密切关联的。地方文化的边界常常就是多种以单一文化特质划分的形式文化区边界的高度重合处。不过，地方文化的相关研究更多关注地方特色和当地人心理上的认同与依恋，因此很少关注地方文化之间的确切边界。

在地域文化综合体的研究中，地方文化被认为是特定地方人类物质和精神财富的总体，展示了文化形成、发展和持续演变过程中独特自然环境和人文社会环境的影响（程民生，1997）。很显然，这样的认识更为关注特定时空中的地方文化。此时地方不仅是与空间有关的概念，也承载着时间的积累。毕竟地方文化特色的形成，不仅是适应特定自然地理环境挑战的结果，更包含着千百年来许多历史和传统的影响，折射出人文地理环境的作用，而自然环境和社会环境也的确都会在文化形成演变的过程中影响和制约人们的生活方式与思维习惯（李敬敏，2002）。因此，探索地方文化特色的形成机制，将可能揭示人地关系的作用机制，也可能为区域生态文明建设提供有益的借鉴。由此，本研究认为，地方文化是人类与特定地域的地理环境相互作用的产物，深深镌刻着自然地理环境的作用痕迹（孔翔和陆韬，2010），也折射出人对地理环境挑战的反应及特定地方人与人之间的关系。地方文化不仅是人地之间长期交互作用的成果，曾经影响地方发展的过去，也可能影响地方发展的未来。当前，文化在"更好满足人民精神需求、丰富人民精神世界、增强人民精神力量"等方面的作用日益明显，重视地方文化的传承和发展也就有了更为重要的价值。

虽然地方文化已经包含历史和传统的因素，但不少研究都特别关注传统地方文化，以利于传承至今的优秀地方文化元素的保护。同时，这里的"传统"并非是与"现代"相对立的概念，而是历史上流传至今的文化特质。本研究重点探索的是传统文化对生态文明建设的启示价值，因此，重点考察的是人地关系大体平衡时期的传统文化。由于在农耕社会之前，人类的生产力水平过低，只能臣服于自然；而在工业文明兴起以后，人类又过度陶醉于征服自然的胜利。本研究所指传统地方文化主要是指自农耕文明繁盛时期流传至今的地方文化综合体，而我国最典型的传统地方文化也主要是较好地保存着农耕文明繁盛时期的人类创造物，因此，这样的研究具有现实价值。在研究中，将重点考察与人地关系相关的内容，特别是特定地方有助于人地关系协调的经验及其对当前区域生态文明建设的借鉴价值。由于留存至今的传统地方文化大多记录着特定地理环境中的先民在生产生活中与当地独特自然环境相适应的过程或主要片段，而能够在不断扬弃中仍能流传至今的，往往是较好地克服了人地之间的矛盾，因此，很可能是有助于区域生态文明建设的地方性经验，同时，传统地方文化至今仍是现实存在的文化综合体，是诸多物质文化特质和非物质文化特质的集合，包含在农耕文明时代适应特定地方地理环境逐渐形成且传承至今的一整套生活方式和符号体系，并在地方经济社会发展中继续发生着作用，因此对这类传统地方文化的考察会具有现实价值。

古村落就是一类保存着传统地方文化的空间。村落作为一种典型的人类聚落形式，是人类聚集、生产、生活和繁衍的最初形态，包含房屋及与居住相关的生产生活设施（赵荣等，2006）。而作为与农耕文明密切联系的聚落形式，不少村落都或多或少保存着农耕文明时代重要的物质和精神文明成果，因而也成为传统地方文化的重要空间载体。由于农业生产一般要求就近居住以照管农作物，所以，村落不仅是生活的空间，也常常与生产有着密切联系，成为整体展现特定地方人们生活方式的平台。而历史悠久的古村落更是积淀下丰富的传统文化元素，在传统聚落、历史文化村落等的相关研究中颇受重视。中国古村落保护与发展委员会曾以时间维度界定古村落的概念，认为古村落就是那些源头在明清之前至今已有五六百年历史的村寨聚落；刘沛林（1997）则认为，古村落是古代保存下来村落地域基本未变，村落环境、建筑、历史文脉、传统氛围等均保存较好的村落，这样的定义应该与其着重研究古村落的文化意象相关；丁怀堂（2007）则提出，古村落应具有比较悠久的历史、丰富的物质和非物质历史文化遗存、基本保留原来村庄的体系、具有鲜明的地方特色等四方面特征。而在本研究看来，古村落首先是在农耕文明繁盛时期留下的聚落形式，是农耕社会物质和精神文化的重要载体，因而古村落文化保护研究对传统地方文化保护研究具有借鉴意义；其次，古村落不仅是典型物质文化景观的载体，更是传统生活方式和价值理念传承发展的空间，因而能够较好地体现特定时空环境中人地关系的特点，从而有助于汲取生态文明建设的养料；最后，留存至今的古村落往往较多保留下某个历史繁盛时期代表性的物质和精神文化成果，但以后又经历了相对孤立和缓慢发展的时期，因而可能在现实中处于相对落后和贫困的状态，这就使古村落保护面临两难困境：一方面保护古村落可能留下弥足珍贵的历史记忆；但另一方面，保护又常常难以满足古村落居民急于追求富足生活的需求，因而急需探索更有效的保护路径。总之，古村落文化蕴含着丰富而连续的历史记忆，承载着历史上形成的具有地方特色的生活方式，是一种典型的传统地方文化。本研究基于徽州古村落的探讨会有助于更多地方的传统文化保护和生态文明建设的实践。

二、传统地方文化保护的时代价值

传统地方文化作为在特定地理环境下、历经历史演变积淀而成的文化综合体，对于区域发展仍具有经济、社会、文化和生态等多方面的价值。具体地说，传统地方文化对于区域经济发展，不仅是重要的经济资源，同时也具有可供借鉴的样板价值，以往研究显示，人们不仅相当重视传统文化作为旅游资源的开发潜力，同时，也注意到其作为特定时空环境下经济发展模式的示范价值和试错意义，不少地方的发展规划也都已大量借鉴传统文化中的积极元素。例如，文化遗产就不仅将给所在地居民带来可持续的旅游收入，还能通过景区资源的综合开发获取更多的经济利润（郑易生，2002），同时文化旅游资源的商业性开发还会改变人们对传统文化的态度，促进传统文化的保护。也就是说，挖掘传统地方文化的潜在经济价值会促进文化保护（汪宇明和马木兰，2007）。当然，局限于从旅游开发层面来认识传统文化的经济价值还相当片面，传统文化对于现代区域经济发展模式的选择更具有参考借鉴价值，同时也是地方凝聚力的重要凝结核，可为区域经济发展发挥推动作用。此外，传统地方文化精神和价值理念还可能长期、持续地影响当地人的创造热情和生产、消费方式（欧人，2004），只是已有研究还较少探讨其中的动力转化机制。

　　文化是人类社会进步的成果，也是协调人与人之间关系的智慧总结。传统地方文化在地方社会的形成和发展中具有重要凝结作用，即使在当代社会，传统文化对增进人群地方历史文化认同的作用仍不可小觑。例如，保存至今的文化遗产能够作为当代社会对历史的利用和解释，来满足个人对社会种族、国家认同等方面的需求（Graham et al.，2000）；而地方文化中的往日景观及其丰富的文化内涵，则有助于人们追忆往昔工作、生活的场景，不仅延续了特定地方的历史，更延续了具有地方特色的生产、生活方式（贝克，2008），它们同时还提供了记忆的连续性，增强了地方感和地方认同（丹尼尔·贝尔，2007），而标志性传统文化景观所承载的独特文化内涵和历史故事，更折射出特有的地方意识形态，是特定地方的人们实现社会化进程的重要基础（Antrop，2005）。也就是说，传统地方文化携带着历史情感、国家和民族的象征及信仰，巩固了个人、民族和国家的文化认同（庄孔韶，2009）。

　　在文化价值方面，传统地方文化的保护有助于延续世界文化的多样性，而作为历史时期物质和非物质文化成果的遗存，不少传统文化还具有标本价值，能丰富文化创造的基因库。在全球化和工业文明发展之前，各地的地方文化都必须以较低的生产力水平为基础，适应当地的自然和人文环境要求，同时，较少交流，因而全球的文化是多样的和各具特色的。但在全球化和工业文明迅速扩散的背景下，大多数开放地方的文化迅速被西方主流文化同化，尤其是生产力水平较低的地区，原有地方文化迅速被瓦解，人们都来不及权衡传统文化的利弊得失，留下可能更具地方价值的文化基因，就迅速成为现代化进程的俘获者。反倒是工业文明发展最早的地方，相对缓慢地推进现代化进程，在去粗取精的过程中留下了较多传统地方文化的精华。因此，越是对发展中经济体而言，保护传统地方文化的困难和挑战越大，越可能出现"千区一面、千城一面"的尴尬，越有必要重视优秀传统地方文化的保护和传承。

而在生态价值方面，由于传统地方文化大多形成和发展于生产力水平较低的阶段，当时的人们更多从内心深处拥有对自然的敬畏与尊重，所以留存至今的文化成果中更多闪烁着顺应自然规律、合理开发和利用自然的智慧，可能有助于适应地方特色环境更高效率地促进人与自然的和谐共处，这正是生态文明建设的内在要求。典型的，如不少古村落的土地利用方式和特色文化景观就是克服当地自然条件特色难题的成果，如能加以保护，将不仅有助于维持多样性和可持续发展的景观体系，使文化景观更具识别性（Antrop，2005），同时，也能成为当地社会在更高生产力水平下实现人地和谐相处的有益借鉴。

总之，传统地方文化在促进当地区域发展的过程中仍会具有多方面的积极价值，它们不仅可能成为重要的经济资源和发展模式样板，更可能成为社会凝聚力的源泉，并在推动地方经济社会可持续发展和文化繁荣方面展现出独特的积极价值。

三、传统地方文化保护的基本目标

传统地方文化是由物质、制度和精神层面诸多文化特质组成的文化综合体，其保护也应是对整个文化综合体系统、综合的保护。如果说对物质层面的保护可以借助技术手段尽可能地维持物质文化景观的原貌，那么在非物质层面，文化保护的关键就是要让文化精神得以延续和传承，以扬弃的方式，使积极的传统地方文化要素更好地发挥作用，同时，传承和强化地方文化的特色。如果在传统地方文化保护中仅仅留下了物质外壳，将其以文物的形式放在博物馆里供人参观，而无法传承和延续文化的灵魂与精神，那么，这种文化将丧失生命力，也无法对现代社会发挥本应具有的多方面价值。这样的保护与其说是保存了文化，不如说是保存了文物。因此，传统地方文化保护应是系统性、活态地传承地方文化综合体，从而使文化保护与地方经济社会发展实现良性互动。

有关传统文化保护的研究近年来受到学术界的广泛关注，国外先进的传统文化保护理论成果和实践经验也促进了我国传统文化保护的理念创新和技术水平提升。虽然，当前在传统地方文化保护中，地方文化精神的消失将比物质文化成果的破坏更难抢救，急需实现以静态地保护物质遗存为重点的保护模式向以保护文化精神和建立地方文化认同为基础的新模式转变，国际上有关文化遗产保护的研究成果仍对确立保护传统地方文化的目标具有借鉴价值。

文化遗产可分为物质文化遗产和非物质文化遗产，分别受到联合国教科文组织《保护世界文化和自然遗产公约》及《保护非物质文化遗产公约》等的约束，同时，每年召开的世界遗产大会（即联合国教科文组织世界遗产委员会会议）会审批《世界遗产名录》，并监督指导已列入名录的世界遗产保护工作。根据联合国教科文组织在《世界遗产公约》中的定义，物质文化遗产是指在历史、艺术或科学等方面具有突出的和普遍价值的历史文物、历史建筑和人类文化遗址（Mayor，2002）。相关研究重点关注了工业遗产、历史文化街区及文化景观等的管理和可持续利用等问题，不仅重视通过立法手段来强化遗产保护，也会综合运用成本核算法、市场价值法、替代市场法、假设市场法等多种价值评估方法，对历史文化遗产的管理运营展开研究（Beltran and Rojas，1996；Hansen，1997；Kim，2007），以促进文化遗产可持续的保护和利用。在遗产保护的技术方法上，不仅关注保存、改造、复原、重建、景区开发、城区更新或振兴等常规方法（Croci，2000），也重视对遗产保护的相关高新技术手段的研究（Sutton and Fahmi 2001；Angelides，2000）。不过，国外物质遗产保护也还面临资金缺乏、社会发展和环境压力、公众认知等各种挑战（Drost，1996），特别是公众认知的缺乏，会影响到遗产保护资金和其他资源的配置。国内对历史建筑和文化名城、名镇保护的相关研究比较丰富，尤其是区域尺度的文化遗产保护规划较多。例如，张松（1999）结合对平遥古城的研究，认为文化名城的保护可以延续城市的特征与个性；赵中枢（2001）则强调针对不同保护对象应采取不同的保护方法；苏勤和林炳耀（2003）认为，保护文化景观不能忽视景观背后自然环境的作用，因而要注重保护景观背后的文化系统和文化生态，由此，生态博物馆、民族传统文化保护区和民族文化生态村等可以成为有效的地方文化保护形式（杨雪吟，2007）。

随着 2003 年《非物质文化遗产公约》的出台，通过整合人类学、民俗学、民族学等相关学科的研究成果，非物质文化遗产保护研究取得了积极的进展。按照《非物质文化遗产公约》，非物质文化是指"被各群体、团体有时为个人视为其文化遗产的各种实践、表演、表现形式、知识和技能，以及其有关的工具、实物、工艺品和文化场所"，与物质文化遗产相比，更强调"活态传承"的特点。Blake（2000）曾从梳理文化遗产相关的概念内涵出发，为非物质文化遗产保护提供了一个历史性、渐变性与关系性的立体型概念体系；

Condominas（2004）则结合对口述文化与书写文化的历史变迁研究，阐述了保护无形遗产的目的、困难，以及所应具备的意识、方法与技巧，并探讨了以非物质文化遗产为节点的关系性问题；Demotte（2004）也结合对比利时的法国人社区研究，从法律层面探讨了国家有关非物质文化遗产的政策，强调需要通过落实特殊待遇来提升公众的保护意识。国内有关非物质文化遗产保护的研究主要集中在民俗学与人类学领域。例如，贺学君（2005）从民俗学的立场探讨了非物质文化遗产的内涵、特征及其保护本质、原则、主体和价值等；辛儒等（2008）则结合对方言保护的研究，探讨了非物质文化遗产的属性；黄涛（2007）主要分析了传统节日文化的保护，认为传统节日文化的复兴与创新是弘扬民族文化的重要契机和有效方式。

　　总的来看，物质与非物质文化遗产都是传统地域文化的重要组成部分，相关研究对明确传统地方文化保护的价值、目标也有借鉴意义。但传统地方文化作为大量物质和非物质文化遗产的集合，其保护不仅要遵循各自规律，更要强调系统性和综合性，方能体现其作为文化综合体的活力。虽然依托技术进步不难将历史建筑甚至风俗活动等完整、真实地记录下来，但作为传统文化精髓的价值理念和生活方式却仍可能在现代社会的压力面前悄然流逝。而如果不能传承地方文化精髓，那么即使留下更多的物质景观或活动形式，也不过是僵死的躯壳，既无生命力，也无创造性。因此，本研究认为，传统地方文化的保护是比文化遗产保护更复杂和更困难的命题，需要从文化传承者的感知和认同层面进行深入的探析。

　　世界遗产委员会提倡的"原真性"原则受到国内外学者的广泛认可，其内涵也不断丰富。初期，"原真性"原则仅仅体现和落实在文化保护的实践操作层面，强调维护"最早的状态"，不改变布局装饰、保护周围环境等（ICOMOS，1964）；但在《奈良文件》中，对"原真性"的理解已经形成了较为完整的框架，强调对"原真性"的评价要根据不同文化的特征、原始信息的可信度及遗产所处的文化环境，同时将文化遗产的设计形态、材料材质、使用功能，以及其中的技术和管理制度等都纳入原真性的范畴，同时强调延续传统地方文化中所蕴含的精神与情感等因素（WHC，2005）。传统文化保护的原真性目标在一些国家的文化保护实践中得到了体现。典型的，如法国历史文化遗产保护特别注重使历史留存的价值得以重现（邵甬和阮仪三，2002）；而阮仪三（2005）也强调，历史文化名城保护要充分认识生活方式的重要意义，强调整体性保护，他还基于原真性目标，提出了可读性和可持续性的保护原则，认为遗产保护更要关注其所代表的传统文化、民俗、社会关系等方面的文化内涵，因为如若失去了传统的生活方式和习俗，就失去了"生活真实性"；刘艳丽等（2010）则提出，文化保护应注重改善当地居民的居住环境，保持地区发展活力，同时建议采用基于居民参与和社区自治的参与式保护新途径；祁庆富（2009）也认为，文化保护的根本目的在于"活态传承"，是要让传统文化、民族文化得到"原生态性"的保留；而保护"活态文化"的关键则在于培养文化践行者"自珍"的意识（郑土有，2007）。

综上所述，传统地方文化保护的基本目标就在于不仅要保护物质形态的文化特质，更要保护非物质形态的文化精神，从而使地方文化综合体得到整体性、原真性的保护。而在此过程中，文化保护的重点也由对"物"的保护转向更加关注对承载文化的"人"的保护，强调对文化践行者认同和情感的尊重。强调对地方传统文化的整体性、原真性保护，关键是要实现对地方文化的"活态传承"。而"活态"的基础是文化践行者的自珍意识和自觉维护的行为，也就是文化传承人的保护自觉性。文化作为人类的创造物，其核心和灵魂并非物质文化成果，而是内化于人的文化精神和价值取向。因此，精神文化才是民族个性、特征"活"的体现，是一个民族文化存在与发展的根基，是族群认同、沟通、交流、凝聚的重要途径，是维系这个民族生生不息的纽带（徐永志，2004）；而保存下地方文化的灵魂和精神，才能更好地在现代社会中不断激活传统文化中的积极元素，进而增进当地人对地方文化的认同，实现地方文化保护的良性循环。由此看来，在传统地方文化保护中，首要的课题是传承积极向上的地方文化精神和特色生活方式，而不只是留下零散的物质文化的躯壳。

第二节 传统地方文化传承的路径与绩效评价

传统地方文化虽然在经济、社会、文化和生态等多方面都对区域发展具有积极的时代价值，但在全球化、现代化的冲击下，仍然面临全球化与地方化的冲突、传统与现代的张力，特别是会在价值信仰层面遭遇危机，传统生活方式的延续也存在巨大困难。在改革开放的大潮中，很多地方的人们还来不及重构对传统的尊重，便投身于追求"先富"的竞争，传统地方文化也在产业升级与技术进步的洪流中逐步消逝。这其中既有开放背景下外来文化的冲击，也有城市化、工业化进程中，裹挟在空间生产里的大规模征地拆迁的影响。而最重要的，是求发展、求安全的较低需求层次，使得传统地方文化的积极价值几乎完全被忽视，人们都来不及细细品味其中的珍贵，便已将其抹去，没有一丝伤感。而随着近年来经济发展水平和需求层次的提升，人们逐渐意识到保护文化多样性和文化传统的积极价值，相关研究也开始探讨传承传统地方文化的路径和评价标准，而对地方文化的认同也逐渐被视为有助于传统地方文化保护的积极要素。

一、传统地方文化保护面临的主要困难

在全球化、现代化和价值观多元化的背景下，要实现对传统地方文化的"活态传承"，就必须使传统文化中的积极元素在现代社会中能继续焕发出生命活力，从而赢得当地人的认同和更多人的关爱。特别是当人口流动和信息传递的速率明显提升，多元文化之间的传播、扩散与竞争也就更趋激烈，这就更加要求传统地方文化必须能够展现出其独特魅力和吸引力，这是传统文化持续健康发展的前提和保障。同时，传统文化的保护也绝不能是原封不动地保存全部传统文化特质，如果那样，文化就会僵死，毫无创造力和活力，而其限于历史局限性所存在的问题和糟粕也无法去除，这个文化综合体就难免会遭受被遗弃的命运。因此，保护传统地方文化，关键是要保存和延续传统文化中对地方经济社会发展具有积极意义的元素，尤其是蕴含着先人心血智慧并具有现实指导价值的地方文化精神，这就是所谓"取其精华、去其糟粕"，同时还要鼓励创新和创造，使传统文化不断增添新的活力。例如，在探讨古村落文化保护时就有学者提出，"古村落不只是老建筑，它代表着的是一种日渐消逝的生活方式。因此，在目前古村落的初步开发渐具规模的背景下，如何对古村落的文化内涵加以深度发掘，将先民原汁原味的生活方式乃至古老的文明展示给世人，尤其应当提上议事日程"（王振忠，2006a）。这一认识初看甚为合理，但细看会觉得过多强调了"原汁原味"，不过"原汁原味"并不等于"原封不动"，它强调的是不变的文化灵魂和内核，尤其是其中先进的、积极的元素，这与本研究的认识是基本一致的。这也表明，所谓"原真性"也不是原封不动的，而是保留了特色和精华，承载了文化的灵魂和精神，作为在长期的历史进程中演变至今的文化综合体，现存的传统地方文化更多体现了其繁盛时期的思想价值体系和社会、政治、文化环境（雍际春，2008），是当时技术水平和价值理念下的人类创造成果。而其能延续至今，证明这些成果在相当长的时间里仍能被当地人认可和接受，至少没有成为当地人明确意识到的发展障碍，因此，可以说是那个时期较为先进的人类创造物。虽然随着思想意识的转变和科学技术的进步，

传统文化中的许多弱点和缺陷不可避免地会暴露出来，但其仍会有许多闪光点可能对现代区域发展具有启示意义。因此，活态传承传统地方文化，关键还是要深刻挖掘传统地方文化的形成机制和内涵，发现其蕴含的先进文化精神和价值理念，学习其推动地方文化综合体持续、协调发展的有益经验，从而更好地服务于当地的持续、协调发展。

近年来，西方发达国家对传统文化的保护意识已经得到世界各地的普遍认同，许多成功经验也已经被广泛学习和吸纳。我国在改革开放的进程中，传统文化保护一度受到忽视，为"发展"而破坏传统文化的事例不胜枚举，这也使得我们这个拥有 5000 年辉煌历史的古老国度竟然难以证明自己曾经的辉煌，也很少为当代人留下寻根的印迹。随着经济社会发展水平的逐步提高，国人对传统文化的保护意识也逐步增强，相关法律不断完善并得到更好的实施，政府部门和有识之士也更加注重对传统文化保护的投入，专家学者的积极参与也使得"破坏性保护"等令人痛心的案例趋于减少。我国的传统地方文化保护也越来越受到政府和民众的关注。各地的"申遗热"虽然与经济利益驱动密切相关，但也的确增进了民众保护传统地方文化的意识；而各类"淘古玩"活动，在刺激文物盗卖等违法犯罪行为的同时，更给予了传统地方文化成果以更高的市场定价；而不少古城的重修大建之风，虽然难逃投资驱动的空间生产弊端，但毕竟披上了保护、修复传统地方文化的外衣，如能得到有效的监管，可能会有助于文化保护的实践。总之，我国传统地方文化保护的法律保障体系和资金投入机制逐步完善，社会各界传承传统文化的意识也逐步增强。但是，科学合理的传统文化保护模式并未确立，传统文化精神和优秀特质仍在悄然流逝，不少物质和非物质文化遗产仍濒临消亡，过度的经济利益驱动常常使得传统地方文化在被保护的幌子下被破坏。总的看来，传统地方文化保护至少面临如下四方面的困难。

一是对传统地方文化保护的认识存在误区，对文化保护的客观规律缺乏深刻认识。这突出表现在三种错误认识上：第一种是将传统文化与封建糟粕混为一谈，忽视了传统地方文化中的积极因素，片面否定传统文化的时代价值；第二种是将传统文化奉为经典，僵死地进行保护，不容许丝毫的改变，但这易于激化保护与发展之间的矛盾，难以得到文化践行者的自觉拥护；第三种是以保护传统文化为名，行破坏性开发之实，在传统文化保护中大量夹杂"私货"，在修复传统建筑等物质文化景观的过程中，大规模营造假古董，甚至粗制滥造，将真古迹的灵魂全部破坏，使保护变成了最大的伤害。这三种误解在实践中常常难以避免。究其原因，关键还是缺乏对传统文化保护规律的认识，缺乏对传统文化的深刻解读。应该说，保护传统地方文化，最重要的是传承地方文脉、弘扬地方精神、增进地方认同、保护文化多样性，从而使地方经济社会发展获得更大活力，因此，最重要的是要发掘传统地方文化精神中的积极元素，并促成其更好地服务于地方发展。

二是传统地方文化保护过多受制于资本的控制，相对忽视对文化本身的深度解读，满足于以表面、肤浅的认识迎合他者的需求。当前的文化保护，习惯于为特定文物套上玻璃框，为某个传说制造一大批假古董，但很少深刻反思传统地方文化的特色源泉、形成机制和精神内涵，因而很难从中找寻到具有现实价值的活力因素，更说不上有效地传承先进地方文化精神。这也使得传统文化被简单理解为某个偶然事件或少数著名人物，缺少地方根植性，常常陷入不同地方的传统文化面貌相似、卖点雷同的尴尬，在文化旅游中也存在明显的低水平重复竞争。这一困境的形成，应该与资本驱动下的文化保护急于在短期牟利，相对忽视深度开发和长远价值相关。这很容易导致在地方文化的保护性开发中，为适应消费者的想象需求而篡改地方文化的行为，进而造成当地人难以接受和认同被模式化篡改了的文化传统，也让外地人感受不到当地文化的特色。这种既缺乏当地人认同，也未受到外地人欢迎的地方文化，当然难以得到有效的保护。

三是较少关注传统地方文化保护过程中出现的利益矛盾，未能让当地人从文化保护中得到实惠。保护传统地方文化要成为当地人的自觉行动，首先是要使人真正从中受益，至少不能因此受损，更不能出现明显的相对剥夺。然而，现实的传统地方文化保护却是非均衡的利益博弈，如果缺乏有效的干预和调整，就难以形成文化保护的和谐氛围。典型的如，在传统地方文化的保护性旅游开发中，当地人的生活方式发生了巨大变化，原本相对私密的居住空间变成了旅游者凝视的对象，而当地人则不仅留居在破败的老屋子里，不能随意改善自己的居住条件，还将日常的生活时时展演在几乎没有报酬的舞台上。特别的，开发商或地方政府把握了旅游开发的收益分配权，普通居民的参与度不足，常自认为遭受了损失。而旅游线路经过的居户及作为旅游景点的建筑物所有者可能会有更多的商机，这就会引致居民之间的相对剥夺感。然而，大多数地方政府并未对此采取积极有效的调控举措，导致受损方怨声载道，难以形成对传统文化的自珍意识，不仅不愿积极参与文化保护行动，有时还故意破坏。尽管政府和开发商都希望能保持和优化传统地方文化的形象，但因为未能让当地人更多地从中受益，也未能有效解决其中的利益矛盾，因此，文化保护的目标很难实现。

　　四是传统地方文化在开放的背景下面临更激烈的竞争环境，但对民众地方传统的普及和教育相当缺乏。在改革开放的作用下，国人的生产生活方式发生了巨大的变化，尤其是部分先富起来的民众，率先感受到现代物质文明成果所带来的舒适生活，并形成了示范效应。而在传统地方文化保护较好的地方，往往经历过相对封闭的发展阶段，发展相对落后，居民比较贫困，不得不坚守往昔低"生态足迹"的生活方式。但随着各地的开放程度普遍提高，那些曾经相对封闭的地方也日渐开放，而电视、广播、网络等媒体的作用更是将域外文化带到几乎每个角落，尤其是那些文化旅游开发较好的地方，民众更是需要与大量游客进行频繁的交流，不断感受到外来价值理念及生活方式的冲击。这就不可避免地改变了文化传播和文化竞争的态势，传统地方文化不得不面对更多外来文化特质的挑战。由于人的趋利特性，如果不能深刻地感知传统地方文化的特色魅力和时代价值，就很容易在急功近利的氛围中，丧失对地方文化的认同和情感，主动放弃传统的生活方式和价值观，导致生活习俗的变化和文化记忆的淡化，这也是传统地方文化难以传承的重要原因。

　　总之，传统地方文化保护在全球化和现代化进程中面临诸多挑战。从表面看，是保护资金不足、技术水平不高、人才缺乏等要素层面的困难，但从深层次看，主要还是因为对传统文化保护的客观规律缺少研究，对传统地方文化的丰富内涵缺少反思，对文化保护过程中的利益矛盾缺乏协调，对开放条件下的文化竞争缺少有效的应对策略。这会造成当地人对地方文化的认同和依恋水平比较低，文化保护的自觉性比较差，在保护与开发面临矛盾时倾向于放弃保护。而如果能普遍增进当地人对传统地方文化的积极认同，那么在当前经济、技术和管理水平都明显提高的条件下，传统地方文化的保护应该并不会存在特别明显的投入困难。因此，加强对当地人的传统地方文化教育，并使其真切感受到传统文化保护带来的经济利益和文化自豪感，从而普遍增进其文化认同，是优化传统地方文化保护的有效路径。

二、国外传统地方文化保护的实践经验

　　实践中，国外传统文化保护更加重视运用法律手段，并通过设立相关机构、吸引公众参与、保障资金投入等，以获得人、财、物等要素投入的保障。法国是世界上最早制定文化保护方面相关法规的国家，1840 年法国颁布的《历史性建筑法案》，是世界上第一部保护文物的法律。以后，日本于 1871 年颁布了《古器旧物保存法》，美国于 1906 年颁布了《联邦文物法》，韩国于 1962 年

制定了《文化遗产保护法》，这些都是运用立法手段保护传统文化的早期案例。

在文化保护机构的设置上，法国文化部下设文化遗产局，地方上也有专门负责文化遗产现状调查和监督维护专门机构；美国的文化遗产保护机构大致分设在国家、州和县市等三个层面，分别履行中央政府、地方政府和民间社团的职能；日本于1950年在文部省内部组建了"文化遗产保护委员会"，1968年改为在国家文化厅设置"文化遗产保护审议会"，专门负责遗产保护的专业指导、技术咨询、调查审议及其他相关事务，同时在1954年规定，地方必须组建"地方公共及教育委员会"负责相关事宜；韩国于1962年成立了隶属于文化遗产厅的文化遗产委员会，下设8个分课，均由文化保护的相关团体、大学、研究机构的专家组成。

在鼓励全民参与方面，各国也做了大量工作。在法国，保护文化遗产已经成为一种社会共识，当巴黎民居面临毁灭性改造时，巴黎人写文章、办展览，成立街区保护组织，有效保护了城市文脉，法国还于1984年设立了"文化遗产日"。美国则有众多的基金会、民间组织和个人积极参与各类文化遗产的保护，在学校设有"保护我们的历史"等课程。日本以居民、自治体为主体，积极鼓励居民参与历史保护，并营造出社区尺度传统文化保护的良好环境。韩国大众对传统文化非常偏爱，民间文化大多通过各种节庆活动得到传承。

为确保传统文化保护的经费投入，法国主要采取了国家财政拨款方式，并设立了文化信贷，对地方重点文物机构给予经常性的财力支援，对文化团体每年给予固定的补贴，成立了抢救文物的专门基金会，向文化遗产的个人所有者提供文化遗产复原、修缮资金等服务。美国联邦税法规定，对非营利文化团体和机构免征所得税并减免资助者的税额，以带动社会力量投入遗产保护。日本法律则规定，包括国宝等重要文化遗产在内的管理维护费用下限是国家总预算的0.01%，此外，还设有振兴文化艺术基金会，由政府和民间共同出资以发展和保护日本文化艺术。韩国则明确文化遗产保护所需经费由国家和地方政府全部或部分承担（苗长松，2011）。这些保障文化保护资金投入的举措，都可以为我国政府和相关机构所借鉴。

各国在传统文化保护中积累的实践经验，都得益于其文化保护的理念。例如，英国的传统文化保护在过去一个世纪里，从孤立的静态保护转向群体的动态保护，从更加注重遗产的历史特性转向更加注重遗产的未来和地区振兴（邵龙等，2008），这有助于让政府和民众都能从文化保护中得到实惠。法国文化保护的重点是让大众感知到传统文化的内容和价值，使历史的各个时代都清晰、可了解，因而特别注重历史留存的价值重现，更加致力于对历史地段内居民生活环境的改善及对于历史文化遗产的再利用，从而保持历史文化遗产的活力并使其价值在新的时代得到提升（邵甬和阮仪三，2002），同样体现了激活传统文化现代价值的积极意义，日本传统文化保护的核心是"保留能看到的范围"，要求不仅建筑物的外部景观得到保留，内部生活空间也要基本上能满足现代生活的要求，使居民生活与历史文化区保护之间的矛盾得到了有效克服（西山夘三，1991），这对于协调文化保护和改善居民生活环境之间的矛盾极具启示意义。韩国在传统文化保护中以传统节日和传统民俗的保护为重点，通过建立民俗村、民俗馆来展示不同地区的传统文化，这也有助于促进传统文化保护与现代经济的共同发展（杨阳，2007），当然，节庆虽然蕴含着丰富的文化内涵和价值理念，但毕竟只是传统文化的一个侧面，而民俗村、民俗馆也有标本特点，并不鲜活，难以实现传统生活方式中的延续，因此，韩国的传统文化保护还有较多发展中国家的特点，更多注重了文化资源的经济价值，可能相对忽视了其蕴含的文化精神。

国内也有许多传统地方文化保护的实践研究成果，特别是较多的历史文化城镇保护规划。例如，阮仪三（1990）较多地研究了历史文化名城的保护现状、保护范围，以及原真性保护等；张松（1999）也提出，历史城镇的保护更多是为了现在和未来而尊重过去，要维持城市历史环境的延续性和历时性，防止城市的衰老和衰败，让历史城镇成为环境宜人的美好家园，确保城市特征与个性的延续；而苏勤和林炳耀（2003）也认为，在历史文化名城保护中，文化景观是基础，文化系统是核心，文化生态是关键；庄孔韶（2009）则强调，文化保护不仅要从器物、符号、象征及意义的层次加以分析，还要从物与非物的文化诠释上升到制度文化与精神文化的观察层次，也要从文化展示和文化建构与再造的层次进行探讨。关于地方文化保护的路径，虽有研究赞成采取生态博物馆、民族传统文化保护区、民族文化生态村等多种形式（杨雪吟，2007），但更多的还是强调整体性保护、特色性保护和动态性保护（孙克勤，2009），包括采用区域层面的文化生态整理性保护方法，基于日常生活保护传统文化（张松，2009）。当然国内还有许多保护传统文化的法律法规和财税等方面的政策举措。不过，与有关文化保护的理念和路径相似，大多是借鉴国外经验的成果，较少基于"活态传承"的目标进行深度解析。因此，对于民众参与的关注不多，较为忽视文化践行者的认同和自珍意识，也不注重对民众为文化保护做出的牺牲提供利益补偿。而国外经验则更为尊重当地民众的利益需求，致力于在传统文化保护中改善当地的发展环境，从而使传统文化保护成为当地人的自觉行动，而这正是本研究的基本出发点。

三、传统地方文化保护的绩效评价

适应传统地方文化保护理念的变化，发达国家在评价文化保护绩效时，已由更加关注"物"的保护结果转向更加关注"人"的保护积极性。例如，Purcell 和 Nasar（1992）提出的历史建筑保护评价模型主要是基于居住者的环境感知，具体包括原型感知、熟悉程度、外在风貌和审美体验等五个方面；Coeterier（2002）的历史文化遗产保护评价标准也从居民感知角度归纳为形态、信息、功能用途、情感因素等四方面。但国内研究倾向于更为重视对"物"的保护结果。例如，唐常春和吕昀（2008）以物质文化遗产、非物质文化遗产、和谐与可持续保护三个层面的保护效果为评判标准；赵勇等（2006）则从物质和非物质文化遗产两方面，构建了历史文化村镇保护效果的评价标准，并将环境风貌、建筑古迹、民俗文化、街巷空间和价值影响等作为文化保护状况评价的决定因素；刘红萍（2009）的研究主要针对非物质文化保护，其指标体系选取了法律保护、制度保护、项目保护、传承保护、情境保护、公众宣传与教育等六个方面的 21 项指标。这些评价思路显然还在举措或成果等现象层面，较少涉及文化情感、认同等心理层面的内在因素。同时，评价的对象还大多是遗产保护，较少对地方文化综合体的活态传承效果进行深入的分析。不过，国内已有研究意识到，当地居民在保护传统地方文化的过程中具有最重要的作用，其对保护自身文化的态度和意愿对传统地方文化保护具有重要影响（张杨，2009），而就居民文化保护的意愿而言，文化认同是更为内隐的重要影响因子（孔翔和钱俊杰，2014）。毕竟，传统地方文化首先是当地居民的文化，是当地人建构身份认同的重要基础。正如吉田茂（1980）所说，"民族文化的价值和意义首先是对'我者'的，其选择评判的标准首先必须是'我者'的生存与发展的需要，而不是保存人类文化多样性的需要或对'我者'的文化借鉴意义的需要"，因此，在传统地方文化保护的绩效评价上，特别应关注其是否能满足"我者"生存与发展的需要。而就当前大多数人的需求层次而言，以经济利益和文化自豪感为基础的文化认同状况很可能是重要的评价指标。

四、地方文化认同与传统地方文化保护

关于地方与地方认同的相关概念，第二章已有较多的介绍。作为文化地理学的研究热点。"地方"已经超越了空间实体单纯的物质性，成为一种充满意义且不断变化的社会与文化实体。地方意义的精华在于无意识的能动性

使其成为人类"存在"的中心，以及人类在整个社会与文化结构中定位自身的一个坐标体系（Relph，1976）。"地方既是意义的核心又是我们行为的外部背景"（Entrikin，1991），是人类领地性（territoriality）战略的一部分（Sack，1992）。人类"创造"地方以为自己提供根基（Heidegger，1971），而地方也远远超出了容器或心理建构的概念，既是文本本身，又是其存在的语境（Thrift，1985），是自我的一个隐喻，发现地方即是发现自我的过程（Casey，1997）。因此，保护地方传统文化如能增进当地人对地方的情感和认同，则无疑能更好满足当地人的心理需求。Heidegger（1971）早就提出，在现代世界中，因为电信技术、理性主义、大众生产和大众价值的广泛传播，地方含义的深化和丰富过程遭到了破坏，其结果是地方的"真实性"遭到破坏，城市空间变得不真实和"无地方特色"，人们努力制造的传统而简明的符号及努力再现的商业遗风都显得千篇一律，而不具备空间识别的功能。这对处于快速现代化进程中的中国尤其具有启示意义。为增进人们以地方为媒介的情感体验，很有必要保护和传承地方文化。

传承地方文化的积极意识通常是以对传统文化的普遍认同和积极情感为基础的，是"地方文化认同"驱动的自觉行动。所谓"地方文化认同"，可以被理解为对地方的认同，因为地方本就是充满文化意义的概念；也可以被理解为文化认同，因为文化也从来都不是泛化或普适的，它具有鲜明的地方性。在抽象、同质、静态的空间转变为具体、异质、变化的地方的过程中，文化是重要的驱动因素（周尚意等，2004）。而民众对地方的情感，很大程度上归因于对地方文化特别是特定地方文化意义的情感，无论是喜好或憎恶。

当然，不断变化又具有相对稳定性的地方文化认同也是不断被创造和被操纵的（Steele，1981）。它不仅与个体的感知能力、价值理念、过去历史及社会生活的具体情境相关，也与群体或社会对个体的影响相关，个人意识和社会影响共同塑造着对地方文化的认同（蔡静瑜，2002），而这也表现为一种文化的过程（Said，1994）。另外，地方的独特性常常是经由地方之间的相互比较来建构的，地方文化认同也是不断经由社会转变而一再被生产出来的，因此，个体或群体的地方文化认同可能存在矛盾（Massey，1993），新的认同可能与过去的认同之间是断裂的关系。在外来文化扩散的影响下，民众不断摒弃原有地方文化中与日常生活不相适应的特质，不断接受新的文化特质，从而不断改变着地方文化认同。当这种改变较为迅猛，就会对地方传统文化的延续和传承产生很大压力。

活态传承作为文化内核的特色生活方式和价值理念，是需要以大多数人的地方文化认同为基础的，毕竟在日常生活中，特立独行者只是少数。主体也是在日常生活中通过与群体内的其他主体分享意义体系，才构建起相互主体性的生活世界（Ley and Samuels 1978），而个体的文化认同虽对个体的行动具有更直接的引导作用（彭兆荣，1997），但"个体对于所属文化的归属感及内心的承诺"，也是基于习俗等文化属性选择所属群体的结果（杨宜音和张存武，2002）。在地方文化认同的构建中，首先是确定自己是否理解地方文化中蕴含的基础性知识；其次是确定归属于特定地方文化群体是否具有重要意义；再次是明确文化对个体情感体验的影响，即以特定文化作为自己的社会属性能否获得积极的感受；最后是确定维持这种文化身份识别的意愿（Berry，1999）。只有对上述四个问题都做出了积极的评价，个体才会希望展现并继续保持自己的文化属性。也就是说，了解和感知地方文化内涵是建构文化认同的基础，而切实感受到地方文化带来的重要而积极的情感体验，才是建构文化认同的关键，而较深层次的文化认同则能使个体对所属地方文化产生强烈的情感依附，进而自觉地传承和发展这种文化。因此，地方文化认同存在一个比较分类的过程，以辨明"何为自己的文化、何为他者的文化"为基础，综合判断所属文化对自己的利弊，并基于自己的价值观，接受那些能让自己赢得羡慕和自豪感的文化。从这个意义上说，地方文化认同是与身份建构相关的，会深刻影响其对地方文化的态度和行为。一般地说，地方文化认同越强，就越是会主动发掘地方文化中的积极元素，并为地方文化的传承、扩散做出积极的贡献；反之，则可能较多关注地方文化中的消极元素，并倾向于放弃原有的生活方式和价值理念。可以说，积极的地方文化认同正是活态传承地方传统文化的基础。只有当地民众普遍形成对地方传统文化的认同，方能自觉将传统地方文化精神、价值理念和生活方式等内化到日常的生产生活之中，并通过积极的传播扩散和有益的创新改造，使传统文化持续具有生命力和创造力。

当然，"集体意识"也会影响个体的地方文化认同。所谓"集体意识"，是指成员对集体的认同态度，是社会成员平均具有的信仰和情感的总和（涂尔干，2000），它与集体记忆相关，"根植于地方，包含了地方的往日"（Alexander，2009）。个体在地方性社会环境中成长，不可避免地会受到地方集体意识的影响并以言传身教的方式将其传递给后代。因此，集体意识在一定程度上是由所处的社会环境强加的（郭齐勇，1990），有助于形成共同的价值体系和行为准则，从而在地方社会中发挥凝聚性的作用（刘燕，2009），促使个体遵从地方性的价值理念和行为方式。过往由于存在相对稳定的集体意识，在一些地方传统文化能绵延至今。但在开放的背景下，技术进步带来的海量信息，会使得集体记忆很不稳定，个体受地方集体意识的影响下降，传统地方文化的传承也就面临更大的困难。

当代人的地方文化认同更多的是在多地文化特质的比较中进行的选择，而选择的标准往往是对自身利益的感知，个体的偏好、异域文化与本土文化之间的差异及转变文化认同的复杂程度等，是重要的影响变量。Berry（1980；1999）、Berry 等（1989）曾结合加拿大土著文化与社会主流文化相互接触的过程，分析了主体感知到的文化价值对文化认同的影响。他认为，能否感知到传统土著文化的价值决定了土著文化能否延续发展并在现代社会中保持独特性；而传统土著文化能否给当地民众带来更多利益，则会影响到土著文化与现代主流文化交流的效率，两者共同决定了传统地方文化的保护状况。一般地说，现代文化的不少特质具有较强的吸引力，并易于被接受和模仿，传统文化只有能让当地民众得到实惠，才可能在与现代文化的接触中仍有吸引力和竞争力。如果传统地方文化的特色价值总是被忽略，将不可避免地被抛弃。也就是说，传统地方文化必须能给当地人带来实实在在的积极利益，不仅包括经济利益，也包括精神上的满足感，如文化自豪感、生活舒适度及幸福指数等。这再次表明，地方文化认同必须以其对个体或群体的功能性联系为基础（Moore and Graefe，1994），必须能带给当地民众以效用（满足感）。当前，各地文化都在扩散交流中积极展现其内在魅力，否则，魅力较低的传统文化很快就会被现代主流文化所取代。历史上，汉族虽多次在军事上被蒙古族、满族等北方游牧民族征服，但在文化上却总是征服者的文化被被征服者的文化所同化，这主要是因为汉族的农耕文化比游牧文化对民众更具魅力和吸引力。以更高生产效率和富足、舒适生活征服民众的现代文化已经对传统地方文化构成严峻挑战；而现代文化对主流话语的垄断、对弱势文化的挤压更使原有文化格局被迫重组（崔新建，2004）。快速的工业化、城市化已经改变了传统的农耕生活，人们也从过去主要依靠血缘、地缘关系转向更为正式的契约关系，家族承担的社会协调功能也逐步转移到各类社会组织，这些由现代化进程引致的社会结构变化常常使得传统农业文明的生产、生活方式逐步变迁或消亡（聂存虎，2011）。但现代主流文化也并不完美，富裕起来的当代人正在深刻反思现代化进程中的失误，谋求从传统文化中汲取有益的思想和元素。由此，激活传统文化在经济、社会、文化和生态等多方面的积极价值，不仅可能而且必要。随着生态危机的迫近，激活传统地方文化的潜在生态价值不仅完全可能，而且将对加快推进区域生态文明建设发挥积极的作用。

第三节 区域生态文明建设与传统地方文化的传承

党的十七大报告提出，要"建设生态文明，基本形成节约能源资源和保护生态环境的产业结构、增长方式、消费模式"，并将生态文明纳入"四位一体"的文明建设体系；党的十八大则进一步强调，要"把生态文明建设放在突出地位，融入经济建设、政治建设、文化建设、社会建设各方面和全过程。努力建设美丽中国，实现中华民族永续发展"；2015年4月25日，《中共中央国务院关于加快推进生态文明建设的意见》正式发布，明确提出"加快推进生态文明建设是加快转变经济发展方式、提高发展质量和效益的内在要求，是坚持以人为本、促进社会和谐的必然选择，是全面建成小康社会、实现中华民族伟大复兴中国梦的时代抉择，是积极应对气候变化、维护全球生态安全的重大举措"。这就表明，建设生态文明不仅已经成为我国经济社会发展的重要指导思想，也将成为我国为全球可持续发展做出贡献的重要路径。作为文明古国，中华传统文化蕴含着丰富的人与自然和谐相处的思想和经验，并指导着中华文明在人口与土地的巨大矛盾中繁衍生息、经久不衰。特别是，因为幅员辽阔，内部自然地理和社会文化环境存在巨大差异，各个地方的先民在独特的地理环境中，也积累了不少有益于区域生态文明建设的地方性经验，并沉淀在各具特色的传统地方文化中。在加快推进生态文明建设的背景下，传统地方文化中的地方性生态经验有可能发挥借鉴价值，从而为传统地方文化的传承营造出更好的环境。

一、区域生态文明建设的基本要求

区域生态文明建设，不仅需要以发展理念和发展目标的优化为前提，更需要遵循因地制宜的原则，重视区域尺度的管治模式创新。

1. 人地和谐、以人为本

生态文明是以反思掠夺自然的发展方式为基础的。走出文化决定论的误区，普遍确立并践行人与自然和谐共生的人地观乃是区域生态文明建设取得实效的前提和保障。受文化决定论思想的影响，不少地方的现代化进程都相对漠视自然的力量，甚至肆无忌惮地向自然索取资源和排放废物，给生态环境系统造成了过大的负荷。如果不能彻底摆脱藐视自然的盲目自信，从内心深处形成对人地和谐的普遍认同，那么，尊重和爱护自然就很难成为人类的自觉行动，以往注重个体短期经济利益而忽视生态环境安全的悲剧就难免一再上演。那些肆意排污的企业、那些屡禁不止的乱采滥伐不正是太多的个人甚至政府官员无视人地共生关系的反映？众所周知，生态文明建设需要调整既往的生产、生活方式，从而确立人地和谐的价值取向，并使之内化为每一个人的行为准则，这是生产、生活方式转变的前提。人地和谐既反对文化决定论下对自然的肆意开发，也不支持环境决定论下对自然的膜拜与臣服，而是要引导人们合理有序地开发利用自然资源和生态环境，以实现经济发展与环境保护之间的平衡。这种平衡既是为了自然生态系统的利益，更是为了人类自身的利益，是在生态环境紧约束条件下实现区域发展的必然选择。由此，人类社会将达到与自然界和谐共处、良性互动的状态（王玉庆，2010），人类生存发展的需要也不会超出生态系统所能承受的范围（李培超，2011）。

　　文明进步是人类在人与自然、人与人的尖锐矛盾中，不断探索更高效率的生产、生活方式的成果；而每一次文明进步的飞跃，都会在一定程度上有效缓解人与自然的紧张对立，促进人类的生存和繁衍（徐春，2010）。可以说，文明进步正是严峻挑战中的应战反应，有助于满足更高水平的人类社会需求。相较于原始时期的采集狩猎，农业文明能提供更为稳定的食物来源，并使定居生活成为可能，这主要改进了人类的生存状况；工业文明则创造了以往数百万年无法想象的物质创造力，极大地满足了物质消费的欲望，帮助一部分人的需求层次由生存迈向发展；当前，人类社会总体上已由对生存的关注转向更加重视生存质量与个体的价值实现，而工业文明造成的生态危机也已威胁到整个地球的持续稳定发展，这就必然促使富裕起来的人们努力探索新的文明。这就是说，生态文明建设的根本目标还是服务于人类社会的发展，以满足日益提高的物质文化需求。而所谓生态价值，也必须以人类的利益作为衡量标准，离开人类主体去谈论自然生态系统的内在价值毫无意义（田心铭，2009）。因此，将生态价值与社会价值、经济价值统一起来的发展理念与"以人为本"的价值取向并不矛盾（常绍舜，2000），"以人为本"既是社会经济发展的出发点，更是维护生态系统稳定的落脚点。

　　在生态环境紧约束的条件下，资源开发和废物排放将受到抑制，人类将更多依靠知识、技术、人力资本等无形要素的投入来实现区域的持续发展，这就将改变区域经济增长函数中有形要素与无形要素的相对比例，更多依靠人类的智慧和创造力，减少发展对自然环境的依赖，从而获得更大的自由。因此，"以人为本"不仅强调服务于人，更强调依靠人的智慧和力量来推进区域生态文明建设。

2. 因地制宜、低耗高效

生态文明虽然是对传统工业文明进行批判、反思的成果，却并不能由此认为工业文明的充分发展是区域生态文明建设的必要条件，也不能在生态文明建设中拒绝工业文明的积极成果。事实上，"先污染、后治理"的传统工业文明发展道路不应成为落后地区重蹈的覆辙（诸大建，2008）。既然区域生态文明建设是特定地方在自然生态系统紧约束条件下的反思与新选择，那么，适应特定区域的自然环境特点、扬长避短就成为在既定约束下创造更多发展成果的内在要求，适应特定地区自然环境的特点和规律，探索低耗高效的发展模式，避免超过生态阈值，才是区域生态文明的实现路径。这种"适应"，不同于适应论的人地关系思想所说的对自然的被动适应，而是强调尊重特定地方的自然规律，不破坏自然生态系统的动态平衡。同时，这种适应也不只是在自然提供的有限范围内选择生产、生活方式，而是依托技术进步成果，在人工生态系统条件下扩大生态环境的承载力，相对自由地安排生产生活。当然，人工生态系统的创造和使用，也必须自觉尊重自然的法则，尽量减少污染和排放，尽量增加循环利用，以不突破生态阈值。同时，不论发达程度如何，各个地方都会面临不同形式的人地矛盾，因此建设生态文明并不是发达地区独享的命题。处于不同发展阶段的各个地方，都有必要基于不同的基础条件和关键问题，探索适应特定地方、特殊发展阶段和特色地理环境的区域生态文明建设道路，以更好地发挥区域特色优势、克服区域特殊困难，因地制宜地实现高效低耗的发展。在全球化的背景下，要素流动的限制大大缩小，各地不仅要通过开放更有效地获得资金、技术等方面的支持，也"可以通过了解西方世界所做的错事，避免现代化所带来的破坏性影响"（大卫·雷·格里芬，2004），同时也可以吸收借鉴发达地区的成功经验及优秀传统地方文化的精华，从而在不同的经济技术基础上，共同探索社会经济发展同资源环境系统相协调的路径（李红卫，2004）。而因地制宜的关键在于结合当地自然环境的特点，依托具有比较优势的生产要素来更好地解决本区域发展面临的特色问题，从而降低发展对生态环境的压力，低耗高效地实现区域经济社会发展的目标。

3. 全民参与、区域管治

生态环境是人类生存的共同基础，不仅支撑着生命的延续，提供了生产、生活不可缺少的原材料，也满足了人们艺术审美、休闲娱乐及科学研究等多方面的需求，因而是典型的稀缺性资源。同时，它又具有极大的外部效应，特别是全球大气循环和水循环消除了任何区域独善其身的可能性。在此背景下，构筑合作共赢的区域间关系及全民共同参与的体制机制具有特殊重要的价值。这不仅有助于在开放的环境中改善特定地方集约使用能源、资源，以及保护、修复自然环境的能力；同时有助于集思广益、协调行动，以区域管治提高区域生态文明建设的效率；此外，还能依托区域间生态环境的补偿机制，合理确立生态环境、国土空间等的经济价值，使市场在区域生态文明建设中发挥更多的作用。

所谓区域管治是一种新的公共管理方法，是各种利益集团之间的相互协调过程（刘筱和肖嘉凡，2002），主要通过不同利益集团之间的对话、协调、合作，以最大程度地动员资源来弥补市场交换和政府自上而下调控的不足，最终实现既定条件下整个区域利益的最大化（杨凯源，2002）。生态文明建设要促进人与自然的和谐，首先还必须调节好人与人之间的利益关系，努力形成生态文明建设的合力。生态文明建设对不同主体的利益影响一定是非均衡的，因此，必须充分考虑各类主体的利益诉求，把握各方利益的结合点，通过自律与他律相结合的方式，兼顾各方的发展需求，营造合作共建的良好氛围。而创设有助于全民参与的平台，不仅将为区域层面的各类协调提供便利，同时，也将为保护生态环境的制度实施提供有效的监管机制。

总之，生态文明建设既有共同的基本要求，又存在明显的地域差异。处于不同发展阶段和不同自然地理环境中的各个地方，都必须积极探索适合自身基础条件和发展需求的生态文明建设模式，而确立人地和谐的发展理念，积极通过因地制宜的发展举措，实现地方经济的低耗高效发展，以及通过全民参与和区域管治形成建设合力则是基本的努力方向。

二、传统地方文化对区域生态文明建设的借鉴价值

那些在农耕文明繁盛时期孕育的传统地方文化，不仅充满对自然的敬畏，而且常常受限于较低的生产力水平，适应地理环境的特点，积累了不少地方性知识和经验，这些都可能对区域生态文明建设具有借鉴价值。特别的，传统地方文化保存较好的地方，往往生产力发展水平还不够高，不得不在较低的起点上探索新的发展道路，因而更加需要从传统文化中汲取有益的养料。同时，这些地方的自然生态环境保护相对较好，即使因为人口负荷，产生一定的农业和生活污染，但修复的可能性较大。不过，这些地方的快速开发也可能对环境造成难以修复的破坏性后果。因此，很有必要依托当地深厚且独特的地方文化资源，避免重复"先污染、后治理"的老路。

1. 传统地方文化蕴含着丰富的朴素生态文明思想

传统地方文化主要是人类在农耕文明时期所创造出的优秀文化成果。农业的发展，使人类总体上摆脱了完全臣服于自然的状况，但"靠天吃饭"的状况又促使人类对自然存在一定的敬畏感，因此，人地关系处于一个大体平衡的时期，人地之间的和谐共处也成为先民的普遍追求。虽然这只是较低生产力水平下的被动适应，但也对重构人地和谐关系具有借鉴意义。在此阶段，人类社会发展和地理环境之间常常存在双向互为因果的关系，特定地域的自然环境为人类的居住规定了界限并提供了可能性的范围，但人类则会按照自己的传统生活方式有着不同的适应结果（保罗·克拉瓦尔，2007），但地方文化景观和地方文化现象却总是与自然环境紧密相关（邓辉，2003）。特定地方的自然条件不仅是文化发展的基础平台，也常常成为文化创造中的挑战因素，而人类的作用则主要是应对挑战，以寻找到解决问题的方法和路径。因此，不同地域的同一少数民族可能有不同的文化习俗，而相同地域的不同少数民族也会有近似的生活习性（周尚意等，2004），这在人地关系大体平衡的农耕文明中更为明显。因为此时人类不仅敬畏自然，更会不断探索自然规律以更好地克服挑战，这正是人地和谐的基本要求。人地和谐最重要的不仅是人对自然的尊重，更是人运用自然规律合理改造和优化自然环境。

另外，传统地方文化也承载着人类的价值追求，这首先是为了更好地逃避环境的限制（段义孚，2005），过上安全舒适的生活；以后，人类改造自然环境的努力，将超越功能上的效益，体现特定地域独有的审美观和文化价值（谢觉民，1999）。也就是说，在传统地方文化的创造过程中，人类不仅会在不断试错中适应自然环境的约束，更会努力追求特定时代、特定地方普遍认可的人生价值。这就使得传统地方文化既能折射自然环境的影响，更能反映地方文化精神，无论对协调人与地或人与人的关系，都具有借鉴价值。例如，不少精美民俗作品虽取材于当地原材料，服务于当地人的生产生活需求，但也蕴含着先民的审美需要和志趣追求，而许多节庆仪式，也同样是地方自然环境特色和先民价值理念共同作用的结果。因此，传统地方文化总体上呈现出"以人为本"的价值取向，其运用地方自然规律服务于人的生存需求和价值追求的智慧与经验，对于生态文明时代的文化创造具有借鉴意义。

2. 传统地方文化重视对地理环境的适应

传统地方文化中的许多文化景观和生活方式都展现出对当地自然环境的适

应，蕴含着不少因地制宜的生存智慧。由于当时的生产力发展水平有限，人类改造自然环境的能力有限，在生产生活中也更注重顺应当地自然条件的特点，优先解决特定地域的发展难题。典型的，如哈尼族的梯田文化就是充分利用当地自然条件的垂直地带性差异而创造出的独特土地利用模式及与之相伴的稻作文化（王清华，1995）；而江西景德镇的陶瓷文化则依赖于当地丰富的特色原料、燃料、日照和水力资源（詹嘉，2012）；傣族的干栏式民居不仅就地取材，更是有效克服了湿热条件下的瘴气和虫兽侵扰，显著改善了人居环境（高凌旭，1995）；而新疆和田地区的"阿以旺"式民居，则通过内向封闭的设计，增强了抵抗风沙的能力，同时具有较好的私密性（朱贺琴，2010）。类似的例子在传统地方文化中相当普遍，主要体现了先民因地制宜地创造文化的自觉意识。这样的因地制宜，主要以探索和利用地方性自然规律为基础，优先解决制约当地人生存、发展的关键问题，在较低的生产力水平上，实现了高效低耗的发展。正如 Sauer（1956）所言，"落后社会"在利用生态环境方面有时更具有"先进性"，所谓"文明社会"在破坏生态环境方面则具有"落后性"。因此，在区域生态文明建设中，有必要积极吸收、借鉴传统地方文化中那些具有"先进性"的、因地制宜的生产、生活方式。

　　3. 传统地方文化重视基层的自治管理

　　生态文明建设不仅要协调好人与自然的关系，更要协调好人与人的关系，后者常常是人地和谐的基础。传统地方文化通常以基层组织的自治协调为基础，依靠熟人社会约定俗成的规则来规范人与人及人与自然之间的关系，这对于优化环境治理中全民参与和区域管治具有借鉴价值。费孝通（2006）认为，传统中国社会的基层管理制度是乡土性的，主要是以血缘、宗法关系为核心，村民们彼此熟悉、相互信任，形成了典型的"熟人社会"形态，并具有相对统一的价值信念和有效的社会管理机制。这样的社会也是"有机团结"的，文化发挥着"超有机体"的作用，乡民有着较多的共同意识，善良风俗和村规民约也在基层治理中扮演着重要角色。直到目前，不少传统文化保护较好的地方仍有聚族而居的倾向。而在传统地方文化繁盛时期，宗族关系则更为重要。虽然宗族制度的许多糟粕已经被认识和抛弃，但家族成员共同达成的许多村规民约，却仍可能对人与自然及人与人之间的关系协调产生积极影响，而其互帮互助、共同监督的管治原则，则对于基层社会的稳定、和谐具有更明显的积极价值。例如，不少古村落都有禁止乱砍滥伐、竭泽而渔等共识和举措，它们不仅对保护过去的生态环境发挥了积极作用，也可能对未来引导民众与自然和谐相处具有重要价值。在区域生态文明建设中，很有必要构建共同参与、共同监督的基层民主管理体系，以更好地基于地方特色问题，协调好人与自然、人与人之间的关系，以形成促进人地和谐的合力。

总的看来，传统地方文化不仅蕴含着丰富的朴素生态文明思想，有助于促进区域生态文明建设中的理念转变，也积累了不少因地制宜的发展经验，可以服务于人地之间的和谐，还可以为基层自治管理的创新提供有益的借鉴，从而促进人与人之间的和谐，形成各方共同为区域生态文明建设贡献智慧和力量的良好氛围。

三、区域生态文明建设与传统地方文化保护的互促发展

传统地方文化保护与传承的关键在于能给当地民众带来实实在在的福利和满足感，从而增进其对地方文化的认同。而目前的主要困难则在于过度追求短期经济利益的发展模式，不利于传统文化多方面潜在价值的发掘。区域生态文明建设首先要求反思现行的生产、生活方式，鼓励追求长远价值和发展质量，这就为激活传统地方文化中的积极元素创造了良好条件。在转变急功近利思想，强调经济、社会、文化和生态等方面综合效益的过程中，传统地方文化中蕴含的朴素生态文明思想和实践，可能对地方经济的持续、协调发展带来现实的益处。具体地说，传统地方文化中敬畏自然的思想观念及不过度改造自然生态系统的价值理念对于人地关系的认识转型具有积极价值。而对自然生态系统建立严格的保护体系并重新评估其市场价值的过程，也会对探索因地制宜的生产生活方式具有激励作用，从而鼓励民众更多学习、借鉴先民因地制宜促进低耗高效发展的有益经验。同时，为解决生态文明建设过程中的利益分配不均问题，还必须构建共同参与、共同监督、共同管理的区域管治体系，这也为学习传统文化中的基层自组织协调经验创造了条件。

传统文化保护较好的地方，更需要在相对落后的生产力基础上，保护和修复自然生态系统，同时改善地方经济社会发展状况和居民生活水平，而传统地方文化有可能在如下三方面发挥积极作用：一是传承至今的地方文化资源有可能成为当地最重要的无形要素，并通过文化旅游开发等促进地方经济的腾飞；二是传统地方文化中的许多地方性经验，可能帮助当地更为高效、低耗地克服自然环境限制，从而间接地助推地方发展；三是随着自然资源和生态环境的市场价值回归到合理水平，传统文化中有助于遵循当地自然生态系统内在规律的发展理念和发展经验，将帮助这些地方在技术水平比较低的条件下，尽量少地

耗用有形资源，从而为提高经济效益创造了条件。而从更大的空间尺度看，相对落后的地方如能积极借鉴传统文化中的积极元素推进生态文明建设，还会产生一定的示范价值，对其他地区生态文明发展有所裨益。

当地民众在地方文化保护和区域生态文明建设中都是最重要的主体。因此，无论是通过保护传统地方文化来促进区域生态文明建设，还是以区域生态文明建设为契机促进传统地方文化的传承，都需要增进当地民众对传统地方文化生态价值的认识。具体地说，民众只有真正了解传统地方文化蕴含的朴素生态文明思想和实践经验，并明确其对生态文明建设的借鉴价值，才能使文化保护真正服务于生态文明建设；另外，如果传统地方文化的潜在生态价值能切实转化为当地民众广泛的经济和文化利益，才会有助于增进居民的文化认同，并引导其自觉传承地方文化精神和生活方式，从而实现对文化的"活态"传承。因此，增进当地民众对传统地方文化潜在生态价值的认识是实现地方文化保护与区域生态文明建设之间互促关系的基础，加强对传统地方文化中潜在生态价值的发现、解读、普及、宣传，具有重要而深远的意义。

第五章
徽州文化的认同与传承

徽州文化，主要是指宋代以来，根植于徽州本土，并经由徽州商帮和其他徽州人士向外传播、辐射的一种传统地方文化（盛学峰，2004）；专门研究徽州文化的徽学则与敦煌学、藏学被共同誉为中国三大地方显学。徽州古村落作为古牌坊、古祠堂、古民居等"徽州三绝"的集聚之地，也是徽州文化最重要的空间载体。而保护和传承徽州古村落文化则不仅能服务于当地经济社会发展，也对传承儒家文化、彰显中华传统文化的魅力具有特殊重要的意义。在探究徽州文化及其形成机制的过程中，传统农耕文化的人地关系思想和经验得到了很好的呈现，而徽州文化传承中的困难也能在当地民众差强人意的文化认同中得到体现。

第一节　徽州文化形成中的人地关系作用机理

徽州文化主要盛行于历史上徽州府所辖的歙县、休宁、黟县、祁门、绩溪和婺源（刘伯山，2002），主要是中原文化由中原士民以迁移扩散方式传播到徽州以后，在徽州特定地理环境下，适应人地关系和谐发展要求并与土著文化融合形成的，是一种具有地方特色的新质文化，既体现了自然环境对文化形成演进的作用，也展现了人类对环境的适应改造及自身的文化追求（黄成林，1995）。因此，解析孕育徽州文化的地理环境特点及文化发展中的人地相互作用进程，可以进一步揭示传统地方文化中的人地和谐理念和经验是如何形成的。

一、徽州文化形成的地理环境

徽州脱胎于隋开皇九年（公元 589 年）所置的歙州；隋大业三年（公元 607 年），改歙州为新安郡，领休宁、歙、黟三县，郡治在歙；唐高祖武德四年（公元 621 年），改新安郡为歙州，封汪华为越国公，并授以歙州刺史，使持节总管歙、宣、杭、睦、婺（今浙江金华）和饶（今江西上饶）六军诸军事；大历五年（公元 770 年），歙州领六县，奠定了此后 1000 余年的"一府六县"建制基础[①]。宋宣和三年（1121 年），平镇方腊起义后，改歙州为徽州，徽州得名始此，仍领六县，治所在歙县[②]。此后，除元末曾改称兴安府外（1357~1367 年），直到辛亥革命后废府留县的 790 年间，徽州之名沿用长达 780 年之久，所辖六县也一直没有变动，这对徽州孕育出相对统一的文化起到了积极作用，也为徽商的崛起提供了便利（国兆果，2013）。

徽州不仅是一个地理概念，也是一个历史、文化概念。徽州的精英将那些原本属于上层社会的伦理道德，悄悄引入了民众的生活世界，从而创造了蜚声中外的徽州文化。从地理环境看，徽州文化孕育于今天的皖、浙、赣三省交界之地，群山环抱的皖南盆地之中（图 5-1）。黄山、天目山、白际山、九华山、五龙山等环绕周边，海拔最高处近 2000 米。境内河谷纵横，山环水绕之间，谷地及盆地被穿割围合，形成若干片自然群落，并形成构成诸县之境域。虽然山川秀丽、风景绝佳，但"其地险狭而不夷，其土驿刚而不化"[③]，特别是，"新都故为痔土，岩谷数倍土田"（汪道昆，2006），能够开垦的土地占比很小，素有"八山半水半分田，一分道路和庄园"之说[④]。从经纬度看，徽州地处北亚热带，属于湿润性季风气候，温和多雨，四季分明，主要发育的是偏酸性的黄壤、黄棕壤和红壤，既适合居住，又适合竹木、茶叶和某些药材等的生长，从而为先民"寄命于商"创造了条件。而境内的水系则为水路交通的发展提供了便利，一定程度上克服了山林对陆路交通的阻挡，同时，也为相对封闭的徽州提供了与外界联系的通道。徽杭水道、徽饶水道、徽池水道、徽宣水道四条"通徽水道"，分别通向东南西北四方，而通往杭州的新安江更是古徽州人对外

---

① 历史格外留恋的一座古城，走进歙县徽州古城，http://www.toutiao.com.a4119293047[2015-03-25]。

② 歙县概况（一）：歙县县情，http://www.ahshx.gov.cn/SortHtml/1/1851133010.html[2015-04-07]。

③ （宋）罗愿：《新安志》卷 2《叙贡赋》，文渊阁四库全书本。

④ 转引自康熙《徽州府志》卷 2《风俗》。另各县土地利用结构俗语稍有差别，比如歙县"七山一水一分田，一分道路和庄园"；祁门县"九山半水半分田，包括道路和庄园"；婺源县"八山半水一分田，半分水路和庄园"。参见歙县地方志编撰委员会. 1995. 歙县志. 北京：中华书局：132；民政部，建设部. 1993. 中国县情大全（华东卷）. 北京：中国社会出版社：704, 1274。

交流和徽商外出经商的"黄金水道"，新安江也被誉为徽州的母亲河。而徽州境内的水系不仅四通八达，而且河水较深，含沙量小，具有一定的落差，非常适合水上运输，为以后徽商的兴起创造了良好的运输条件。

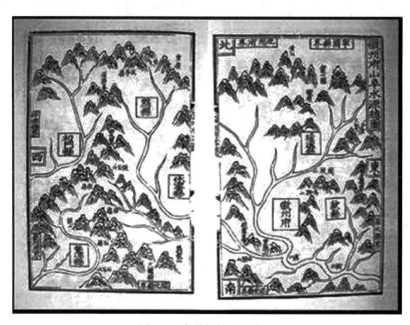

图 5-1　古徽州的地理位置

资料来源：《[弘治]徽州府志》收录的《徽州府山阜水源总图》

由此看来，徽州作为一个相对封闭的地理单元，是逃避战乱的绝佳之处。因为这里不仅有山脉的阻挡，更为安全；同时，气候宜人、物产丰富，为避难者创造了良好的生活环境。只是这里耕地资源有限，难以承载过多的人口，如果人口密度过大，就必须依赖于商贸活动，在开放的环境下解决粮食短缺的问题。

二、徽州文化的历史演进

不少研究都曾关注徽州文化的内涵。刘伯山（1997）在早期的研究中认为，徽州文化透露了东方社会与文化之迹，是中国封建时代后期民间经济、社会、生活与文化的典型标本。按此理解，徽州文化显然不是指徽州地域历史上发生的所有文化。因此，他在以后的研究中提出，徽州的历史至少有五六千年，但严格和典型意义上所说的徽州文化主要还是指北宋宣和三年徽州府设立后才全面崛起并在明清时达到鼎盛的文化，当然，狭义的徽州文化与其早期发展及后期演变都有内在关联，他同时提出，徽州文化不仅指在徽州本土上存在的文化，亦包括"由徽州而发生，由本籍包括寄籍、侨居外地的徽州人创造从而辐射于外、影响于外的文化"（刘伯山，2002）。卞利（2001）也认为，徽州文化主要是指宋元明清时期根植于徽州本土并经由徽州商帮和徽州士人向外传播和辐射，进而影响其他地域文化进程的一种区域性历史文化。叶鸣声和郗延红（2004）则提出，广义的徽州文化是指世代的徽州人进行文化创造活动所形成的一切文明成就的总和，狭义的徽州文化则是徽州人在最为辉煌的"徽州时代"里所创造出来的、以程朱理学为内核、以徽商精神为基础、以文教理性为先导、以创新进取为灵魂的一切器物文明、制度文明和精神文明成果的总和。而叶显恩（2005）则指出，徽州文化植根于一府六县的"小徽州"，伸展于中华大地，尤其是以江南和淮扬地区，以及芜湖、安庆、武汉、临清等城市为基地形成的所谓"大徽州"。而许顺进（2006）则强调，"徽州文化既是以程朱理学为思想基础、以小农经济为产生背景的历史文化，又是以儒家思想为道德准则的民族文化，同时，还是具有浓郁地方特色的区域文化"。可见，通常所说的徽州文化只是徽州地域历史上文化最为繁盛的阶段，同时，其影响与文化的扩散有密切的关联。

关于徽州文化的历史演进，代表性的观点分为三个阶段：第一阶段是东汉之前，即古代徽州的山越文化阶段；第二阶段从东晋到南宋，可称为新安文化阶段；第三阶段是从南宋到民国时期，为今人重点研究的狭义徽州文化阶段（程必定，2006）。而在朱国兴等（2006）的研究中，徽州的历史发展可从人地关系角度出发划分为四个阶段，即刀耕火种的山越土著文化时期、以宗族迁徙为基础的文化融合时期、徽商崛起的文化繁荣时期及旅游发展推动的文化逐渐开放阶段。还有研究更多关注了徽州早期的文化发展，认为第一阶段是从远古至春秋战国时期的早期江南越文化阶段，当时的徽州土著是越人，徽州历史文化尚未从中华民族的历史文化母体中分离出来；第二阶段是山越文化，从战国中后期至三国，这时的徽州社会文化已开始从中华民族母体的社会文化发展中分离出来，但却是停滞发展甚或出现倒退的，越人"入山为民"，生产方式上"刀耕火种"，生活习俗上"志勇好斗"，烙有很深的半原始丛林社会文化的痕迹，是徽州历史上的"黑暗"时期；第三阶段是新安文化阶段，为东汉末年至南宋，长达1000多年，主要是北方诸多世家大族移民于此，带来人口、经济、文化上的冲击、碰撞，使徽州文化得到长足进步，封建化进程得到实现；第四阶段是徽州文化的昌盛阶段，也就是狭义徽州文化阶段，其时限为南宋至民国时期，在这一时期，徽州人已经是十分成熟的"封建人"，徽州人多地少的矛盾已经突出，由徽州本土向外的徽州历史上第二次移民的过程已经开始，主要是通过科举和经商实现，徽州重儒、重文、重教的风气逐步形成（汪玥，2003）。应该说，北方世家大族的移入是徽州文化兴盛的基础，"新安自南迁后，人物之多，文学之盛，称于天下。当其时，自井邑、田野以至远山深谷，居民之处，莫不有学、有师、有书史之藏……故四方谓'东南邹鲁'"①。而徽州人自宋代以后以徽商或科举方式走出徽州，则带动了徽州文化的对外扩散，形成了徽州文化的影响力和竞争力，作为程朱理学的发祥地，徽州文化在各个方面都得到了迅速发展，成为既有典型的封建文化特点又具有浓郁地方特色、体系完整、内容深刻的辉煌地方文化。

从徽州文化的演进历程看，无论阶段如何划分，移民的进入和徽民"寄命于商"，都发挥了重要作用，而这也显示出文化扩散和文化融合的价值。在此过程中，徽州依托相对封闭的地理环境，既在融合中创新，又在扩散中发展，将先进价值理念与地方发展需求紧密结合起来，促进了地方文化的繁荣，为今人留下了宝贵的文化遗产。

三、文化扩散与徽州文化的演变

文化扩散对徽州文化的影响与移民有密切的关系，可以说，徽州文化的形成和传播都显示了迁移扩散的价值。据考古研究，早在六七千年以前，古徽州地域就有原始人类活动的足迹，同样经过了智人时代、旧石器时代、新石器时代、陶器时代、青铜时代等人类文明发展的历史阶段（方利山，2007）。3000多年以前至西周、春秋战国时期的大量古徽州原始青瓷器、陶器、青铜器的出土，也曾使专家惊叹，"其形制之精美，铸造技艺之高超，绝非短时期所文能炼成。其多样化的原始瓷器，更超越中原地区"（陈怀荃，2003）。不过，由于缺乏文字、文献的记载，一般认为，古徽州在汉代以前尚处于黑暗之中。《越绝书》等极少量的历史文献对山越人的零星描述是，"断发文身，凿齿锥髻，距其而坐，喜生食，善野音，重巫鬼"，他们"饭稻羹鱼，火耕水耨"，与中原先民很不相同。可见，古徽州的土著居民并未创造出高水平的文化成果。

虽然古徽州的土著山越人处于文明的"黑暗"期，但据徽州家谱和众多史志记载，自两汉以来，不少北方中原世家士族和平民百姓陆续迁入徽州，人口数量在宋代以后更是增长迅速（胡中生，2004），极大地改变了徽州的人口

---

① （清）道光《休宁县志》卷一《风俗》，道光三年刊本。

结构。徽州从汉代开始、结束于两宋时期的大规模的人口迁入主要是由于逃避中原战乱和向往徽州山水。历史上著名的西晋"永嘉之乱"、唐朝"安史之乱"及北宋末年的"靖康之乱"都形成了中原人南迁的社会大移民，而"辟陋一隅，险阻四塞"的徽州则成了理想的避难场所。民国《歙县志》说："邑中各姓以程、汪为最古，族亦最繁。其余各大族，半皆由北迁南，略举其时，则晋、宋两南渡及唐末避黄巢之乱，此三朝为最盛。"①此外，因向往徽州"大好山水"或在徽州为官而携家迁居徽州的汉族士大夫也很多。由于秦汉时期，徽州的山越人还处在缺乏文字记载的文明黑暗期，而中原地区早已进入高度发展的封建文明。因此，当大批"中原衣冠"进入徽州地区之后，山越人被逐渐同化就成为历史的必然。研究显示，从东汉开始至隋唐时期，大约经过了 7 个世纪，山越人才被彻底征服。公元 9 世纪以后，不但不见山越"叛乱"，而且连山越名称也从历史文献中消失了。在征服山越人的过程中，汉人统治者完全控制了徽州地方政权。据罗愿《新安志·叙牧守》记载，从孙吴建郡至隋唐，共列牧守 79 人，其中有籍贯记载者 63 人之中，"中原衣冠"有 44 人，长江中下游地区的士大夫有 19 人，追本溯源，这些士大夫的远祖也大都是中原人。历任牧守都对山越人不仅使用武力征服，更重视封建教化，从而促进了山越人逐渐被同化，创造了一种以中原文化为基础的统一的徽州文化（赵华富，2001）。

　　不过，移民的大量涌入，也导致徽州人口持续、快速增长，耕地不足的约束日渐明显，人均耕地面积急剧减少，这一趋势从 12 世纪开始显现（叶显恩，1983）。即使中原较为先进的农业生产技术和不断扩大的耕地面积，也难以解决徽州的粮食短缺问题，面临着"一亩收入不及吴中饥年之半"②、"大都计一岁所入，不能支什之一"③的粮食自给困境。为了生存，徽州人不得不普遍选择外出经商、求食四方，并自嘲"前世不修，生在徽州，十三四岁，往外一丢"，而另一些徽州人则选择了发奋读书，经商从贾流、科举入仕流促使徽州从南宋开始到明清时期出现了大量的出境人口流（朱国兴等，2013）。一般认为，明代成化、弘治之际，徽州人开始贩运木材和茶叶等山货以换取粮食（张海鹏和王廷元，1995），而徽州人从商成俗，也主要因为自然环境与其自身生存需要的互动（陆发春，2010），而官府沉重的赋税政策也对徽州人从商起到了促进作用（王振忠，2006b）。明嘉靖《徽州府志》里说，"以故中家而下，皆无田可业，徽人多商贾，盖其势然也"，清康熙《徽州府志》里也说，"天下之民

---

① 许承尧：《歙县志·舆地志·风土》. 民国刊本。
② 康熙《徽州府志》卷六"物产"。
③ 嘉靖《徽州府志》卷八"食货志"。

寄命于农，徽民寄命之商"，都反映了徽州人选择经商的必然性。而受中原文化"光宗耀祖"、"万般皆下品、唯有读书高"及"学而优则仕"等思想的影响，不少徽州人为谋求更好发展或恢复原有的社会地位，选择了重视教育、鼓励科举入仕的道路。"几百年人家无非积善，第一等好事只有读书"成为徽州重要的价值理念，而"十户之村，不废诵读"也是徽州人的自觉选择，再加上刻苦耐劳、奋发进取的"徽骆驼"精神，明清时期，徽州人才辈出，据清道光《徽州府志》和新编原徽州府六个县的县志记载，明代徽州府科举中式进士计 492人，清代中式进士计 782 人（赵华富，2011）；宋、元、明、清四朝，休宁共有状元 17 位（2 位武状元不计），是"中国第一状元县"（汪顺生，2009）。当然，科举的成功者只能是少数，更多的人不得不"弃儒服贾"，但这也极大提高了徽商群体的文化层次，促进徽商获得了儒商的赞誉。徽州人的外出经商从南宋开始，极盛于明清，衰落于晚清（唐力行，2002），不仅执中国商界之牛耳长达 400 年，更促进了徽州文化的对外交流，在扩大徽文化影响和吸收借鉴外来文化优秀方面都发挥了积极的作用。

盐业是徽商发达的重要基础，在清代扬州著名的"八大总商"（即八位极有实力的盐业商人）中，有六位祖籍徽州，而通过垄断盐业，徽商还把势力扩展到几乎所有的生活必需品交易中。但到清道光年间，由于盐业制度的改革，徽商的垄断优势逐步瓦解，势力式微。而太平天国期间，徽州本土成为拉锯战场，徽商故里"十室九空"。而从清乾隆时期开始，宣州及安庆怀宁、望江等地农民在灾难之时纷纷进入邻近的徽州山林，或"居主山、种主田"，或烧林垦山种苞芦，搭棚定居，史称"棚民"，不少还逐渐形成了新的村落，但对徽州文化的破坏作用远大于积极价值（方利山，2007）。

应该说，徽州文化的扩散交流与新安江水道等水路交通关系密切，但陆路交通的作用同样不可忽视。《土商类要》中列举的 17 条徽州出入境线路中，14条与陆路交通相关，而徽商发迹后，又捐出部分资金用于道路桥梁的建设，因此，徽杭古道等文化遗产也是徽州移民文化发展的重要见证（张亮，2015）。

四、徽州文化形成中的人地相互作用机制[①]

徽州文化的内涵十分丰富，主要有新安理学、徽州朴学、新安画派、徽州篆刻、徽派版画、徽剧、徽州刻书、新安医学、徽派建筑、徽菜等，此外，

---

① 本部分根据孔翔、陆韬，《传统地域文化形成中的人地关系作用机制初探—以徽州文化为例》，《人文地理》，2010年第3期，153~155页修改而成。

还包括徽派雕刻、徽派盆景、徽派漆器、徽派竹编、文房四宝（徽墨、歙砚、澄心堂纸、汪派立笔）、徽州民俗、徽州方言等。这些不仅体现了中国最正统的儒家思想，也受到释家、道家思想的影响（张脉贤，1997），充分体现出农耕文化繁荣时期徽州人的富贵。所谓"富"是指徽州人的财大气粗，它以徽商的成功经营为物质基础，突出表现在至今仍随处可见的"三雕""三绝"上；所谓"贵"是指徽州人的"入世"理念和精神追求，它以北方世族文化为基础，并逐步成为新安理学和书院文化的繁盛之地。徽州文化的富贵特征显然与穷山恶水中繁衍生息的原住民关系不大，但也正因为相对封闭的自然环境，徽州逐步成为北方世族移民的聚居之地，并由此发展起特色鲜明的儒商文化和宗族文化。

1. 徽商是徽州文化的代表性特质

作为由徽派建筑等诸多文化特质组成的地域文化综合体（黄成林，1995），徽州文化的各个特质既相对独立，又都与某些代表性特质存在密切联系，从而共同展现出徽州文化特有的神韵。因此，在浩繁的徽州文化相关研究成果中，应对代表性特质有着更多关注。在 2008 年 7 月通过中国知网（www.cnki.net）对徽州文化研究进行的文献检索中，徽商（40%）、徽州古建筑（30%）和徽州教育（12%）是最受关注的领域，而在 2007 年 7 月、12 月和 2008 年 7 月分别在歙县县城和黟县宏村对当地居民和游客进行的问卷调研中，尽管公众对徽州民居和牌坊等物质文化景观的偏好更加明显，但徽商和儒学等非物质文化特质仍然受到较多关注。特别是，从深度访谈的记录看，年长男性对徽商的认同度相当高，所有接受访谈时间较长、记录内容较丰富的调查都认为徽商是徽州文化最显著的特质。可见，无论是学者还是民众都将徽商视为徽州文化的重要代表性特质。"徽民寄命于商"既是徽州地区移民比例过高的必然结果，也是徽州在明清时期商业从业人员比例较高的体现。它反映出地域人口的社会经济结构可能对地方文化特征具有重要影响。

2. 徽商的形成及影响充分反映了传统地方文化的形成机理

徽商是在北方世族大量向徽州地区移民的过程中形成的。他们不仅是徽州文化物质财富的创造者，也在徽州社会经济制度和价值理念形成中发挥着重要作用；作为文化交流的使者，他们还曾为徽州文化的持续繁荣注入了新鲜元素和活力；而随着徽商的衰落，徽州文化的光芒也逐渐褪去，更多的只是记录着历史的辉煌。徽商的形成及影响表明，地理环境和文化传统都对地域文化的演进有着复杂的作用，徽商不仅是某种经济活动或从业状态，更是徽州地区人口社会经济结构的反映，徽商对徽文化的影响机理也是人地关系作用机制的具体体现。

首先，徽州独特的自然地理环境使徽州文化成为典型的移民文化。古徽州是一个相对独立的自然地理单元，在生产力水平很低的农耕时代，陆路和水路交通多有阻碍，且出入要冲之地皆可凭关隘防守，这就使徽郡先民获得安全之感。再加上优美的山水环境、温润的气候、丰富的野生动植物资源等都使徽州成为极好的避难所和理想的定居地。据明代《新安名族志》残本的分析，徽州56个大族中，分别有23族和26族直接或间接迁自中原，仅7族迁自其他地区；其迁入时间多与"永嘉之乱"、"安史之乱"和"靖康之乱"导致的大规模北民南移基本吻合；此外，除去23族因避难定居，还有游宦留居的14族，迷恋山水定居的8族，自由迁居的11族（洪偶，1986）。可见，"世外桃源"般的自然地理环境是徽州移民聚居的基础条件，而北方深受儒家文化熏陶的世家大族则是移民的主要成分。以士族和大族为主的移民素质明显高于当地山越百姓，他们带来的中原先进文化在融合、同化山越文化的过程中逐渐成为以后徽州文化繁荣的基础。无论徽商的精神追求或新安理学的发展都深受中原文化积淀的影响。

其次，人多地少的矛盾和北方移民的先验文化特征共同孕育了徽州的儒商文化。古徽州山多地少，原本就难以承载过多的农业人口，而北方移民的大量涌入进一步加剧了人多地少的矛盾。虽然相对先进的农业生产方式可能比"靠山吃山"的原始经济有更高的生态承载力，但仍无法摆脱土资源稀缺的束缚。巨大的生存压力使相对开放的外来移民再次选择外出谋生，他们以徽州丰富的林木、矿产资源为主要商品，以相对发达的水系为物流通道，在南宋以后经济重心南移的过程中，逐步创造了徽州朝奉的响亮名声。徽商的形成机理表明，徽州的山不仅为徽民创造了安全感，也准备了竹木、茶叶、砚台等丰厚的可贸易商品；徽州的水不仅为移民进入提供了通道，也为外出经商和文化交流创造了条件；徽州地处亚热带季风气候区和邻近江南富庶之地的优越位置同样是移民聚居和商业活动发展的有利环境。徽商的发展使徽民富了起来，也使其有了继承和发扬先祖文化精神的物质基础。那棠樾牌坊群里"忠、孝、节、义"的感人故事，那宝纶阁里珍藏的恩旨纶音，那随处可见的宰相（状元）故里、精巧的徽派雕刻、美丽的徽派盆景，以及发达的徽州教育、新安理学、新安画派等都折射出徽商作为儒商的志趣追求，表现出富人文化与贵族文化兼备的特征。相对封闭的徽州之所以能孕育出中国农耕时代优秀地域文化的代表，不仅依赖于徽商的财富，更依赖于徽商优秀的先验文化特征和不俗的精神追求。

在此基础上，徽州的自然人文环境共同促成了徽州宗族文化的繁荣。水口、天井、马头墙和狭窄的弄堂是对人多地少的自然环境的适应；祠堂、牌坊、家族书院和族田则表现出北方移民及其后代对中原文化的尊崇。徽州宗族文化的发展固然深受"程朱理学"的影响，但也和移民的"聚族而居"及徽商的生活方式密切相关。青壮年男子大多外出经商，留在徽州的以"老弱妇孺"居多，宗族的情感纽带作用和集体安全意识就显得更有必要；建祠堂、明世系、墓祭祖先不仅是移民追忆远祖的精神归依，更是外出经商和求取功名者的心灵期盼。徽商的经济实力及其对宗族的精神寄托，不仅为各式祠堂和牌坊的建造奠定了雄厚的经济基础，也促使宗法制度更加系统化、伦理化。诚然，不少牌坊确实镌刻下贞节烈女的悲惨经历，但宗族文化在促进徽文化发展和徽商繁荣中的作用亦不容否认。

此外，徽商作为文化扩散交流的使者，还关系到徽州文化的兴衰。地方文化史的研究表明，只有开放的、能不断吸纳外来优秀文化元素的地方文化系统才能持续发展，成为先进文化的代表，而封闭自守的文化最终只能走向衰退。在汤因比看来，复活节岛上的石像记录着昔日的繁荣，而衣衫褴褛的居民则诉说着今日的衰落，这正是因为太平洋过于强大的挑战中断了复活节岛与外部文化的交流（汤因比，1986）。徽文化的兴衰同样与文化扩散密切相关。在山越文化时代，封闭的徽州是落后的；随着北方世族移民的进入，中原文化逐渐成为徽州的主流文化；自宋代以后，特别是明清时期，徽州文化的加速发展主要因为徽商不仅带出了大批物产，更带回了丰厚的资本和中原文化发展的最新成果；而清道光年间以后，徽商逐渐衰落，徽文化也因此失去了对外交流的使者，其相对封闭的自然地理环境再次成为文化交流的屏障，以致如今的徽州并非中国近现代文化繁盛之地，而只是由于相对隔绝的环境比较好地保存下历史的辉煌。徽州文化的兴衰史表明，正是徽商作为不间断的文化交流的使者，才使徽州发展起那个时代高度发达的儒商文化。

3. 独特的人口结构特征在徽州文化形成中具有特殊重要的作用

两汉以来，北方世族的大规模迁入是徽商形成的基础，它反映了古徽州地区人口以外来较高素质移民为主的社会结构特征；而徽商的主要经济活动是国内贸易，这就表现为商业从业人员所占比例较高的经济结构特征。因此，正是独特的自然地理环境孕育了徽商的繁荣；而这一独特的人口结构不仅使该地区的文化发展有了较丰厚的物质基础，更有了独特的精神追求和不断与外界文化沟通交流的使者。而精彩的"三古""三雕"等物质文化景观，以及新安理学、宗法观念等制度、价值理念也都反映出人口社会、经济结构特征对徽州文化的影响。

对徽州文化的分析表明，人口的社会、经济结构作为地方文化系统中受地理环境影响最直接的因素，在人地相互作用中扮演着关键性链接角色。作为地方文化综合体中最活跃的因子，人口结构特征不仅会受到自然和人文地理环境的直接影响，也会显著地影响到地域文化特征的形成和变迁，这也表现出人文因素对地理环境的反作用。地方文化形成中的人地相互作用机制具有三方面特点：一是人在地方文化的形成中具有特殊重要的作用，一方面人口的社会结构反映着人的基本素质，人口的经济结构反映着经济活动的方式和效率，这都制约着地方文化的发展特征和发展水平，另一方面，人口的素质和经济活动特征不仅受到自然环境的制约，而且决定了适应和改造自然环境的方式和强度，从而对地理环境的演变形成反作用，不过，这一反作用要比自然环境对人口结构的制约作用相对较弱；二是人类社会的群体特征对地域文化的影响最为直接，虽然现代社会日益强调人的个性发展，少数精英也的确曾在人类社会进步中发挥过关键性作用，但总的来看，群体的结构特征影响更为深远，要提高地域文化的发展水平，关键还要普遍性地提高人口素质、优化就业结构，要建设生态文明，同样需要在全社会形成人地和谐的共同理念；三是地理环境影响着人口的集聚与扩散，这反映出自然作为人类活动的舞台对文化发展的制约作用，在追求科学发展和持续发展的过程中，我们必须高度关注自然生态环境的承载能力，不断改善人类生存的自然人文环境。

总之，人口的社会、经济结构特征在传统地方文化的形成和发展中有着关键性影响，它不仅反映了自然环境对人类活动的制约作用，也反映了人类自身素质和经济活动对地域文化系统的影响。这不仅对传统文化的分析具有指导作用，也对当前的经济文化建设具有借鉴意义。在人口流动日益频繁的现代社会，那些自然环境优越的地方往往吸引了更多高素质的人口，也发展起更高水平的经济文化活动，而那些自然环境相对恶劣的地方则面临人才流失的困境，可能陷入发展的恶性循环。因此，要促进地方的繁荣发展，就要尽可能地保护和改善自然环境，同时要不断提高人口素质，促进产业和经济结构的升级。

第二节　徽州文化传承的价值与现状

徽商的成功是徽州文化发展繁荣的重要支撑，正是徽商雄厚的经济实力和广泛的政治影响力，为徽州大量高品质的祠堂、牌坊建设创造了条件；而徽商在外经营的辛劳和风险，也促进宗族文化在徽州社会关系中发挥了重要调节作用；而明清时期徽商足迹遍布全国，不仅带回了各地的先进文化特质，更广泛传播着徽州文化，于是就有了"无徽不成镇"的说法，也使得徽州文化蕴含着更多那个时期儒家先进文化理念和实践经验总结，使得徽州文化成为汉文化在农耕文明繁盛时期的杰出代表。即使现在，还能在全国不少地方看到徽派建筑的遗存，徽州古村落也保存着许多其他地方文化特质扩散的遗迹，可见徽文化对当时全国政治、经济和社会发展的深刻影响。虽然，随着徽商的衰落及不少地方对外开放程度的提高，徽文化留存的物质和非物质文化遗产日渐减少，其认同度和影响力也有所下降，但在文化全球化时代，徽文化的地方性、民族性和身份认同价值日趋明显，深入研究和保护徽州传统文化将具有重大而深远的意义。

一、徽州文化的现存遗产

徽州文化的内涵十分丰富，现存的遗产类型也很广泛。在物质文化遗产方面，仅黄山市行政区划范围内已查明的保存完好的徽州古街镇、古村落、古民居、古祠堂、古牌坊等地面文物就达 5000 多处。其中，黟县西递、宏村于 2000 年 11 月被联合国教科文组织列入《世界文化遗产名录》；潜口民宅、许国石坊、棠樾石牌坊群等 17 处被列入国家级重点文物保护单位；程大位故居、花山谜窟及摩崖石刻等 63 处被列入安徽省省级文物保护单位；老街古建筑群等 73 处属于黄山市市级文物保护单位。此外，还有市县馆藏文物 50 000 余件，其中，市博物馆收藏各类文物 14 000 余件，古籍 50 000 余册，明、清契 28 000 余张，另外还有大量文物被民间收藏，徽州因此被誉为"文物之海"（张脉贤，1997）。另有研究认为，在徽州现有文化遗存中，有古村落 2000 余处，古民居 6000 余处，古祠堂 500 余座，古牌坊 130 座，古戏台近 30 处，古桥 1276 座，古书院、书屋、考棚、文昌阁和文庙等 130 余处，古塔 17 座，古亭阁 100 余处，古碑刻 500 余通（处）（卞利，2004），更细致地描述了徽州遗存与日常生活密切相关的文化景观。

在非物质文化遗产方面，据 2007~2009 年进行的第一次非物质文化遗产普

查，黄山市申报成功国家级"非物质文化遗产"15 项，居于安徽省首位，包括
歙砚、徽墨制作技艺，以及徽剧、目连戏、徽州三雕、徽派传统民居建筑营造
技术、徽派盆景技艺等，另有省级非遗 40 项，市级 91 项，县级 184 项。有国
家级非物质文化遗产传承人 11 人，省级传承人 34 人。在黄山市 14 大类 1305
项非物质文化遗产项目中，民间文学 943 项，占 72.26%，其他还有民间美术
23 项，民间音乐 16 项，民间舞蹈 30 项，戏曲 5 项，民间杂技 10 项，民间手
工技艺 53 项，生产商贸习俗 20 项，消费习俗 30 项，人生礼俗 37 项，岁时节
令 50 项，民间信仰 72 项，民间知识 11 项，游艺、传统体育与竞技 5 项。区
域分布相对均衡，以歙县数量最多且最具代表性。这些非物质文化遗产都收录
在了作为黄山市非遗保护工作阶段性成果的《徽州记忆》中（赵懿梅，2010）。

在文献文书的遗存方面，据调查，见诸于著录的徽州人经史子集类著作总
数当在 6000 部以上，存世的尚有 3000 多部，未见诸著录而散存于徽州民间的
家刻本和散落在海外的孤本、手稿还有 1000 部以上。此外，徽州还有大量的
谱牒文献，其中《中国家谱联合目录》著录的徽州家谱仅有 700 余部，而据调
查，已经发现且被收藏但尚未著录的至少有 3000 多部，散藏于民间尚待发现
的还有 3000~5000 部。徽州文书遗存的数量也很大。20 世纪 50 年代第一次被
大规模发现时就有 10 万余件，当时被誉为 20 世纪中国历史文化上的第五大发
现；至 20 世纪末，已知被各地图书馆、博物馆、档案馆、大专院校、科研单
位收藏的达 25 万件左右；之后，还在不断发现。至 2009 年年底，已发现的徽
州文书数量当不下 40 万份，而可资研究利用、目前还散落在民间、尚待发现
的尚有 10 万份左右。这些徽州文书，上溯南宋，下至 20 世纪 80 年代，均是
历史上徽州人在具体的社会生产、生活中为切身利益形成的原始凭据、字据、
记录，是徽州社会文化发展最真实、具体的反映（刘伯山，2010）。

由此看来，徽州文书、典籍文献和文化遗存都十分丰富，共同构成了徽学
研究的基本资料支撑。它们是历史上徽州人在生产与生活中所建造和遗留下来
的宝贵遗产，具有丰富的文化内涵和珍贵的研究价值，对推动徽学研究向纵深
领域拓展具有极其重要的作用，也对徽州文化保护具有积极价值。

二、徽州文化传承的价值

徽州文化的价值是学者们较为关注的问题。总的看来，传承徽州文化，不
论从哲学、政治经济学、历史学、社会学、语言学、民俗学、教育学、建筑
学、美学、医学、艺术，还是从旅游、经济、贸易等方面看，都具有重要的价

值，它不仅是中华文化的缩影和历史印证，也是徽州文化思想渊源分析的基本材料，还是现代文化、经济、旅游发展的极优条件（张脉贤，1997）。徽州文化遗存对于重构和再现徽州人过去的生产与生活，具有不可低估的历史价值，同时，其建筑学价值和艺术价值亦不可小觑（卞利，2004）。从学术研究看，徽州文化的传承至少有四个方面的意义：一是借以考证中国农村封建社会的真实情景；二是具有中国封建社会后期社会文化发展典型的标本研究价值；三是具有地理文化单元的人类文化学研究价值；四是具有移民文化研究价值（刘伯山，1997）。徽州文化以其全面、丰富、辉煌的文化特质成为中国后期封建社会具有独特性、典型性和全国影响的地方文化发展典型，在中国传统文化中成为一个相对独立的文化体系，并确立了基本的研究框架（张安东，2011），从而成为重要的传统地方文化研究标本，呈现出越来越丰富的内涵。因此，传承徽州文化，不仅要将其丰富遗产妥善地承继下来，传播开去，并好好地传递给子孙后代，而且要适应时代发展要求进行扬弃式推陈出新，实现内容与形式兼备而又积极进取的"标新立异"，也就是要找准薪火相传的切入点，光大古为今用的融汇点，凸显应时精进的闪亮点，着眼于切实推进现实的经济、社会和文化发展（叶鸣声等，2004）。例如，博大精深的徽州文化可以为构建和谐社会提供多方面的有益启示，包括以朱子理学和"徽骆驼"精神为构建和谐社会提供思想资源与精神动力，以弘扬重视教育、重视文化的传统，为和谐社会的构建提供智力支持（王传满，2006）。此外，为在经济发展相对落后的情境下促进安徽经济的快速崛起，还要"打好徽字牌，做好徽文章"，大力弘扬徽商文化和徽商精神，为推动安徽经济又好又快发展提供精神动力和经验借鉴（陈瑞，2008）。

从已有的研究看，徽州文化的传承和保护还主要着眼于具体的文化特质，较少对地方文化综合体特别是地方文化精神的传承进行系统研究，因此，对徽文化传承价值的探讨，也主要是以列入遗产保护名录的物质或非物质文化景观，以及文献典籍、契约文书等为客体，较少关注地方文化的综合保护。这固然与徽文化内涵丰富，留存的文化遗存种类多、数量大有关系，但更重要的，还是缺乏原真性保护和活态传承的理念，很可能把文化保护变成了文物保护，仅仅留下博物馆里可供凭吊的物什或舞台上偶一展演的技艺，文化的传承和创新难以实现。当前，文化的整体性保护已经得到重视，毕竟，"没有历史真实性和大自然，一切文明都将受到腐蚀破坏，即由于其各个不同领域的逐渐独立而倒退"（克劳德·拉费斯坦，2008）。而文化的精神则是整体性保护的灵魂，它引导"形成了一种可见的实体，从各有自己历史的、成片的乡村农田和茅舍中，出现了一个整体"；"这整体生活着、呼吸着、生长着，并获得了一种面貌和一种内在的形式与历史"（奥斯瓦尔德·斯宾格勒，2006）。因此，传承徽州文化不能只是重点保护主要的历史遗迹，而要通过传承地方文化精神和生活方式，来保护整体的地理文化风貌。特别是面对如此众多的徽文化遗产，如果没有综合性总体保护规划更是难以实现有效保护和全面保护的。借鉴文化生态的区域性保护策略，以2008年开始启动的徽州文化生态保护实验区建设为契机，推动保护好古村落等历史环境本体和文脉的原真性及文化遗产背景环境的完整性，同时重视乡土文化和乡土景观的保护（张松，2009），以更好地服务于地方经济社会发展和世界文化多样性。

在徽州文化的区域性整体保护中，古村落文化的保护具有特殊重要的价值。典型徽州古村落是传统中原士民在移居徽州的过程中，选择地理环境较好的地方，聚族而居，以后又在人多地少的压力下被迫"寄命于商"，并将经商取得的巨额财富带回故里，在传统中原文化思想影响下，为光宗耀祖而大兴土木，修葺豪宅、祠堂、牌坊等，同时改进村落公共服务和管理而逐步形成的。在徽州古村落的发展中，人口聚族而居并"寄命于商"是社会基础，经商活动的巨额利润及当地的丰盛物产是物质基础，不断随移民和徽商引进的中原文化则是思想基础。徽州古村落依托较好的人口素质、较殷实的经济基础及当时先进思想文化的影响，较好满足了先民对舒适生活和人生价值的追求，创造出了代表那个时代较高水平的文化成果。同时，又因为地理环境相对封闭，在中国经济文化相对衰落的过程中，徽州受外部文化的影响相对较小，在独立演变的进程中，较好地保存了那个时期的物质景观和文化精神，从而成为徽文化的主要载体，是徽州"三绝"集聚的空间。古村落作为先民的聚居地，也是那个时期生产生活的中心，集中体现了农耕文化繁盛时期人类社会与自然生态环境交互作用的思想和方法。西递、宏村等古村落被称为"中国画里的乡村"，并入选世界文化遗产，就体现出古村落在人地和谐共处方面曾经取得了辉煌成就，并可能对当前的区域生态文明建设具有积极的借鉴价值。仍然居住着徽州人的古村落，虽然在生产生活方面已经没有了往日的繁华，但仍然散发出独特的迷人魅力，应当努力在传承和发展传统文化的过程中，成为"活态"徽文化的博物馆。徽州古村落的保护应当成为传承徽文化的关键性工作，对于当前徽州地区乃至全国的文化和生态建设都可能发挥多方面的价值。

首先，作为中华传统文化的高地和避难所，徽州古村落文化对许多学科领域都具有重要的研究价值。作为中国封建社会后期走向繁荣的地方文化，徽州古村落较真实地展现了当时中国乡村民间社会与文化发展的成果，在结构形式上存在着极为显著的整体系统性特征，当前徽学研究的兴盛和有关徽州古村落文化的丰富研究成果就是这方面的具体体现。而这类研究可以为徽州及东中部地区的新农村建设提供有益借鉴。此外，传承徽州文化中的儒商文化也对当前促进"大众创业、万众创新"有多方面的借鉴意义。

其次，作为一种宝贵的文化资源，徽州古村落文化将在合理开发中表现出巨大的经济价值。古村落文化作为重要的旅游资源，已经是黄山市旅游产业发展的核心支柱之一，对黄山市的社会经济发展已经发挥了重要的推动作用，特别是宏村、西递被列入《世界文化遗产名录》，更使得徽州古村落受到海内外游客和社会各界的广泛重视，越来越多的人希望能造访徽州古村落，各个学科的研究者也慕名而来，直接促进了黄山市旅游产业和国民经济的发展。资料显示，2000~2010 年，除受到"非典"影响的 2003 年以外，其余各年黄山市的游客接待量和旅游总收入增长都十分迅速（图 5-2），对区域经济发展发挥了重要的带动作用。同期，旅游业收入在黄山市国内总产值中所占比重也不断上升，自 2009 年起，旅游业总收入在黄山市国内生产总值中的比重均已超过 60%（图 5-3）。这虽与黄山旅游的发展密切相关，也与古村落旅游的开发关系密切，因为古村落旅游越来越成为黄山旅游的重要内容，并且其受天气的影响较小，交通更为便利，在黄山游的主要线路中，都纳入了较多古村落旅游项目。同时，也有越来越多的古村落开始积极开展或扩大旅游开发的规模。当然，徽州古村落文化的经济价值远不局限于旅游开发，例如，相关文化保护和文化研究活动也为黄山市的招商引资、房地产开发等创造了许多契机。

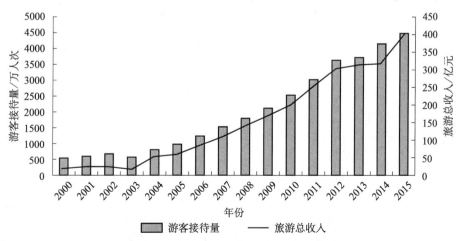

图 5-2　黄山市游客接待量和旅游总收入变化（2000~2015 年）

资料来源：2000~2015 年《黄山市国民经济和社会发展统计公报》

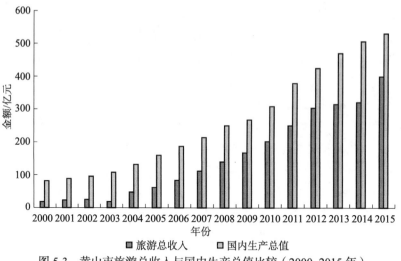

图 5-3　黄山市旅游总收入与国内生产总值比较（2000~2015 年）

资料来源：2000~2015 年《黄山市国民经济和社会发展统计公报》

　　再次，保护徽州古村落文化还具有积极的社会价值。徽州文化的发展与程朱理学有着密切关系，徽州文化也是以汉族儒家思想为核心价值体系的文化，徽州人的价值理念、道德信仰、生产生活方式及民间风俗等，无不渗透着儒家文化的核心思想。保护徽州古村落文化不仅有助于传播中华传统文化精神、增进中华民族的文化认同，以及亲和力、凝聚力，而且也有助于弘扬"仁爱""忠义"等中华传统美德，鼓励人们修身立德、积极进取、扬善抑恶、提高素养，从而对民族精神的塑造和和谐社会建设发挥积极作用。古村落作为先民聚居之地，在协调村民和农户间关系、促进宗族成员互利共荣等方面都积累了许多有益的经验，这对于调整现代社会的人际关系也将具有借鉴价值。

　　最后，徽州古村落文化具有重要的生态价值。作为由中原士族迁入徽州地域后逐渐发展繁荣的地方文化，徽州文化是中原文化同徽州自然环境相适应的产物。与其文化源地的文化形态相比，徽州文化包含着徽州先民在新的自然环境中不断试错而积累的经验教训。徽州文化留存的许多物质和精神文化成果，都折射出先民在农耕文化较低技术水平下与自然环境和谐共处的思想理念和实践创造，这对于现代经济技术条件下，低耗高效地与自然和谐共处仍具有借鉴价值。本研究强调要通过增进当地民众对传统地方文化生态价值的认同来促进区域生态文明建设与传统地方文化保护之间的互促发展，因而将更加关注徽州古村落文化的生态价值。

三、徽州古村落文化保护的基础环境

目前，徽州文化保护已经受到社会各界的广泛关注，相关政府部门也加大了宣传、研究和保护的直接投入力度。20世纪80年代中期以来，西递、宏村、唐模、棠樾、呈坎、雄村、许村、南屏、关麓、屏山等古村落陆续被开发成旅游景点，在旅游开发中，徽州古村落不仅获得了一定的经济利益，也向世人更好地展现了其迷人魅力，越来越多的人由此进入徽州古村落，了解和爱上了徽州古村落文化。这对于扩大徽州古村落文化的影响，增进当地人和外地人对徽文化的认同和依恋都具有重要价值。

2008年1月8日，徽州生态文化保护实验区正式授牌成立；2010年，由安徽省文化厅申报的"徽州文化生态保护实验区建设工程"入选当年的十大"国家文化创新工程"；2011年6月，《徽州文化生态保护实验区总体规划》经文化部批准正式发布。该实验区是我国第二个国家级文化生态保护区和第一个跨省区的文化生态保护实验区，其范围主要是徽文化产生、发展、传承的古徽州"一府六县"，其目标主要是对该区域承载的文化表现形式，开展以非物质文化遗产保护为主的全面、整体性保护工作。该项目由安徽省文化厅、黄山市文化委、绩溪县文化广播电视局共同承担，突出保护机制、保护理念、保护内容和保护方法等"四大创新"。实验区工作领导小组由安徽、江西省政府分管领导任组长，两省相关部门负责人及实验区范围内各级文化行政主管部门领导为成员，并逐级成立了实验区的专门工作机构，重点通过完善非物质文化遗产名录体系、确立文化空间、资料收集、维护生态文化、生产性方式保护及其价值利用，以及保护传承人等六种方式，来保护徽州境内的历史遗迹，以及活态存在并传承的非物质文化遗产。按照规划，徽州文化生态保护将本着"保护为主、抢救第一、合理利用、传承发展"的原则，对非物质文化遗产、物质文化遗产、文化生态和自然生态等进行保护。其中，最能体现徽州非物质文化遗产特色，以及濒临灭绝、亟待保护的徽州民歌、祁门傩舞、徽剧、徽州目连戏、徽州三雕等16个重点项目将优先进行保护。这在一定程度上有助于更好地传承徽州文化精神，保障徽州文化保护的资金投入。

另外，徽州古村落文化保护也面临巨大困难。最明显的是文化保护资金依然严重短缺。虽然安徽和江西省政府，以及相关市县都设立有徽州文化生态保护实验区专项资金及其他文化保护基金，但依然无法弥补文化保护的巨大资金缺口。以黄山市政府的"百村千幢"工程为例，该项目计划在5年内投入60亿元对部分古民居、古村落采取相应的保护和利用措施，但黄山市目前有近1

万栋古民居，当地每年要投入十几亿元资金才能较好地保护古村落，在数量庞大的亟待修复、整理的古民居面前，现有资金投入规模远远不够。而如果要做到修旧如旧，更需要深厚的文化积淀和高超的技术工艺，需要大量文化专家和高素质技术工人的参与，而徽州也面临人才储备和技术支持条件的不足。

更重要的是，由于受到现代主流文化的冲击，在急功近利思想影响下，古村落文化保护与经济建设和居民生活水平改善之间的矛盾相当突出，再加上法律和相关规章制度还不健全，相关法规和文化保护规划更未较好得到落实，利益协调机制严重缺失，居民保护古村落文化难以获得实实在在的利益补偿，甚至对古村落文化都缺乏必要的了解，对文化保护的规定缺乏基本的知识和认识，这就难以形成对古村落文化和文化保护工作的深度认同，保护和传承古村落文化的意识和自觉性比较弱，保护绩效堪忧。在黄山等地，官员政绩考核的主要标准也是 GDP 和人均收入水平等经济规模指标，而老百姓最关心的也是收入增加多少、房子住得怎样，往往都忽视了文化保护和地方文化精神的传承，这就难以形成当地民众学习、热爱、传承传统文化的氛围，也难以提升民众对徽文化的理解和认同。在缺乏当地人文化保护自觉性的背景下，传统文化往往沦为少数人短期获利的工具，传统文化保护项目也可能不过是地方政府投资冲动的噱头，完全忽视了对徽文化精神和价值的关注，甚至造成文物的大量流失和古村落的破坏性修复。不仅当年徽商斥巨资兴建的许多充满文化内涵的建筑和其他文化景观，由于年久失修而逐渐消失；更有大量弥足珍贵的文物被盗卖，许多古民居的门楼被破坏得满目疮痍，不少古建筑的砖雕、木雕也被洗劫一空；还有一些以修复和再造为名的破坏性开发……这都使得徽州传统文化景观遭到巨大破坏，徽州古村落中的集体记忆和集体意识逐步消退，徽州文化的历史文脉被割断，徽州文化精神和生活方式难以得到有效传承。资料显示，很多代表徽州灿烂历史文化的皖南古民居和徽州文物遭受人为破坏，乡村文物偷盗事件时有发生，多幢徽州古民宅也离开了徽州故土。据安徽省民盟 2007 年对徽州文化及古民居现状的调研报告，近些年，长三角地区一些大城市的房产商、私人收购者，大肆收购皖南徽派古民居构件来装饰私人别墅庭院，2007 年上海宝山区罗店镇正在建设中的卫斯嘉生态休闲公园，就从皖南的休宁、歙县、屯溪等地整幢"搬迁"了 12 幢徽派古建筑进行异地重建，而徽州古民居正以每年 5% 的速度递减，也就是说，每年都有近 100 幢古民居面临被破坏或倒卖的命运。不仅合肥科学岛路上的一家民间博物馆以收藏来自徽州的古建筑而闻名，在黄山路酒吧一条街里，也有一座从皖南地区花费 300 万元买来重建的古戏台；而在 2003 年 6 月 21 日，远在美国波士顿附近的一个小镇，也竣工了一座来自黄山市休宁县的徽派民居，这栋始建于 1800 年名为"荫余堂"的徽州古建筑，在 1997 年被出售至美国，购买者将建筑分为 2700 块木块、8500 块砖、500 件石雕，用 19 个大货柜运往美国进行重建；2011 年，全国各大媒体也集中报道了浙江横店影视城斥资 1.2 亿元人民币购进了 120 栋明清古建筑的新闻，其中不少是徽州古建筑，典型地如黄山区三口镇联中村始建于 1780 年的承德堂，在 2004 年迁至横店重建后，已辟为文荣玉器陈列馆，同村一栋建于 1756 年的寝安居，也于 2006 年 3 月迁移到横店，被改造成了文荣掐丝珐琅陈列馆……① 这虽然一定程度折射出徽州文化的迷人魅力和内在活力，但也让人担忧徽州古民居的安全。因为徽派建筑异地重建并不能保护徽文化精神，还可能在拆建过程中发生许多损毁，更重要的是，一幢徽派建筑的迁徙，可能是更多徽派建筑的破坏，而徽州古村落文化的地方性也会因为大量文化特质的流逝而逐步丧失。

总之，徽州古村落文化保护既面临有利条件，也存在巨大困难和挑战，最大的有利因素在于，随着国家经济社会的发展，各级政府和广大民众对传统文化的重视程度明显提高，文化保护的资金投入和技术水平也有了更有力的支持；但是徽州作为经济发展水平相对较低的地区，在传统地域文化保护的自觉意识和投入能力上都还存在很多不足，需要通过激活传统文化的现代价值，方能进一步增进当地居民对地方文化的认同和依恋，从而为徽州古村落文化保护创造更有利的环境。作为生态环境总体水平尚可，但破坏压力很大、退化速度很快的地区，徽州也很有必要积极推进生态文明建设，而传统徽州面临人多地少的困难仍能实现人与自然的和谐共处，并创造出辉煌的文化成果，这就表明其中一定蕴含着许多符合当地生态环境特点的生产生活经验，如能在生态文明建设过程中广泛借鉴吸收，将对徽州的传统地方文化保护带来积极的影响。

四、徽州古村落文化的开发与传承

徽州古村落文化保护与古村落的经济发展之间存在一定矛盾，而价值观多元化也对地方文化精神的保护形成较大冲击，面对逐渐消逝的徽州传统文化和依然严峻的人地矛盾，通过激活徽州文化的时代价值，在开发中进行传承保护，是基本的优化路径。

近年来，徽州文化的许多资源都已得到了开发利用，包括以古村落为载体

---

① 有多少徽州古民居"远嫁"他乡，http://www.ahnw.gov.cn/2009xcyz/html/201203/%7B8210928F-160C-4153-AEBD-82D28FE9058D%7D.shtml［2012-3-21］。

的徽州文化旅游的发展、以非物质文化遗存为基础的徽州传统工艺的产业化开发，以及以文献、文书为基础的徽学研究等。但目前看来，旅游开发尚处于初级阶段，文化内涵挖掘不足，内容和形式单一，重视物的本身，忽视文化的魅力；传统技艺的产业化开发整体起步晚，发展极不充分，从业人员少、规模小，有的还在抢救性保护过程中，根本谈不上产业性开发；而在徽学研究方面，还主要处在基础资料的整理阶段，多学科研究刚刚展开，服务于现实社会发展的研究比较缺乏（刘伯山，2010）。因此，基于整体性、原真性目标，开展保护与开发相结合的徽州文化传承工作还必须有更多创新的思路和坚实的探索。

首先，必须以古村落或历史文化街区为主要载体，推动区域层面的整体性文化保护。地方文化几乎不可能通过单体建筑来表现，最好是经由保存着典型特征的建筑群和村落来保护，因此，对古镇、古村落等的保护应结合自然、人文环境来进行。不仅保护物质和非物质遗产，以及典籍、文书等，还应对整个区域的自然、经济、文化特色进行保护，以更好地依托文化形成的区域环境条件实现传统文化的活态传承。就古村落文化保护而言，不仅是对西递、宏村等自然遗产要做好整体性保护规划，同时，对所有古村落都需要从整体角度统筹其开发性保护问题，同时，都要在政府国土规划和社会经济发展规划中予以权衡考虑，协调好遗产保护与土地利用、产业布局、村镇建设、环境资源、旅游开发、农田水利等的关系。此外，还要做好整体空间规划，包括古村落之间的利益协调，形成传承保护古村落文化的合力。

其次，要坚持以保护日常生活方式为重点，实现对传统徽州文化的活态传承。文化遗产，特别是活的历史城镇和古村落，不可能被当成博物馆来进行保护和封存，而必然需要与社会、经济发展同步创新。因此，维护徽州古村落的社会结构稳定以延续其文脉，同时在文化创新中实现遗产地区的复兴是传承地方传统文化的关键。为此，地方政府必须想方设法改善古村落的基础设施和环境状况，不能因为保护那些已经不在文化生活中发挥作用的物质因素而破坏社区的社会进程。毕竟传统文化保护的未来，很大程度上取决于它与人们日常生活环境的整合状况。优美的古村落环境不仅可以增加当地居民的自豪感和认同感，还能增强他们的文化自信，激发各利益方传承、保护古村落的热情与能量，保护行动也才能有序、高效地展开。

再次，传承徽州古村落文化必须尊重地方特色，保护文化的多样性。虽然徽州地区文化具有共同的特征，但各个古村落也有特色的地理环境和适应特色地理环境的特色生活方式选择，在传承和开发古村落文化中，必须尊重和保护这种异质性、多样性，防止出现千村一面的徽州古村落世界。为此，尊重地方特色，并加以深度的诠释是重要的；认真探究和发掘地方性知识、经验，也是重要的。虽然西递、宏村已经入选世界遗产，但其文化并不比其他古村落文化更高级，任何古村落的"制度和价值观念，即使是最简单的，也是由于某种需要而产生的，所以，只要有可能，都应当尽力保存"（雷蒙德·弗思，2002），而"不同文化在对待环境问题上有着各自不同的价值和观念体系"（魏波，2007），这些都是弥足珍贵的优秀思想资源。当然，"每一种文化都各有其精神消亡的方式，此方式乃是出自其作为一个整体的生命之必然"（奥斯瓦尔德·斯宾格勒，2006）。因此，"时间的消磨，是不可抗拒的。传统文化的衰减是不可逆转的"，"挽救传统文化，就是继承古人的创造，恢复遗忘了的智慧，减缓旧文化的衰减，延长旧文化的寿命，进一步从旧文化中得到新的启发"（周有光，2006）。因此，基于地方性经验推进的区域生态文明建设就可能是文化创新性传承的有利时机。

最后，但并非不重要，在文化传承中，还必须尊重历史文化的真实面貌，避免适应他者需求的造假行为。例如，在徽州古村落旅游开发中出现的"抛绣球"等活动，据民俗学家的考证，并非该地区的传统民俗。然而由于这项活动具有较强的参与性，在徽州古村落旅游中多有出现。这类活动在"杜撰"文化空间、愚弄游客的同时，也对古村落的传统风貌造成了一定程度的破坏。类似问题都应引起关注和整改。在"文化搭台，经济唱戏"中，玩概念偷换游戏、把主要心思都放到利用尚存的文化艺术资源作为牟利工具上，无助于古村落文化的保护（郑培凯，2006）。

总之，传统文化的实践价值及其激活过程，是当地民众增进地方文化认同的基础，也是传承传统地方文化的关键。在徽州古村落文化的传承、保护中，同样要强调诸多文化特质所共同构成的文化功能和价值，以及至今仍对区域可持续发展可能具有的积极影响，从而为全面、鲜活地保护和创新徽州古村落文化奠定坚实基础。

第三节 徽州古村落文化认同的状况调研

研究表明，传统地方文化保护的绩效评价应该与当地民众的地方文化认同水平有密切关系，而地方文化认同状况又会受到文化开放度的影响。为此，研究拟通过对典型古村落居民的文化感知、认同状况的调查来评价徽州古村落文化的保护现状。最近十年来，华东师范大学资源环境与城乡规划管理专业及人文地理与资源环境专业的本科生每年都到徽州地区进行人文地理学实习，而对居民和游客的徽州文化认同研究一直是实习的重要内容。2008 级硕士研究生苗长松同学，在硕士论文工作期间，更是到徽州的西递、呈坎和许村分别进行了十多天的驻村访谈。为此，本节的内容主要是以 2010~2012 年的调研数据为基础的，以使驻村调研和学生实习调研的数据能互为验证。以后，在 2013~2015 年，笔者仍依托指导人文地理学实习的机会，组织了在徽州地区宏村、南屏、卢村、西递、呈坎、许村等更多古村落的调研，虽然调研的其他目标有所不同，但都包含了对古村落文化认同状况的调研，调研结果与 2010~2012 年的基本相似，相关内容也已经或即将在学术期刊上发表。

一、调研的基本情况

为以当地居民的地方文化认同为基础，评价和反思徽州古村落文化保护状况，特开展了对典型古村落居民的地方文化认同调研。同时，考虑到文化开放度对文化认同会产生重要影响，在调研对象的选择上，特别关注了旅游开发的相关数据，选择了旅游开发的时间和规模明显处于不同水平的三个古村落进行对比研究，以显示文化开放度对居民集体意识和地方文化认同状况的影响。同时，为对区域生态文明建设与地方传统文化保护之间的关系进行探讨，调研还特别关注了古村落居民对古村落文化生态价值的感知状况。

调研分别于 2010 年 6~7 月、2010 年 11 月和 2011 年 6 月在黄山市黟县的西递、徽州区的呈坎和歙县的许村进行，2012 年 6 月，又再次到三个调研地进行了回访和抽样，以期了解调查结果的变化情况。总的看来，四次调研的结论基本一致。每次调研，都是笔者指导研究生和参与人文地理学实习的本科学生共同完成。在调研前，本科生均已修读人文地理学课程，同时会接受对徽州文化和调研问卷的培训；调研进行中，会及时进行资料的整理，并组织学生及时进行讨论；调研后，本科学生也都会在实习报告或调研报告中分析调研情况，整理调研心得，以发掘研究中更多深层次的信息。

对古村落文化认同水平的调研，主要针对古村落居民。这不仅是因为居民作为徽州文化最重要的传承者和保护者，其对徽州文化和文化保护的认同及态度，会极大地影响文化保护和传承的效率；更重要的是，居民对地方文化的感知和认同是在长期日常生活中逐步形成和内化的，相对更为稳定。对于多次重复进行的调查，如对游客，各次调查之间的相互验证意义不大，但对居民，因为受访对象相对稳定，因而可以对各次调查结果进行比对，这也可以避免不同年级本科学生作为调查员可能产生的明显的人为误差，使调研结论更为可信。通过对各次调查的数据整理进行比对，发现基本结论总体一致。这里主要以 2011 年 6 月的调查数据作为对居民地方文化认同进行问卷统计分析的基础。此外，四次调研还分别设定了其他差异性的目标，如 2010 年的调研还考察了古村落居民对徽文化保护政策和保护状况的了解与支持程度；2011 年的调研增加了居民对徽文化保护现状的评价及对徽州文化蕴含的朴素生态文明思想的认识；2012 年的调研则进一步增加了居民对在徽州进行生态文明建设的认识。相关调研成果也将在结果分析中有所呈现。调研中，实习学生除完成问卷外，还会对古村落中的生态文明朴素思想和实践经验进行观察记录，这也有助于提高调研质量。

图 5-4 远眺西递村

2010~2012 年的调研在西递、呈坎、许村等三个古村落进行，主要是考虑到这三个村的旅游开发无论是从时间还是规模上看，都存在比较大的差异，这会影响到古村落的对外开放度，从而会影响居民的价值理念和文化认同，因此，调研结果会有助于从总体上判断古村落文化保护的现状，也会有助于分析开放度对古村落文化传承的影响。三个被调研的村落中，西递的旅游开发时间较早，又入选了《世界文化遗产名录》，影响力和游客规模均较大；而呈坎依托对"八卦村"的宣传和交通条件的改善，也有较大的游客规模和旅游收入；但许村由于交通不便等因素，虽然可能更为古老，也有很多代表性文化景观，但游客规模和旅游收入都很有限。具体地说，西递（图 5-4）是国家 5A 级旅游景区，至今尚保存明清民居224幢（其中保存完整的124幢）、祠堂4幢、牌楼1座。船型的村落整体风貌格局亦保存完整，道路和水系维持原状，正街、横路街、前（后）边溪街等40多条巷弄均以黟县青石铺地，保存较好。前边溪和后边溪自东而西穿村而过，溪水两旁高墙深院隔溪相峙，不少长条石板铺就的小桥连接着溪边的古民居和古弄巷。"西递古村落在很大程度上仍然保持着在上个世纪已经消失或改变了的乡村的面貌。其街道规划、古建筑和装饰，以及供水系统完备的民居都是非常独特的文化遗存。"（世界文化遗产委员会，2000）西递村的旅游开发在20世纪末即已起步，2008年以来每年的游客接待量均突破50万人次，直接门票收入均在2000万元以上。居民除将祖屋租借为景点，也会以售卖三雕、文房四宝及土特产等地方性产品的形式参与旅游。

呈坎（图5-5）是国家4A级景区①，现保存有宋、元、明、清等古建筑共140余处，拥有罗东舒祠和呈坎明清古建筑群两个国家重点文物保护单位。呈

图5-5　呈坎重修的水口

---

① 2014年年底，呈坎与徽州古城、牌坊群鲍家花园、唐模、潜口民宅一起组成的古徽州文化旅游区成功申报为国家5A级景区。

坎古名龙溪，真正有文字记录的历史始于唐末，其选址和布局受到《易经》中"阴（坎）阳（呈）二气统一，天人合一"的启示，村落形态坐西朝东，众川河自南向北，将村落分成东西两块，河西为居住区，河东则是农田，生动地体现了风水学"负阴抱阳"的思想，"二圳五街九十九巷"的基本格局得到了保留。2001 年，当地政府与黄山市徽州呈坎八卦村旅游有限公司签署了 50 年的旅游开发协议，2006 年开始人工开挖永兴湖，以后，为凸显风水文化特色，又在下屋新建了易经八卦博物馆。2008 年以来，每年的游客接待量超过 40 万人次，门票收入超过 1000 万元。但呈坎的旅游线路相对单调，不少民居处于无人住、无人修的状态，居民以开店等方式参与旅游的较少。

图 5-6　许村廊桥

许村（图 5-6）是国家 3A 级景区，至今保存着元、明、清建筑 100 余座，其中有石牌坊 8 座，砖门坊 3 座，亭阁、廊桥各 1 座，石拱桥 2 座，整个村落布局保留着"临水而建、双龙戏珠、倒水葫芦"的基本态势。但是旅游开发时间较短，由于交通不便等因素，游客数量较少，每年的直接门票收入仅为 2 万~3 万元。当地居民参与旅游活动的程度也很低，除个别本地导游，基本无居民参与旅游活动。

三个重点调研的徽州古村落，其整体格局都保存得较为完整，历史建筑成片、成带集中分布，较好地反映了徽州先民聚族而居的特点，也折射出他们受风水思想影响重视村落规划的特点，都可以称得上徽州古村落文化的典型代表，而村落中较多的物质文化遗存也对构建地方文化认同具有重要而积极的价值。同时，这三个古村落的旅游开发处于不同水平，因而对外开放程度存在明显差异，居民接受外来文化的影响还是有所差别，文化保护面临的具体困难也存在差异。

调查综合使用了问卷调查和深度访谈等方法。其中，问卷主要调查古村落居民对徽州文化的感知和认同状况，共分为四个部分：第一部分是居民的基本信息，主要包括受访者的年龄、性别、文化程度、职业、居住时间等；第二部分是受访者对古村落文化的感知情况，主要包括居民对徽文化基础知识的认知情况，对徽文化精神的了解和态度等；第三部分是居民对古村落的认知和情感，主要调查居民对古村落的地方认同、地方依附和地方依恋状况；第四部分是居民对古村落文化保护的认识情况，包括居民是否理解古村落文化保护的基本政策及对古村落保护现状的总体评价。调查均采用简单无重复随机抽样，各个村落调查样本容量根据下面的公式确定：

$$n = \frac{t^2 p(1-p)N}{N\Delta P^2 + t^2 p(1-p)}$$

式中，N 为样本总量；p 为抽样成数，是具有某种属性的居民占样本总量的比例；t 为概率度，与概率保证度相关，可通过查表得出；Δp 为极限误差，由抽样人决定，其大小与抽样精度成反比，越小精度越高，但要求的样本容量也越大，因此可根据实际需要选取；n 为样本容量，即实现调查目标所需的最少样本数量。

问卷调查主要采取当场填写方式，调查员当场监督，问卷回收率在三个古村落均为 100%。每个村落随机抽取的样本数均大于样本容量，因此调查能反映整个村落的基本情况（表 5-1）。调查结束后，对所有问卷逐一进行了检查筛选，对数据严重缺失、存在明显误解题意的问卷进行了剔除，三个古村落问卷有效率分别为 93%、91% 和 93%（表 5-2）。除调查问卷外，还对地方政府管理者、旅游企业负责人、旅游从业人员及游客等相关主体进行了深度访谈，也与部分受访居民进行了更深入的对话交流。

表 5-1 徽州古村落调查样本容量表

区域名称	西递	呈坎	许村
样本总量 N	1000	2700	9307
抽样成数 P	0.5	0.5	0.5
概率保证度 /%	95	95	95
概率度 t	1.96	1.96	1.96
极限误差 Δp/%	10	10	10
样本容量 n	88	93	95

注：根据实际需要取 p=0.5，可使样本容量 n 最大，n 为最少调查样本量。根据实际需要概率保证度选取为 95%，通过查表得到相应概率度 t=1.96。极限误差根据现场试抽选取控制在 10% 之内

表 5-2　徽州古村落问卷统计情况一览表

古村落名称	发放份数 / 份	回收份数 / 份	有效份数 / 份	有效率 /%
西递	100	100	93	93
呈坎	123	123	112	91
许村	128	128	119	93

注：本调查部分数据系华东师范大学城市与区域经济系 2008 级、2009 级、2010 级本科生参与人文地理学野外实习的成果，感谢所有同学的帮助

二、调研结果及分析

调研主要从居民对徽文化的感知状况、对古村落的认同水平，以及对当地传统文化保护的认知和评价等三方面来测度传统地域文化的保护现状。对徽州文化的认知调研（图 5-1），主要涉及受访当地居民对徽文化基本知识、文化精神的了解及对徽文化的情感；对古村落地方感的调查，主要涉及受访居民对古村落的情感依附状况；对传统文化保护状况的调查，主要涉及受访居民对保护政策的理解和认同情况，以及对保护效果的基本评价。

1. 对徽文化的认知状况

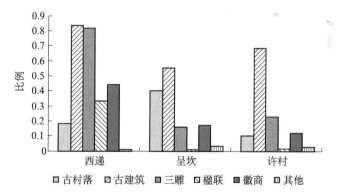

图 5-7　徽州古村落居民对徽州文化代表性文化特质的认知统计图

研究显示，在旅游开发水平不同的三个古村落，居民对徽文化的认知水平存在较大差异。99% 的西递居民表示听说过徽州文化，还有 44% 的居民表示很了解徽州文化，但在呈坎这一比例分别为 81% 和 23%，在许村，这一比例分别仅为 77% 和 13%。这就在一定程度上说明，旅游开发对宣传徽文化具有积极价值，也说明居民对地方文化的认知是与了解外部世界信息并进行比较相关的。另外，在应邀选择徽州文化的代表性特质时，西递多数受访居民认为古

村落、古建筑、三雕（木雕、石雕、砖雕）、楹联和徽商等都可以代表徽州文化，而且认为古建筑和三雕更具有代表性；而呈坎和许村居民选择的代表性文化特质较少，大多认同古建筑具有代表性，而对三雕、楹联和徽商等了解有限、认同度不高，选择的也较少（图5-7）。这就显示，物质文化景观较易被感知和了解，非物质文化景观的可辨认性相对较弱，同时旅游开发有助于居民更深层次地了解当地传统文化。研究还进一步调查了居民对徽州文化典型景观的功能认知情况，多数西递村受访居民能详细说出马头墙等典型文化景观的内涵和功能，而在呈坎和许村，受访居民中能全面认识马头墙的防火功能和文化意义的比例明显较低，而且了解程度高的大多为年长男性。

关于徽州文化区的地理范围，西递村有74%的受访居民能准确说出"一府六县"的古徽州地域范围，但在呈坎和许村，这一比例要低得多，还有不少受访者直接回答不知道（图5-8）。当被问及如何判别徽文化区的范围时，西递村不少居民认为村落风貌相似、建筑风格相同，特别是马头墙、三雕、祠堂等较普遍存在是主要的判别依据，显示其对徽州文化现象有较高程度的认知水平，而呈坎和许村很少有人能说得清。

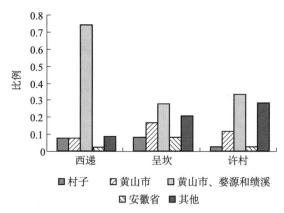

图5-8 徽州古村落居民对徽州文化地域范围的认知统计图

徽州文化具有丰富的精神内涵，楹联文化和俗语常常对徽州文化精神做了很好的概括。"前世不修，生在徽州，十三四岁，往外一丢"，这是当年走南闯北的徽商对自己生活的感慨。当询问当地居民如何看待这一说法时，西递村有2/3的受访者能较为准确地说出其中的意思，同时还会进一步介绍徽商对徽州文化和徽州古村落发展所做的贡献。在呈坎，约有半数受访者能够说出此语的大致含义，而在许村，只有约1/3的受访者能说出此语与徽商发展的内在联系。

2. 对古村落的认同水平

对徽州古村落的地方认同状况主要通过三个问题进行调查。问题 1："如果有相同的条件，你仍然愿意住在村子里吗"；问题 2："你喜欢村子，是因为村子环境好吗"；问题 3："你了解村子的历史和文化吗"。调查发现，西递、呈坎和许村分别有 76%、63% 和 57% 的受访者对问题 1 给出了肯定的回答，显示出大多数古村落居民有地方认同，而西递居民的认同程度稍高于呈坎和许村；对问题 2 给出肯定回答的受访者分别占到 96%、96% 和 98%，显示较好的生态环境是古村落居民地方认同建构的重要基础，在传承古村落文化时，很有必要继续保持良好的村落生态环境；而对问题 3 给出肯定回答的受访者比例依次为 95%、76% 和 75%，显示西递村受访居民的文化认知和认同程度明显更高，但呈坎和许村居民对古村落文化也有较高的认同水平。

研究还进一步结合访谈调查了古村落居民的邻里交往状况。调查发现，西递村居民之间的交往活动（包括上街聊天、组织公共活动等）较为频繁，受访者中每天都会参与邻里活动的占到 76%，而呈坎和许村的这一比例均为 52%。关于居民对古村落的依恋情感，调查发现，三个村子的居民无一例外地表达了对所在村落的喜爱，但当被问及是否因为喜爱古村落而不愿离开时，西递受访居民给出肯定回答的占到 76%，呈坎和许村分别为 47% 和 66%。这就是说，西递和许村的大多数居民都对当地文化持正面的情感评价，对徽文化仍存喜爱之心，而呈坎的地方文化认同程度较低，这可能与呈坎旅游开发中较多的造假行为有关，同时，也应该与旅游开发规模较大但居民受益不多有关。不少受访者在接受访谈时表示，因为自己是徽州人，生长在徽州，喜欢徽州文化就如同喜欢自己的家一样，没有理由不喜欢。从这一点看，其文化认同的层次并不高，并非理性之举；而徽州文化明显的地方性是产生这一层次文化认同的重要原因，因此地方特色应该在文化保护中受到足够重视。

3. 对传统文化保护的总体评价

保护徽州古村落文化不仅要保护古民居、古牌坊等文物，更要传承徽州文化精神。从调研看，大多数当地村民也认为，保护古村落文化不仅要重视文物保护，更要给他们自己的生活带来积极的改变。具体到各个古村落，西递多数受访居民不仅能准确认识徽文化保护的目的，更能说出目前主要的相关法律法规和传统文化保护举措，这体现了西递居民对文化保护具有较高的认识水平；而在呈坎和许村，居民对传统文化保护的相关规定和举措了解不多，各有约

20%的受访者不知道文化保护的目的何在，另有部分受访者认为，文化保护主要是为了旅游开发赚钱，存在对文化保护目标的片面认识。而关于传统文化保护的效果评价，西递村仅有9%的受访者认为古村落文化保护不太好，呈坎村分别有18%和2.5%的受访者认为古村落文化保护绩效不太好或很不好，许村则有37%的受访者认为古村落保护不太好或很不好，没有人认为古村落文化保护得很好（表5-3）。这就表明，受访村民普遍对古村落文化保护的状况满意。对此应该有辩证的认识，因为有的村民认为传统文化保护很好或较好，主要是因为从文化保护中受益较多；有的村民认为保护不太好或很不好，其实是因为对古村落文化很有感情，对古村落文化精神的保护很有危机感。因此，不能简单地认为，在负面评价比例较高的村落，居民对古村落文化的认同水平就较低。例如，不少受访许村居民对古村落文化的情感最深，因而对文化保护的现状最有危机感，而那些危机感也正是他们对传统文化依恋情感的折射。

表 5-3　古村落居民对徽州文化保护的评价统计表　　（单位：%）

	很好	较好	一般	不太好	很不好
西递	14	60	17	9	0
呈坎	3.5	44	32	18	2.5
许村	0	39	24	33	4

从调研结果看，旅游开发水平或古村落开放程度与居民的文化认同水平之间存在一定联系。在旅游开发水平较高的西递村，受访居民不论是对徽文化的认知、对古村落的情感依附还是对传统文化保护的认识，整体水平都最高，这应该与旅游开发中居民的获益有密切关系，也与开发条件下，居民在与游客的交流中获得较多的文化自豪感，从而更深刻地认识到传统文化的地方特色有关，这有利于形成保护古村落文化的内在自觉性；而在旅游开发程度较低、矛盾较多的呈坎和许村，居民从古村落文化保护中的获益不多，有可能还会感受到更多限制举措带来的生活困难，同时，因为缺乏在不同文化之间的比较，对古村落文化的内涵和价值也缺乏深层次的认知和认同，传统文化保护面临更大压力。

三、对调研结果的反思

2010~2012 年，对西递、呈坎和许村等三个古村落居民的文化认同调研看，徽州古村落文化保护的基础条件还是比较好的，相关举措已经取得了积极的进展。但是，古村落居民对传统文化的认识水平还是比较低的，大多还处在自发而不是自觉的状态，对文化的认识和理解都是在文化"超有机体"的作用下，简单、被动地接受相对浅层次的文化特质，而对深层次的文化特质，对传统地方文化精神和地方性经验，缺少深度的认识和认同。这对未来徽州古村落的保护是巨大的隐忧。毕竟，徽州古村落的经济社会发展水平整体不高，居民提高收入和生活水平的需求比较迫切，随着经济开发向落后地区拓展，徽州古村落将会面临保护和开发的巨大矛盾，保护古村落文化就必须以更深层次的文化认同为基础。在实地访谈中，有一些在外乡工作，退休后返回古村落定居的男性村民，对徽州古村落文化如数家珍，文化的自豪感难以抑制，对文化保护的焦虑也溢于言表。但这样的受访者比例还是很低的。尤其是中青年受访者，对传统文化的认同度整体较低，甚至徽州古村落文化的基础知识也非常有限，这应该与中青年群体受到价值观多元化的冲击有关，也与对徽州古村落文化的深度解析和传播不够有关。更重要的是，确实有不少当地人提到了古村落保护带给他们的具体困难，包括不能改善居住条件，许多保护措施不能给他们带来实惠，旅游开发的利益分配不均，等等，这对古村落文化的保护也是极其不利的。

在调研中，还深度访谈了部分游客、村委会干部及旅游公司员工。在对他们的调研中，会深刻感受到对古村落文化表面特质的热情和对文化精神及传统生活方式的漠视。不少游客是怀着好奇心来到徽州古村落的，很喜欢听故事和照相，但较少追问文化的真实面貌，更希望景点被开发成他们想象的空间。如果倾向于满足这部分游客的需求，那具有原真性的传统文化传承就根本不能实现。当然，也有一些游客是带着浓厚的探索兴趣而来，对旅游开发中的造假现象有警惕和不满，同时，也对很多好的徽州古村落文化特质赞不绝口，对一些积极的东西未受到应有的关注表示遗憾。如果这部分人在游客中的比例能明显提高，则对古村落文化的传承具有积极价值。村委会干部对古村落文化的态度也是复杂的，一方面希望好好保护具有地方特色的传统文化，这是他们作为当地人的心理需求；另一方面，又迫切希望改变古村落的落后面貌，包括希望能更多吸引游客、增加旅游收入。在这样的矛盾中，他们的决策未必是有利于古村落文化传承的。因此，加强对村干部和地方政府工作人员的徽州文化教育，提升他们的文化认同极为迫切。旅游公司作为资本所有者，更多以营利为目的，旅游公司的导游等工作人员也更加关注经济利益，不少导游对古村落的文化并不了解，只是简单一再重复导游词，并不能解答古村落文化的相关问题，很多导游词中或真或假的东西，他们也都没有辨别的意识，这就会使得游客对古村落文化难以形成正确的认识，招致村民的不满，不利于古村落文化的传播和保护。因此，在未来的古村落文化保护中，还必须加强对旅游公司及从业人员的教育和管理，尽量杜绝造假现象，还徽州真实的古村落文化，给游客真实的地方性知识，促进居民和游客都更加认同和热爱具有深厚文化积淀的徽州古村落。

最后，在整理调研数据的过程中，始终萦绕心头的问题是：徽州古村落究竟是谁的地方？徽州古村落居民是否还爱古村落文化？游客是否能爱上古村落文化？对于后两个问题，似乎都不难给出正面的回答，这正是传承徽州古村落文化的重要基础。但对于第一个问题，却很难回答。在空间的权力争夺中，古村落居民的力量从访谈看，并不明显，连参与的机会都很有限；而资本和政府明显处于优势，游客和旅游公司员工因为能帮助资本获得利润回报，似乎也有比古村落居民更多的发言权。这就是未来传承古村落文化可能面临的最大挑战，因为古村落如果已经不是古村落居民的地方，那就难以不断延续和增进居民的文化认同，更谈不上对古村落文化的活态传承。为此，很有必要加强对政府工作人员和旅游公司负责人、员工的徽州文化教育，帮助他们构建对古村落文化的认同和情感，同时，通过制度创新创造更多古村落居民参与古村落文化保护的平台和渠道，使当地民众真正成为古村落的主人，并自觉地为传承和保护古村落文化贡献自己的力量。

第六章
区域生态文明建设与徽州古村落文化传承

徽州古村落文化的形成、发展和留存都体现着人地关系和谐的重要价值。依托独特的自然环境，徽州吸引了北方移民的大量进入，在封建时代的中国探索出一条以贸易活动为基础的开放发展道路，并在商业利润支持下，积极传承和发展先祖文化，依靠有限的技术水平，较好地克服了人多地少的矛盾，实现了生态保护和文明进步的均衡。虽然这种均衡是暂时的和较低水平的，但体现了人与环境和谐共生的理念和实践经验，对于生态文明建设具有重要的启示价值，也为具有生态特色的古村落文化旅游发展创造了条件。

第一节　徽州古村落文化的潜在生态价值

徽州古村落是中原士民进入徽州地域后聚族而居、逐渐形成的。作为复杂的地域文化综合体，徽州古村落地方文化的形成不仅受到当地自然生态环境的影响，也与历史上人文社会环境的变迁有着密切关系，体现了人类社会与自然环境和谐共处的努力过程，蕴含着丰富的朴素生态文明思想和实践经验总结，对于当前的区域生态文明建设具有重要的潜在价值。

一、徽州古村落文化蕴含着丰富的朴素生态文明思想

徽州文化的形成生动展示了人地相互作用的过程和机理。由于徽州"大鄣、昱岭雄其东；浙岭、五岭峻其西；大鳙、白际互其南；黄山、武亭险其

北"①，山地面积占 60% 以上，且 90% 为海拔 1100 米以上的高山，山体为花岗岩结构，不易开垦，地表土层较薄，以红壤、黄壤等酸性土壤为主，土壤肥力有限，耕种困难。加上河流众多，又属于亚热带季风气候，年降雨量达1200~1600 毫米（中国科学院南方山区综合科学考察队第三分队，1987），因此无雨则旱，降雨多则山洪暴发，易受水旱灾害的影响（吴媛媛，2008），进一步限制了农业发展，降低了人口承载力。而明清之前，中原世家大族的大量迁入不仅改变了以山越文化为主体的文化生态系统，也使得以"仁义礼智信"为道德基础、士农工商等级排序的价值取向被人们普遍接受。但明清时期，人口持续增多，徽州人地关系紧张，人均耕地由明洪武四年时的 2.75 亩到清道光时期下降为 1 亩（刘和惠和汪庆元，2005），加上对大量山地的破坏性开垦及自然灾害增多，都使得徽州地区人地关系紧张，不得不转向儒贾结合的生计文化。而与之相适应，徽州文化需要一个既能团结徽人出外谋事，保证人力、物力回流，又能振兴儒业、保护自然生态，还能管理地方事务的组织，这就促进了以血缘为基础的宗族组织的发展（梅力乔，2013）。大多数古村落繁荣的文化遗存，就是徽人寄命于商、出外谋事，同时又怀揣光宗耀祖之心、回馈乡里的成果；而古村落在大量青壮年外出的背景下还能实现社会、文化、生态的和谐发展也离不开宗族组织在基层治理中的作用。更重要的是，个人的价值实现在很大程度上与对宗族的贡献联系起来，这就有助于提高工商业者的地位，使外出经商的徽州人不仅可以解决温饱问题，也能获得家族的认同。而这也是儒商文化能持续发展并促进徽州人地和谐的基础。

徽州地区的自然和社会环境还共同孕育了徽州人的生态理念。总体上看，徽州人秉承的是中国传统的天人观念，强调人与自然是有机整体，并将其渗透到日常生活和生产的方方面面，典型地表现为古徽州人普遍迷信风水，"风水之说，徽人尤重之，其平时构争结讼，强半为此"②；而作为传统占卜工具的罗盘，以休宁万安所产为最；至今仍留存有大量的徽州风水文书，而传统的徽州社会也被称为"堪舆社会"。古徽州生态理念的核心在于，人是自然界的产物，是自然的一部分，自然界为人提供生产生活资料，二者相互联系并相互作用。基于这种理念，徽州人选择了尊重自然的生态价值观，其生态实践活动也深受风水说的影响，不仅以龙脉林木、墓地林木和水口林木等形式保护原有环境不受破坏，而且通过营建风水山和水口等进行保护。徽州人对林木、石材、农作物、土地资源等的保护及对水利的重视，也对改善生产条件、提高生产

---

① [近]吴日法：《徽商便览·徽州总论》，民国八年铅印本。

② [清]赵吉士，《寄园寄所寄》。

效率发挥了积极作用。同时，徽州人在日常生活中也强调节俭，"家居务为俭约，大富之家，日食不过一荤，贫者盂饭盘蔬而已"①。同时，敬畏生命，尽量少杀生或不杀生，并注重废物的利用（王倩，2013）。由此，生态栖居也成为徽州古村落人居环境建设的文化要义。典型的，如呈坎古村，整个村落按《易经》"阴（坎），阳（呈），二气统一，天人合一"的八卦风水理论选址布局，"依潀川河而建，四面皆山，东有灵金山、南有龙盘山、西有葛山、北有龙山，并突出左宗右社的建筑组合，使呈坎处于'枕山、环水、面屏'的藏风聚气的风水宝地。同时，潀川河呈'S'形自北向南穿村而过，形成太极阴阳鱼图，而且依山傍水自然形成了二圳三街（实则是五街）九十九巷的格局"（陈文苑等，2012）。而据《呈坎前罗氏族谱》所载，"呈坎罗氏始祖原定居于葛山脚下，并有一溪水沿山脚而流。由于溪水沿山脚走，大大限制了以背山面水为格局的村落建设用地，而且原来的河流水势对村落呈直接冲射状，非理想状态。于是，根据风水理论的指导，同时也是出于村落发展建设用地的实际需要，罗氏家族不惜耗费巨资，在潀川河上修筑了七道石坝，使河水改道，绕祠堂前面而过，就形成了今天'之'字形的潀川河了。潀川河河道变更，不但扩大了村落建设用地，而且还将原来对村庄直射之水形改造成为'冠带形'，完全符合了风水理论所述的吉水形态"（毕忠松等，2014）。而对呈坎村坐西朝东的格局，有研究的解释是"背靠大山，地势高爽，负阴抱阳，阴阳二气统一"，"左有龙山、西坑为辅，右有川河、龙盘山为弼"，"宛如太师椅"，"河东又有灵金山作屏障，可望而不可即。灵金山左右又有上结山、下结山南北相峙，也是三山环卫，呈太师椅状"。两把太师椅东西相扣，使整个环境构成"左青龙、右白虎、前朱雀、后玄武"的态势，在风水上也有"九龙戏珠"之谓（罗来平，1995）。虽然过于玄乎的风水之说难以尽信，但呈坎村的确处于群山环抱之中，冬天寒冷的西北风被葛山等阻挡，夏天又有山风顺河吹来，局地气候环境优越。而近2000亩的良田在徽州地区也是难得的。这对于呈坎村的经济文化发展极为有利。不仅是呈坎，许多留存至今的徽州古村落都在选址和村落布局方面受到传统天人合一思想的影响，重视尊重自然、顺应自然、效法自然。同时，在徽州传统文化中，一些自然生态要素也被奉为神灵，受到普遍敬畏，特别是树木有神的观念更是深入人心（贺为才，2012）。古徽州不仅有祭山神、水神、土地神、树神等习俗，同时还留存有许多反映自然崇拜的建筑，如呈坎村的长春社等。

---

① 《歙事闲谭》，第十八册，《歙风俗礼教考》，引自张海鹏，1985年，《明清徽商资料选编》，合肥：黄山书社。

二、徽州古村落文化闪耀着"以人为本"的智慧①

徽州古村落的天人思想，不仅包含着对自然的敬畏，也包含着弱的人类中心主义思想，即人地关系的调整核心是为了人和人类文化的发展。在呈坎的选址中就已经折射出"以人为本"的智慧。大多数古村落也都和呈坎一样，不仅重视选址，而且会顺应自然环境要求，科学谋划村落格局，以形成良好的人居环境。受风水学说的影响，徽州古村落选址大多强调天然山水格局的形势，注重对水文、地貌等自然地理要素的观察，并通过长期积累，总结微观尺度自然环境的变化规律，然后顺应这些规律，形成选址布局的经验，并将其与文化意象的构造联系起来，使对自然的适应、改造与对文化的创造紧密关联，不仅有效地指导了徽州古村落人居环境优化，更使得古村落具有丰富的文化内涵。由于徽州地处皖南丘陵，山清水秀是减少水土流失、制造良好小生态环境的有利基础，于是民俗认为"山厚人肥、山清人秀、山驻人宁"，将山的保护与微观生态环境的优化紧密联系起来，为村落持续发展奠定了好的基础；在技术水平有限的条件下，水作为人类最重要的生存条件，不能缺也不能滥，因此，在选址布局时，一定要重视水系的基础状况和水利设施，宏村的水系规划就是这方面的典型成果，而在呈坎村，由于有河道改道的经历，所以在选择宅基地时会以是否漏沙作为判断的标准，体现了在工程地质方面的经验积累；而水口则不仅充满了聚财等文化意义，也为防洪、防旱、防火，调节水资源的分配等创造了条件。徽州村落选址的总体要求是枕山、环水、面屏、朝阳，建议把村址和宅基地选择在相对稍高的台地、缓坡之上，随坡就势，因势利导，这样既能符合视野开阔（即所谓"望向好"）的要求，又能满足居住者取用地下水、获得阳光和较好大气环境的需求。在村落内部，由于人多地少，也为了适应江南夏季炎热的气候条件，建筑之间的间距很小，一般仅一米多宽，只能供2~3人同时行走，甚至还有不少"一尺巷"。为了方便居民行走，不少古村落还在街巷建设中设计了"让路石"，以为行人避让车辆提供立足的空间，而那些位于街角的建筑则可能将街角处紧靠地面的棱角除去，为行人、车辆提供便利。

天井是徽州民居的重要标志性空间，主要是指徽派建筑内部房屋（或围墙）围合成的露天空地。徽州民居除少数"暗三间"外，绝大多数都设有天井，三间屋设在厅前，四合屋设在厅中。天井的设计也有助于在微观尺度上改善人居环境。徽州地区地处亚热带季风气候区，又位于群山环绕之中，夏季阳

---

① 本部分内容已发表，参见孔翔、钱俊杰，《生态文明发展与地域文化保护关系初探——兼议徽州古村落的保护》，《黄山学院学报》，2004年第16卷第2期，第57~63页。

光直射，若是直接通过窗户采光，会使得室内气温快速升高，降低居室的舒适程度。而通过天井采光，则不仅有助于形成建筑内部小气候，促进室内通风，更使得进入居室的光线主要是经过反射的，比较柔和，使室温变化相对平缓。天井除通风和采光外，还具有排水功能。无论是降水，还是生活污水，都可以通过天井下方的管网系统排出，从而构建起一个能适当调节建筑内部温度的水循环系统，一定程度上发挥现代空调的作用。在呈坎等古村落的民居中，还有在天井里养龟的设计，则不仅有助于管网通畅，还寄托了对外出谋事的家人"归屋"的心灵期盼。天井中用以蓄财防火的蓄水缸、"如日中天"的走道等，也同样充满文化意象，而天井在徽州的盛行，据说也与成年男子外出经商，出于安全考虑，民居一般不对外开窗有关。可以说，徽州天井对人居环境的作用既是对自然环境的适应，更是对人文环境的适应，在徽州特定的自然、人文环境中创造了更优越的人居环境。

徽州古村落是徽商苦心经营的成果，这不仅因为其物质资本来自于徽商赚取的经济利润，其工艺技术与徽商在对外文化交流中的学习成果有关，更因为其文化精神和文化景观设计很大程度上寄托了徽商的心灵追求。这至少可以表现在如下四个方面。①江南民居的朝向一般以南为最佳，但徽州明清时期所建民居却大多是大门朝北，这与徽州独特的产业结构相关。由于汉代就流行着"商家门不宜南向，徵家门不宜北向"①的说法，而根据五行学说，商属金，南方属火，火克金，不吉利，因此在徽商繁盛的明清时期，为图黄金滚滚，大门不朝南，反而朝北。②天井的设计也与徽州的经商传统有关。徽商外出经商多是通过新安江水路，将徽州木材、茶叶等物产销往外地，同时也通过水路将赚钱的巨额财富带回家乡，水被徽州人视为财富的象征，经商之人更是忌讳财源外流，天井能使屋前脊的雨水不流向屋外，而是顺水枧纳入天井之中，名曰"四水归明堂"，以图财不外流的吉利。③在传统的儒家文化中商人的地位低下，但徽民又不得不"寄命于商"，受中原文化深刻影响但又财大气粗的徽州商人，尤其希望改变被人瞧不起的社会地位，因此徽商在民居设计中大量通过文化符号的创造来提高自己的地位。有的用巨额财富捐得官位，以获得修建外八字形大门的资格；有的甚至捐出大量军饷，以获得皇帝赐予的修建牌坊的机会；还有不少徽州人会通过培养子侄科举成名、在官场苦心经营等路径，获得皇帝的赏识，于是"父子宰相""同胞翰林""连科三殿撰、十里四翰林"等佳话频繁出现。另外，徽州古村落中还有许多"违规逾制"之举，这也体现了富

---

① 《论衡》卷二五《诘术篇》。

裕的徽商追求更高社会地位的愿望。典型的如，黟县宏村的承志堂号称"民间的故宫"，其实是大盐商汪定贵的豪宅，修建于咸丰五年，整栋房子由 136 根柱子、60 道门、60 扇窗、9 个天井和 7 座阁楼组成，建筑面积达到 3000 米²。由于担心别人看不起他是商人，在建造时不仅仿效官署增设了一道象征官威的仪门，并且在边门上雕刻了类似"商"字的图案，五品以下官员或普通百姓因为出入只能走边门，当然都得在商人面前低头①。而在呈坎的宝纶阁及许村的大邦伯祠，也都据传有违例之举，这些未必可以尽信，因为它毕竟有悖于徽州繁盛的宋明理学，但却体现了徽商追求更高社会地位的诉求；④由于徽商常年在外，和家人团聚的时间极少，因而古村落中的许多文化景观都表达了先民对家人万事平安的祝愿及阖家团圆的向往，例如，民居正堂桌上的摆设为"东瓶西镜、中间为钟"，寄托着"终生平静"的美好心愿；而不少的木雕、石雕也多以蝙蝠和花瓶为图案，象征着对"福气"和"平安"的向往；徽州素有"一世夫妻三年半"的说法，由于丈夫常年在外，徽州女人平时使用半圆形的餐桌，以表达对家人团聚的渴望；而一座座矗立的贞节牌坊则折射出徽州对留守妇女的行为规范和道德期盼，这在男子大多外出经商的环境下，有助于维护家庭和社会的稳定……

徽商的价值追求不仅表现在古村落的精美雕刻上，也寄托在楹联文化的文字中。这些儒商文化精神的集中体现，有助于协调人与人的关系，并对徽州的人地和谐相处具有积极价值。虽然以经商谋生，但徽州人也曾普遍认同"士农工商"的等级制度，以读书为官作为最好的出路。正如西递履福堂中高挂的楹联所言，"几百年人家无非积善，第一等好事只是读书"。徽州人经商致富后，往往致力于发展徽州的文化教育，"其教子也以义方，延名师购书籍不惜多金""富而教不可缓也，徒积赀财何益乎"②，于是纷纷捐巨资、出大力修建书院，办族塾、义学，置学田，"课子孙，隆师友，建书舍为砥砺之地，置学田为膏火之资"③。徽商对家乡教育事业的投入，不仅改善了徽州人的学习环境，使徽州人才辈出，成为状元、高官集聚之地，更普遍提升了居民素质，增强了保护生态环境的意识。例如，徽州山多、地少、土瘠，不得不开垦山地以求生存和发展，也一度遭受因过度开垦山地导致的自然灾害，在大量棚民涌入徽州地区开垦山地后，造成了水土流失、河道阻塞、田园被灌、房屋损毁等严重问题，

---

① 安徽黟县宏村：浣汲未防溪路远 家家门前美丽清泉，http://www.wenming.cn/wmzh_pd/fw/201311/t20131129_1608285.shtml〔2013-11-29〕。

② 歙县《新馆鲍氏着存堂宗谱》卷二：《柏庭鲍公传》.清刊本。

③ 休宁《古林黄氏重修宗谱》.清刊本。

于是当地村民人会立下"严禁棚民入山垦种碑刻"，禁止私召异民入境、禁止搭棚开种玉米，对山地土壤进行养护（王倩，2013）。类似古村落居民对环境保护的行动还很多。而古村落居民普遍较高的文化素质也促进了中原文化在徽州的传播，在徽州古村落的古民居，程朱教化的影子无处不在，《朱子家训》和《朱柏庐治家格言》等也几乎随处可见，大量精巧砖雕、木雕、石雕，美丽的徽派盆景及各类寓意深刻的楹联书轴等，都表现出徽州富人文化与贵族文化兼备的特征和不俗的精神追求。

　　当然，徽州的儒商文化也对徽商的崛起和发达具有积极影响。首先，儒家文化重视教育使得徽商往往拥有较高的知识水准和文化素养，善于总结和汲取丰富的经商经验；善于趋利逐时，根据市场特点，采取最好的经营方式；善观时变，在把握市场动态信息的基础上，调整经营项目；善于把握时机，根据各地不同的经济情况，因地制宜，做出出奇制胜的商业决策。其次，由于受到儒家文化的影响，徽商往往拥有良好的商业道德，以诚待人，以信服人，诚信经商是徽商普遍的行为准则，从而为徽商赢得了"诚信"的品牌，本着先义后利、义中取利的心态走进市场，恪守货真价实、互惠互利等基本道德，使徽商在生意场上不断取得成功。最后，儒家文化看重入仕为官，这使得徽商与政治权力的关系紧密，通过"以商从文、以文入仕、以仕保产、官商一体"的模式来谋求自身的利益。不少徽商的崛起同其结交官府、利用政治权力取得在盐业销售和配额中的垄断地位有着直接关系，而徽商的没落也在一定程度上同官盐经销制度的废除密切相关（葛剑雄，2004）。也就是说，儒家文化在徽商的成功经营中起到了重要作用。而光宗耀祖的价值信念则引导着徽商将集聚的财富运回家乡谋划村落，兴建祠堂、牌坊，大量使用高超的技术工艺和丰富的文化符号，从而形成了文化底蕴深厚的徽州古村落。从某种意义上说，徽州古村落文化不仅是人地关系调整的成果，更是以地方文化的价值理念为指导，以服务于人的生存和价值追求为目标的，因此，更多是在"以人为本"的过程中促进了文化的繁荣进步。

三、徽州古村落文化重视对微观地理环境的适应

　　"因地制宜"是徽州古村落文化重视地方性知识的集中体现。这首先表现在当地自然资源为徽州古村落的发展提供了物质基础。在古村落中，诸如徽州民居、牌坊、菜系、"三雕"、盆景等大量文化景观都以本地自然资源作为原材料，这也使得徽州古村落更具明显的地方性。例如，古民居所用的砖瓦、木材、石料、石灰等建筑材料，徽州一应俱全。而徽州民居还适应原材料特点，

优化了建筑格局。徽州古民居的墙基大多由块石垒就，外墙体青砖迭砌、石灰粉刷，屋面青瓦覆盖，屋内架、隔均用木材，2~3层的层高也与当地盛产的高大树种直接相关。另一方面，徽州境内的物产也是徽商经营的重要商品，植茶、造纸、制墨、制砚等经济活动，使得徽商有了最初可供交换的商品，其中茶叶、木材等一般是直接向外贩卖，而徽墨、歙砚则是对徽州境内特色资源进行精细加工后再对外销售，这就形成了土特产丰富和手工业发达的特点，而就地取材也成为徽州古村落文化生态价值的重要表现。

由于人多地少的矛盾突出，徽州古村落非常注重节约用地。在古村落内部，建筑物之间的间隔很小，街巷空间狭窄；民居的设计也充分利用空间、尽量减少用地。徽州民居一般门前空场小，正屋为两层或三层，通常一明间两暗间，天井两侧各建廊房，楼梯设在明间背后或廊房的任何一侧，楼下明间作为客厅，左右暗间为厢房。"口形"住宅，多为两座三间式的凹形住宅相向组合，楼下前一进的明间为正间，两旁为卧室，后一进的明间为客厅，前、后两进中间有天井。"H形"住宅，则是两座凹型住宅相背组合，前、后各有一天井，两旁有廊房，中间为正屋。"曰形"住宅，也是三间两进，头一进与第二进、第二进与第三进之间各有天井，各进之间两边均有廊房相连（郝昭，2012）。这样的设计也可以充分利用空间、节约用地。

表 6-1　明清时期徽州黟县重大水灾旱灾记录整理

年份	旧历	灾情
1396	明洪武二十九年	水灾，复旱灾
1438	明正统三年	大旱饥
1491	明弘治四年	大旱饥
1506	明正德元年	秋旱
1528	明嘉靖七年	夏大水，戊己桥冲毁
1551	明嘉靖三十年	夏大水，秋季大旱
1636	明崇祯九年	大旱饥，道殍相望
1679	清康熙十八年	大旱
1716	清康熙五十五年	春淫雨，小麦无收，夏大旱
1744	清乾隆九年	七月水灾
1770	清乾隆三十五年	夏大旱，粮食无收
1788	清乾隆五十三年	五月初六日大雨，初七日黎明洪水陡发，损失严重
1823	清道光三年	夏季大水，枧溪民房被冲毁30余幢，霭山村旁山坡倒塌，毁民房10余幢，死10余人
1852	清咸丰二年	十二月大雨

续表

年份	旧历	灾情
1863	清同治二年	春雨连月，米面钱八千有奇，豆无收，无禾
1868	清同治七年	五月大雨，洪水发，损田庐
1873	清同治十二年	夏大旱
1881	清光绪七年	秋旱，歉收
1885	清光绪十一年	夏五月大雨弥月，山洪并发，冲刷田庐、坟、村
1888	清光绪十四年	夏大雷雨
1896	清光绪二十二年	秋七月大旱
1897	清光绪二十三年	春二月大雨
1898	清光绪二十四年	秋旱禾尽枯

资料来源：作者根据《黟县志》（1986）整理

　　徽州境内多山地，"高山湍悍少潴蓄，地寡泽而易枯，十日不雨，则仰天而呼；一骤雨过，山涨暴出，其粪壤之苗又荡然空矣"[①]，这使得徽州历史上重大水旱灾害频发（表6-1），引水固水成为古村落发展中必须解决的难题。为此，不少徽州古村落都会根据微观尺度的地形特征，建设水利设施，因势利导地解决日常用水问题，而人工与自然相结合的古村落水系也常常成为重要的文化遗产，宏村的牛形水系就是其中的经典（图6-1~图6-3）。

图6-1　宏村的水圳

---

① 《歙县志·舆地·风俗》，清顺治刊本。

图 6-2　宏村的月沼

图 6-3　宏村的南湖

　　宏村始建于南宋绍兴年间（1131 年），是汪氏聚族而居之地。其先祖"卜筑数椽于雷岗之下"，定名弘村；清乾隆二年为避帝讳，改名宏村。"宏村背靠雷岗山，可挡北风之烈，东山导于左，羊栈岭措于后，互成犄角之势；三面环水，金城环抱，聚气生财，吉祥之兆"。南宋德佑二年，西溪改道，山下空出大片土地，宏村人遂下山定居（逯海勇，2005）。可见宏村的选址受到风水思想的影响。而由山溪、碣坝（拦河坝）、水圳（图6-1）、月沼（图6-2）、南湖（图6-3）和庭院水塘组成的宏村水系，"源自学堂山南麓邕溪，邕溪流至宏村西北的碣坝为西溪，再流至村西的宏际桥前，与羊栈溪汇合于中洲；山溪水过宏村后，注入西溪，然后向南流入奇墅湖，此为天然河流形成的外水系。而宏村水系主要指村落拦河筑坝，穿圳引流，凿湖储水的人工水系，即内水系。内外水系相交于村西北的拦河坝，坝长近30米，高4米，全部由条石砌筑。溪流东岸设有闸门。可以根据水情的丰枯调节水量。保证村子的用水不溢不竭"（王浩锋，2008a）。宏村开凿水系的想法源于先祖汪玄卿在请堪舆先生相地时，"偶指村之正中有天然一窟，冬夏泉涌不竭，曰：此宅基洗心也，宜扩之以潴内阳水，而镇朝山丙丁之火"，他相信了引水抑火的想法并传之后代。到明永乐年间（1405年），他的孙子汪思齐邀请风水先生何可达踏勘地形，制订了扩大村落基址的规划蓝图。其规划构思主要有三点：一是完善村落的风水形势，以"道（观）佛（寺）镇东西、水土（雷岗山）控南北"；二是"筑渠开圳，引水入村，丁户沿渠立栋"，引入村中的水脉必须形成阴（雷岗山地下水）阳（河水）水交合，以抑制朝山的丙丁之火；三是建议村落向南发展（王浩锋，2008b），可见水系最初的规划也与风水学说密切相关。而据宏村汪森强先生考证，宏村水口之水由西溪水道和小溪之水汇集而成，到礁石群处转弯向南，水圳进水口设在离弯折处30米的地方，很好地克服了洪水对圳口的压力，也减少了拦水碣坝的工程量。而水口高程则参考了西溪故河口的水位，既保证进村之水的流速，又要避免落差过大冲毁碣坝。据2001年3月5日的测量数据，宏村拦水碣坝的上下水面落差为1.8米，水圳进水口水面高于南湖水面3.96米，水圳的平均坡降为5.5米^3/千米，进水口长30米，水圳宽度1.15米，流速21.6米/分钟，流量7.95米^3/分钟，流速与流量较好地满足了村民生活汲水的需要（俞明海等，2009）。而水圳的走向和水系布局，也尽量保证全村居民用水距离比较适中。据黄山市测绘院的勘测，离水源最远的住户直线距离不过100米，大部分住户取水的直线距离在60米以内（汪森强，2004）。可见其很好地利用了当地水文和地形的特点。宏村水系的核心是月沼，面积约1200米^2，周长137米，水深0.8~1米；水圳全长1268米，其中大圳716米，小圳552米。水圳宽处不过一米多，窄处则不足两尺[①]。水圳入村后，大圳向西，分上、中、下

---

①　1尺 ≈ 0.3333米。

三段，上水圳自进水口往南流 30 米，再转弯流向东南方向，中段圳沿宏村街向东流到"慎思堂"前折向南，下水圳则曲折流入南湖。小水圳向东，在村中心汪氏宗祠"乐叙堂"前注入月沼，再往南折入南湖。南湖面积约 2 公顷，周长 833 米，水深 0.8~1.1 米。流经全村的水系还派生了 22 口庭院鱼塘，创造了整个古村落的流动之美、静谧之美和蜿蜒之美（王浩锋，2008a）。宏村水圳的一侧是街巷的青石板路，另一侧是高耸的古民居。沿路建有无数个下渠台阶供村民取水洗涤，因此，宏村的水圳兼具给水和排水的功能，构成了一个比较完善的给排水网络。每逢天降大雨，住宅中的积水就会通过排水口回流入沿街的水圳之中，避免了宅院内积水过多；而落脚的石板也能挡住浮在水面的残渣脏物，便于打捞清理，保证下游的用水清洁，同时，水圳近在咫尺，也为防火提供了保障。总的看来，宏村水系是在较低技术水平下创造的优秀文明成果，它的成功首先依赖于对自然环境的巧妙利用。在规划建设中，突出了"因地制宜"，依托天然的地貌和水文条件大大减少了人力物力的耗费；而选用溪道里的卵石和山上的石块修建碣坝和水圳，则降低了运输成本；适应"水往低处流"的特点，还依托地形坡度解决了水体流淌的动力问题；顺应水的"无孔不入"，很好地解决了水体分流的问题；而发挥水"因势而聚"的特点，通过细长的水圳使水流近户（马丽旻，2005），以简易的施工手段和较低的成本，一方面便利了居民的生产、生活用水，创造出"浣汲未防溪路远，家家门前有清泉"的美好意境，另一方面也有助于小气候的调节。而水系中防污措施的设计，也体现出古人高超的智慧。

呈坎村的前、中、后三条南北向主街也平行溪河而建，三条水渠流经全村，把生活和消防用水带到各家各户的门前宅后，三水于村口汇于隆兴桥下。为保证水系的自然流动，村民在柿坑溪和溪河交口附近，以及环秀桥上游分别修建了取水碣坝（图 6-4），以抬高入村水系的水位。从实际效果看，这两个碣坝既能保证村内给排水系统的正常运转，也能在突发暴雨洪灾时，通过调节碣坝的阀门，人为地控制水量，同时保证排水渠道的畅通。同样体现了当地人适应微观地理环境的智慧。

历史上的徽州古村落还因为建筑密度大及青壮年男子大多外出经商等原因，特别注重防火、防盗措施。由于当地林木资源丰富，木结构房屋比重大，加上聚族而居，一旦发生火灾，损失可能很大。徽派建筑"马头墙"的设计则

图 6-4　呈坎环秀桥上游的碣坝

在一定程度上有助于克服防火难题（图 6-5）。马头墙是指建筑物两侧高于屋顶的墙体，能够有效封闭火势，阻止火灾蔓延，因此也被称为"封火墙"。据说，明朝弘治年间的徽州知府何歆最早将这种建筑防火技术推广于民间。当时徽州府城火患频仍，且因木质结构建筑多，损失十分严重。何歆提出每五户人家组成一伍，共同出资，用砖砌成"火墙"阻止火势蔓延，并以政令形式在全徽州强制推行。以后，逐渐发展为每家每户都独立建造封火墙。而徽州工匠们后来还对封火墙进行了美化装饰，使其造型如高昂的马头。于是，"马头墙"便成为徽派建筑的重要特征之一。^①此外，呈坎村的燕翼堂、罗建良宅、长春社等，无一不是"木结构不外露"，用砖、瓦、石、红泥、石灰等耐火材料对木结构和芦苇隔墙进行防火处理，使其成为"固若金汤"的典型。而该村更楼鸣锣、深挖井、封火门，以及地板、楼板的防火处理等，使其成为"中国古代的消防博物馆"（罗来平，2005）。在防盗方面，徽州古民居外墙高筑，开窗很高、很小，同时以承志堂为代表，在外墙里侧会添加木质墙板，一旦有人深夜挖墙打洞，触及木板，便会发出响声，起到警报器的作用。总之，徽州古村落中有许多利用当地资源和水文、地貌条件，解决地方特色难题的实践经验，这会有助于因地制宜地促进地方经济低耗、高效发展。

① 马头墙，http://www.ah.gov.cn/UserData/DocHtml/1/2013/6/8/168537683946.html［2013-06-08］。

图 6-5　西递村的马头墙

四、徽州古村落文化重视对生态环境的自治管理

徽州宗族文化突出血缘和地缘关系，强调家庭政治、经济地位和族群凝聚力，在调节古村落人地关系中发挥了重要作用。一方面，在调节宗族内部关系的族规家法中，不乏对生态问题的规定，尤以提倡植树造林的条款为多。例如，祁门《文堂陈氏宗谱》规定，任何人都不得损盗风水林木，"犯者公同重罚理治"；绩溪龙井明经胡氏《祠规》中也规定，"堪舆家示人堆砌种树之法，皆所以保全生气也。吾族阴阳二基，宜共遵此法，尤必严禁损害"。同时，族规家法中还规范了保护生态的行为准则。如祁门六都善和里程氏在《窦山公家议》中就明确了治山者与管理者之间的职责关系，"其治山者，务要不时巡历，督令栽养，毋为私身之谋。其管理者务要不时检点，给与馈饷，毋为秦越之视"（卞利，2015）。另一方面，宗族也在调整与生态保护有关的族际矛盾中发挥着重要作用，例如，宗族之间会协商订立合同文约来规范、制约双方的行为，以实现共同保护环境的目标。在祁门康氏文书中就有一份康熙五十二年康姓、凌姓的复立合文禁约，显示康凌二姓共有名为金竹州的水口，二姓曾立禁约，禁止砍伐水口林木。后凌姓盗砍椿木一根，进而导致康、凌两族对水口林木的强砍行为。为此，二姓复立合文，严禁盗砍，以此约束双方行为。同时，宗族还会对违反保护生态的族规家法的行为进行惩罚，由轻到重包括斥责警告、罚款（罚银、罚戏）、报官、不孝驱逐等（王倩，2013）。徽州宗族的基层自治治理经验为促进村民共同自主

保护与治理生态环境发挥了积极作用。

在合理配置公共资源方面，徽州古村落也有不少好的办法。例如，为保障居民用水安全、保护水环境，徽州许多古村落都实行了有效的用水管理方式。在宏村，自古有不成文的规定，水圳中不可抛杂物、洗污物，在每天的一定时段不可以洗衣，以供取用饮用水；在西递，胡氏家族也制定了严格的分时用水制度，洗衣、洗菜等只能在不同的时段内进行；在呈坎村，则有分段用水的制度，众川河在村口的一段用来洗菜，往下依次是洗衣服、冲洗马桶等。对其他公共资源的管理，古村落也有很多规定。例如，宏村古语云，"宁可走万步，不砍雷岗树"；又云，"岗高水环，郁草茂林。土形气行，树因以生。树因水绿，水因树旺。贵若千乘，富如万金。四环青翠，富贵万代"（岳毅平等，2005），以此教导村民保护周边林木。宏村的族规也明确禁止村民私自砍伐雷岗山上的树木，只有召开会议，经族民同意后方可适度取用。而在村民心中，村间山旁的树都是风水树，树毁坏了村落也会衰败。因此，村里百姓宁可到十余里外的深山砍杂树为柴，也不砍伐村后雷岗山上的树。在呈坎的众川河边，依然保留着"公禁河鱼"的石碑，表明该村也有禁止村民随意捕鱼的族规乡约。

值得指出的是，人地关系的调整也和人与人之间的关系调整密切相关，若不能有效协调村民之间在生态环境保护方面的利益关系，也很难使促进人地和谐的举措落到实处。徽州古村落文化的生态价值不仅体现在协调人地关系方面，也表现在协调村民利益关系方面，并由此形成了村民愿意自觉保护古村落生态环境的氛围。例如，徽州不少古村落都有"族田"制度，"族田"就是宗族占有的土地，严禁典卖，凡有盗卖，以不孝论处，受宗法族规制裁，这就有助于耕地资源的保护。而族田的重要来源是徽商的捐资购置，其功能则不仅服务于祭祀等，也会有为赡养族中"贫而不能自立者"的义田及作为族内子弟教育费用的学田等，从而起到了类似转移支付的作用，有助于古村落的人际和谐和人力资本培育。

总之，徽州古村落文化中蕴含着丰富的朴素生态文明思想和实践经验总结，对于今天的区域生态文明建设可以发挥积极的借鉴作用。

第二节　生态文明建设与古村落文化的生态价值

2015 年 4 月发布的《中共中央国务院关于加快推进生态文明建设的意见》指出，"生态文明建设是中国特色社会主义事业的重要内容"，"加快推进生态文明建设是加快转变经济发展方式、提高发展质量和效益的内在要求，是坚持以人为本、促进社会和谐的必然选择，是全面建成小康社会、实现中华民族伟大复兴中国梦的时代抉择，是积极应对气候变化、维护全球生态安全的重大举措"。这就要求，各地"要充分认识加快推进生态文明建设的极端重要性和紧迫性"，"加快形成人与自然和谐发展的现代化建设新格局，开创社会主义生态文明新时代"。虽然古徽州地域的生态环境质量总体较好，但也要正视经济社会发展和生态环境保护之间的矛盾冲突，努力避免重走"先污染、后治理"的道路，以生态文明建设促进经济社会福利水平的提升，以及传统文化和生态环境的保护。

一、黄山市生态文明建设概况

古徽州的"一府六县"中，婺源已划归江西省上饶市，绩溪已划入安徽省宣城市，其余四县目前都是安徽省黄山市下辖的地域。因此，黄山市的相关信息能够大体反映当代徽州的生态文明建设概况。

根据相关网站的信息，2014 年 4 月，国家发展和改革委员会等六部门组织了对《黄山市创建国家生态文明先行示范区实施方案》的专家论证，7 月，黄山市正式获批为国家生态文明先行示范区。也就是说，黄山市的生态文明建设不仅已经启动，同时，还被寄予厚望。

2014 年 4 月，黄山市委常委、常务副市长许继伟就生态文明建设接受了人民网的专访。他提出，黄山市拥有"六张王牌"：一是山水优美，黄山是山岳风光的代表，新安江有"山水画廊"之称、被誉为黄山的"母亲河"，此外，还有"黄山情侣"太平湖、"道教圣地"齐云山、国家地质公园牯牛降，等等；二是文化灿烂，既是徽商故里，又是徽文化的发祥地；三是生态优质，全市森林覆盖率达 78.9%，是全国和全省平均水平的 3.9 倍和 3 倍，地表水水质 100%达到优质标准，空气质量优良率为 100%，黄山景区空气负氧离子浓度长时间稳定在 20 000 个 / 厘米^3 以上，是名副其实的"天然氧吧"；四是物产丰饶，全市现有各类植物 3000 多种，野生动物 490 多种，人均水资源占有量是全国的 3.1 倍；五是区位优越，自古就是"三省通衢"，是安徽省规划的区域中心城市和交通枢纽城市之一；六是品牌亮丽，目前拥有联合国颁发的世界级"桂冠"3顶、国家级"桂冠"9大类130多顶，近年来，先后获得中国优秀旅游城市、公众最向往的中国城市、国家园林城市、世界特色魅力城市200强、中国最佳休闲城市、中国人居环境奖城市、中国最幸福城市等一系列殊荣①。这六张"王牌"既反映了徽州地区优越的生态环境，更揭示了当代徽州开展生态文明建设的必要性和可行性。从可行性看，黄山市的生态环境基础很好，并已成为城市的重要亮点和品牌，这有助于促进政府和民众对生态环境建设的关注与支持，形成生态文明建设的合力；较丰富的生态资源和文化资源则是生态文明建设的有力保障，因为随着资源价值的合理回归和生态补偿机制建设，生态资源将成为增强地方经济实力的重要因素，而文化资源则是构建地方认同的基础和地方性知识的宝库，目前，生态资源和文化资源已经是黄山市吸引游客和投资的重要卖点。从必要性看，优越的区位条件会吸引国内外剩余资本的进入，这有可能带来发展与保护的矛盾，尤其是片面追求短期经济利润的开发，很可能造成环境污染，而丰富的资源也会随着价格水平提高而惹人垂涎，只有抓紧出台防范和保护举措，才能避免重蹈"先污染、后治理"的老路。

在生态文明建设中，黄山市委、市政府强调，要"立足黄山生态资源优势，以建设美丽中国先行区为目标，以争创国家生态文明先行示范区为契机，持续加大生态建设和环境保护力度，坚守'既要GDP，更要绿色GDP''既要金山银山、更要绿水青山''要加快发展，但绝不能急功近利'等12条科学发展理念，树立'功成不必在我任期'的思想，始终做到在保护中开发、在开发中实现更好地保护，永葆黄山这一方绿水青山，走出一条符合黄山市情的生态文明建设新路"。实践中，黄山市已经启动了美好乡村建设，实施了绿色质量提升行动，开展了"三线三边"环境整治等一系列新举措。其中，美好乡村建设在2012年9月~2014年4月，已实施项目1498个，完成投资14.1亿元，36个省级示范村建设取得成效；绿色质量提升行动方面，截至2014年4月，全市累计完成投资34.55亿元，对全市92个乡镇、371个行政村约145万亩范围内的1278个点进行了绿色质量提升，建成绿色长廊655.9千米、生物防火林带601千米；"三线三边"环境整治方面，按照"四治理一提升"要求，全面完成广告标牌、省市交界点、景区周边等10个方面、1000多个整治点的治理工作，让人民群众切实享受到城镇化建设的成果②。而从中国社会科学院发布的《2014年中国城市竞争力蓝皮书》看，黄山市名列全国

---

① 许继伟：把黄山建成全国生态文明建设示范区的核心区，http://ah. people. com. cn/n/2014/0416/c227138-21004337. html［2014-4-16］。

生态城市竞争力第二，居内地城市之首，显示出生态文明建设水平的确居于全国前列。

具体地说，在顶层设计方面，黄山市先后出台了"关于加快生态市建设的决定""关于建设生态文明展示区的实施意见""黄山市生态强市建设实施行动计划"等一系列政策措施。"十二五"以来，全市累计造林 32.16 万亩，森林蓄积量 4200 万米³，占全国的 0.28%；已建成国家级生态乡镇 17 个、生态村 4 个，省级生态乡镇 46 个、生态村 89 个，省级绿色社区 5 个、市级 5 个。而在大气和水环境方面，2013 年，全市大气环境质量优良率为 99.45%，城市环境空气质量达到国家二级标准，黄山风景区环境空气质量达到国家一级标准，达优率为 100%；全市 10 条主要河流、28 个水质重点监测断面平均水质为Ⅰ~Ⅲ类，地表水功能区水质达标率 100%，比全国平均水平高 42.7 个百分点，新安江黄山市段水质达到地表水环境质量Ⅱ类标准，太平湖达到Ⅰ类标准。2013 年，全市单位地区生产总值能耗下降到 0.428 吨标准煤 / 万元，相当于全国平均水平的 58.1%，万元工业增加值用水量下降到 40 吨，相当于全国平均水平的 58.8%。[①]2014 年，全市分别新增国家级和省级生态乡镇 9 个和 7个、生态村 18 个，拥有国家级自然保护区 2 个、省级自然保护区 7 个；全年城市环境空气质量达到国家二级标准，PM_{10} 均值为 52 微克 / （米³），比上年下降 6 微克 / 米³；新安江流域 8 个监测断面和丰乐湖、奇墅湖水质均为Ⅱ~Ⅲ类，长江流域 3 个监测断面和太平湖水质均为Ⅰ~Ⅱ类，全市饮用水源地水质达标率为 100%，全市城镇集中式饮用水源地全年水质达标率为 100%；年末森林覆盖率为 77.4%，当年造林 6071 公顷，退耕还林 3463 公顷[②]，生态环境建设继续取得积极成效。

在产业发展上，黄山市始终坚持围绕旅游商品开发、山区资源开发和高新技术开发大办工业，不上一个污染环境、破坏生态的项目，同时促进工业企业向园区集中、生产要素向重点产业集中、同类产业和相关产业向工业园区内的功能专业区集中。近年来累计关停淘汰污染企业 170 多家，整体搬迁工业企业90 多家，优化升级工业项目 450 多个，拒绝进入污染企业 180 多家，企业环评执行率达 100%，"三同时"执行率达 90% 以上[①]。

"十三五"期间，生态环境一流将成为黄山市经济社会发展的六大目标之

---

① 黄山：向全国生态文明示范区出发，http://www. wenming. cn/syjj/dfcz/ah/201408/t20140813_2116626. shtml［2014-8-12］。

② 2014年黄山市国民经济和社会发展统计公报，http://j. news. 163. com/docs/10/2015040508/ AME5TNED9001TNEE. html［2015-04-05］。

一。该市将广泛推行绿色、低碳的生产和生活方式，显著提高资源利用效率和环境质量，使单位地区生产总值能耗、主要污染物排放控制在省下达的指标内，森林覆盖率、水环境和空气质量继续保持全国领先水平，新一轮新安江流域生态补偿机制试点取得显著成效，国家生态文明先行示范区建设任务基本完成。① 黄山市委书记任泽锋近期也强调，"不能因为强调发展而忽视保护，也不能因为片面理解保护而在发展上缩手缩脚"，黄山市将"实行最严格的环境保护制度，积极构建符合生态文明建设要求的空间格局、产业结构、生产方式和生活方式"，"在全省率先建立林权、碳排放权、排污权、水权等自然资源进入公共资源交易平台实行有偿出让制度"②，从而在生态文明建设的制度保障上有新的突破。

　　总的看来，黄山市的生态文明建设既有好的基础，又起步较早、目标定位较高，特别注重保护较好的生态环境，但也面临发展和保护之间的难题。从政府层面看，对于生态环境建设有足够的重视，但生态文明作为一种文明形态，并不仅仅是生态环境的保护、修复问题，更重要的是，要在全社会形成人与自然和谐共处的共识，并由此推进"绿色发展、循环发展、低碳发展，弘扬生态文化，倡导绿色生活，加快建设美丽中国，使蓝天常在、青山常在、绿水常在，实现中华民族永续发展"③。

　　虽然黄山市的生态文明建设总体处于全国前列，但这一评价还主要基于生态环境的相关指标，而不是对地域人地关系进行系统考察和反思的结果。黄山市生态环境质量较好，很大程度上是因为工业发展起步晚、工业污染企业少，而并不是当地政府已经普遍形成并践行了对开发与保护之间关系的正确认识，也并不是当地民众已经普遍接受人地和谐共处的理念，并自觉以之规范自己的生产和生活方式。当地领导有关发展与保护之间的阐释，更多显现了对发展的期盼，但这种发展还缺少对发展模式创新的探索，并不是适应生态文明这一新的文明形态要求的新发展。而这种对发展的迫切要求和对传统发展理念、模式的习惯性偏好，就很容易导致对生态环境的忽视，难免重走以牺牲环境为代价的发展道路。因此，尽管，不同区域在生态文明建设的基础条件和道路选择上存在很大差异，但都首先必须走出文化决定论的误区，真正确立人地和谐的自然观，并使之内化为每一个人的行为准则，以促成生产、生活和消费方式的转变；都必须致力于满足人类社会更高层次的发展需求，主要依靠人类的智慧和

---

① 中共黄山市委关于制定国民经济和社会发展第十三个五年规划的建议，http://hs. wenming.cn/wmbb/2015/2/t20151229_2236832. html［2015-12-29］。

② 黄山市委书记任泽锋：要在保护生态的同时走新型工业化之路，http://www. newshs. com/t/j/2016-2-20/1455932811959. shtml［2016-2-20］。

③ 《中共中央国务院关于加快推进生态文明建设的意见》2015年4月25日。

力量实现"以人为本"的发展；都必须因地制宜地降低发展对生态环境的压力，更加低耗高效地实现发展目标；都必须兼顾各方利益和发展要求，协调好不同主体间的利益关系，从而形成生态文明建设的合力。无论是黄山市或者各个古村落的生态文明建设都必须从更深层次思考生态文明建设的内涵和路径，并更多从传统地域文化中汲取宝贵经验。

二、徽州古村落的生态文明建设与传统文化的生态价值

徽州古村落作为黄山市的重要名片，不仅是传统文化资源丰富的地方，也是古徽州人地和谐的重要展示空间，在中央要求加快推进生态文明建设的背景下，尤其应该激活古村落文化的潜在生态价值，走绿色发展之路，促进自然和人文生态环境的保护和修复，成为区域生态文明建设的典范。

然而，从近年来对徽州古村落的实地考察看，古村落的生态环境保护形势日趋严峻，当地居民的环保意识不强，外来游客的猛增则进一步加剧了古村落的生态压力。无论是固态垃圾还是商家排出的废水、废气，都缺少集中处置和净化过程，成为重要的污染源。有研究显示，宏村古村落的"牛形水系"至少面临着如下挑战：一是由于上游生态植被受到破坏造成了水土流失，不仅古水系源水的供应受到威胁，而且碣坝以上的河道沙石淤积现象严重，河床急剧升高，目前已和碣坝齐平，碣坝的拦蓄水功能逐步丧失；二是迅速发展的旅游业给水圳和南湖的水质都带来严重威胁，南湖畔游人如织，写生者相簇相拥，在带来经济收入的同时，也造成古村落内的生活污水排放量逐年上升，不仅在人工水圳内时常漂浮着垃圾，在南湖和西溪水面，更是泛着大面积的油污和杂物；三是人工水圳建造年久，在当初建造时不可能考虑到人口骤增、游客如云带来的污染压力，所以单靠原有利用水体自然净化能力的设想很难如意，而由于泥沙淤积，部分支水道已接近断流；而严重的水体富营养化现象，更是加重了水污染，并在一定程度上已经影响到宏村的观赏价值（周元祥等，2004）。宏村古水系面临的生态问题，在很多古村落也都存在。由于忽视传统文化中的积极元素，又无力引进先进的环保技术设施，不少徽州古村落并未真正从思想理念和生产、生活方式层面开始生态文明建设。同时，其原本相对好的生态环境已经由于人口过多受到不同程度的破坏，尽管遭受的工业污染较少，不可逆的污染不多，但也急需以区域生态文明建设为契机，探索新的发展路径和行为规范，以更好实现人与自然的和谐共处。

传统古村落文化作为历史上村民依托较低技术水平、顺应自然环境特点、

较好满足人类需求的优秀成果，可能会对低成本、低污染地改善当地生产生活环境具有借鉴价值。具体地说，作为农耕文明时代创造的优秀文化成果，大多蕴含着人地关系大体平衡时期的自然观，既敬畏自然，更会尝试探索自然规律以更好地应对自然的挑战，这正是人地和谐共处的基本要求；其次，先民的文化创造，不仅是为了寻求功能上的效益，更体现了其独有的审美观并赋予其文化上的价值，因而主要服务于人的价值追求，表现出"以人为本"的价值取向；而受到生产力水平的限制，许多文化景观和生活方式都更加注重适应当地自然条件的特点，具有鲜明的地域特征，体现了因地制宜、低耗高效发展的要求；而在利益协调方面，传统古村落文化通常以基层组织的自治协调为基础，通过熟人社会约定俗成的规则来规范人与人之间及人与自然之间的关系，对于当下的区域管治和环境治理同样具有借鉴意义。总之，传统古村落文化蕴含着丰富的潜在生态价值，如能在生态文明建设中被激活，将得到当地村民和外来游客的更多认同。

目前看来，那些传统文化留存较好的古村落，虽然工业和经济发展的基础比较薄弱，但自然生态环境相对较好，虽然也会因为过大的人口和产业（例如农业、旅游业等）负荷，出现环境污染和资源破坏，但修复的可能性比较大。不过，随着这些村落的经济开发和人们生活水平的提高，人类活动对环境的压力将日趋明显。如不及早探索新的发展模式，很可能产生难以修复的破坏性后果。而这些村落的经济技术水平通常较低，更应发挥文化资源深厚的独特优势，探索通过生态管理和环境治理实现人地和谐的新发展模式。具体地说，首先要借鉴敬畏自然和不过度改造自然生态系统的人地观，实现对人地关系的认识转型；其次，要学习先民遵循自然规律、合理开发资源的实践经验，促进因地制宜、低耗高效的发展，这在自然生态系统价值重估的背景下将有助于获取较高的经济利益；最后，要吸收传统文化在基层自治管理方面的经验，积极构建共同参与、共同管理、共同监督的区域管治体系，形成自律与他律相结合的生态文明建设氛围。总之，生态文明是更多以人类智慧和创造力促进经济社会发展的人类文明形态，因此要重视激活传统古村落文化中蕴含的朴素生态文明思想和实践经验总结，同时还要大力弘扬鼓励创新创造、重视学习提升、追求勤勉俭朴、倡导互谅互让等先进价值理念，以更好地激活传统文化的时代价值，增进村民和游客的文化认同，实现对古村落文化的"活态"传承。

当然，在现代社会中，徽州古村落传统文化也存在明显的缺陷和过时之处。典型的，如徽州古村落折射出的生态文化在特定的"小生态圈"内是和谐统一的，但从大生态圈的要求思考，又是封闭、保守的；其生态理性也只是家族性的（王邦虎，2007）。因此，在借鉴古村落文化建设生态文明的过程中，也要遵循继承与创新相结合、保护与破坏并举的原则，避免因循守旧和故步自封，真正践行人地和谐、因地制宜等先进思想的实质，让传统文化传承和生态文明建设都更好地服务于当代古村落居民的美好生活。

三、徽州古村落文化生态价值的认知

徽州古村落是从中原迁徙而来的先民同徽州当地自然和人文环境长期相互作用的成果，其文化精神和生活方式中蕴含着丰富的生态价值。而认知这些价值，也是借鉴吸收其精华、推进当前的村落生态文明建设的重要基础。近年来，在指导徽州实习的过程中，对古村落文化生态价值的认知，一直是实习学生调研的重要内容。这里主要介绍 2011 年 11 月在宏村和许村分别对 76 位和80 位村民进行了访谈的结果。

实地调研显示，宏村和许村的受访居民均有近半数认为徽州先民敬畏自然，另有超过 30% 的受访居民认为人与自然平等是徽州古村落居民人地观的重要内容，只有 3% 左右的许村受访者认为先民有征服自然的理念，而在宏村认为先祖有"征服自然"理念的受访者比例稍高，达到了 11%（图 6-6）。

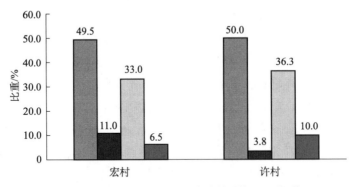

图 6-6　受访村民对于古村落文化人地观的认识

重视风水是徽州古村落人地观的重要显现，这在古村落文化遗存上，具体表现为村落和建筑的选址布局都特别讲究，多选择背山、面水的地方作为聚居之地，也就是"依山造屋、傍水结村"，同时，在民居建造之前也先要占居（确定居宅朝向、布局、营建的一种有封建迷信色彩择吉避凶的神秘观念和技巧与术数），由此也形成了古村落人地和谐的图景。在调查中，大多数受访村民都认为，古村落的选址布局、内部街巷设计及民居建筑等都是古村落文化中

体现人与自然和谐共存的重要内容（图6-7）。

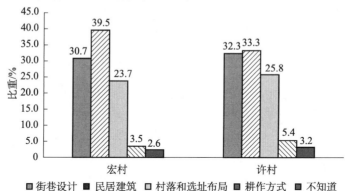

图6-7　受访村民对古村落人地和谐表现形式的认知

　　考虑到徽州古村落的选址布局从表象看，是风水理念指导的成果，但从深层次看，实际上是适应自然地理环境和人口结构特点，改善人居环境，实现人地和谐的举措。因此，进一步调查受访居民对选址布局特点的认识，有助于反映居民对古村落文化潜在生态价值的认知水平。调研显示，宏村和许村分别有接近半数和超过三分之一的受访居民认为，"讲究风水"是古村落选择布局的特点，而两村也都有超过三分之一的受访居民注意到地形、土地资源的影响，但对整体生态环境和谐的关注度不高，也都有一定比例的受访者表示"不知道"（图6-8）。这表明，村民总体上还未能从人地和谐的层次认识古村落的选址布局思想。

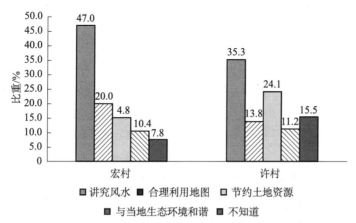

图6-8　受访村民对徽州古村落选址布局特点的认知

　　调研还特别关注了村民对徽州土地利用方式的认知情况，结果显示，宏村的受访村民普遍对水口和水资源的感知更为明显，半数以上的受访者都认为合理利用水源是土地利用的主要特点，而在许村，受访居民对合理利用地形的感受更为强烈，这应该归因于许村位于山脚，村落的整体形态和水口设计与地形密切相关。此外，受访村民对合理种植作物的了解都比较少（图6-9），但在徽州古村落的发展中，选择合适的作物品种的确是人地和谐的重要基础。由此可见，留存的文化遗产对于村民构建因地制宜发展的理念还是有积极帮助的，对传统文化的教育还可以超越物质文化遗存，更深刻地介绍古村落文化的发展全貌。

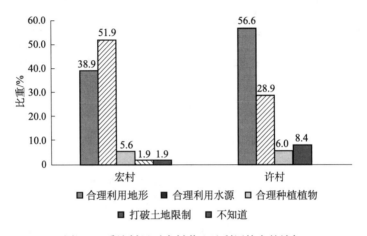

图6-9　受访村民对古村落土地利用特点的认知

　　关于古民居的设计特点，受访村民都对防火意识的感知最强，其次是采光和通风，而对民居与周围环境的整体协调，宏村居民的认知程度高于许村，对民居的防盗设施两村受访居民的认知度都不高，许村居民中对此问题表示"不知道"的比例明显偏高（图6-10）。由此可见，由于对马头墙的宣传力度较大，在村民新建住宅时也有马头墙的要求，所以，防火意识在居民中的普及程度较高；而高墙、高窗及天井等鲜明的建筑特点，也让村民较深地体会到采光通风的需求，但真正从人地和谐的层面认识古民居特点的村民还不多，这就难以帮助居民从内心深处理解古民居的人地和谐智慧，在当前的建筑设计中难以传承先进的建筑设计理念。

　　总的看来，徽州古村落居民对于徽州古村落文化中的潜在生态文明价值，特别是对留存的物质景观中所蕴含的朴素生态文明思想和实践经验均有一定的认识和认同。这也与古村落旅游开发将这些优秀的文化成果作为重要的卖点有很大关系。由于宏村的旅游开发规模明显优于许村，因此许村的受访居民中表示不清楚的比例明显较高。另外，古村落居民对传统文化潜在生态价值的认识

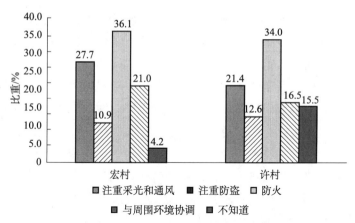

图 6-10 受访村民对徽州古民居设计特点的认知

还比较表象，突出表现为对物质文化遗存的认识大多与导游词比较接近，缺少深层次的理解；而对非物质文化遗存的了解程度就比较低。例如，在访谈中，有利于生态和谐的自治管理制度很少受到居民的关注，许多受访者（特别是比较年轻的）对此几乎没有了解，只有少数年长的居民表现出强烈的认同。一位接受访谈的 50 多岁呈坎男性居民就曾表示，"比如晚上倒马桶、早上洗菜的传统以前有，但是现在早就没有了……又比如过去砍树是严格禁止的，村民们相互监督，违反者要杀猪赔礼道歉，但是现在砍掉的树木都是用车子拉"，但有类似回答的受访居民比例很低。这也反映出当地村民对生态文明建设的认识水平还有很大局限。访谈显示，大部分村民都将生态文明简单地理解为保护环境、洁净水源等，并没有认识到生态文明是新的发展方式和文明形态，也没有认识到自己能为生态文明建设做什么贡献，更没有深刻理解生态文明建设与自己的切身利益有何关系，因此，村民对古村落文化生态价值的理解大多停留在旅游宣传的层面，对古村落文化中更多深层次的潜在生态价值缺少感知和认同。为此，加强对古村落文化的深入宣传和全面介绍是非常必要和重要的。

四、在文化传承中重建美丽徽州

徽州古村落曾经拥有良好的生态环境和深厚的文化积淀，但随着时间的流逝和外来文化的冲击，不少物质文化遗存和传统文化精神都面临消失的风险，而长期在人多地少的矛盾中发展，其生态承载力也已经接近极限。目前大多数徽州古村落的经济发展相对落后，村民改进生活条件的要求比较迫切，而旅游开发又进一步加重了古村落的生态环境压力，这就对传统文化和生态环境的保护均构成更大挑战。因此，徽州古村落急需借鉴传统文化的宝贵经验，以保护和修复自然生态环境为基础，谋求以新的发展方式促进经济的快速发展和居民生活水平的显著提高。目前看来，徽州古村落应当尽量避免低水平的工业化，重视通过发掘传统文化资源的潜在价值，特别是汲取传统文化应对自然条件约束的地方性知识和经验，以实现低耗高效的发展。增强当地民众的文化认同是保护和传承传统地方文化的关键，而激活传统文化在现代社会的积极价值，则是提升地方文化认同的有效路径。应对徽州古村落文化传承和环境保护面临的严峻挑战，很有必要以增进古村落村民的文化认同为重点，实现两者的互促发展。而实地调研显示，徽州古村落居民对于生态文明、古村落文化、包括古村落文化的潜在生态价值等仍处于较低的认识水平，这可能使古村落的文化传承和生态文明建设都面临较大困难。因此，很有必要加强对生态文明建设的宣传力度，加深村民对古村落文化的认识，努力在更好的文化传承中建设美丽徽州。这不仅有助于发挥徽州古村落在生态环境保护和生态文化传承方面的独特优势，还能通过生态文明建设与古村落文化保护的互促发展，使古村落在新一轮区域竞争中占据有利的位置，使古村落居民得到实实在在的好处。为此，建议相关部门着力推进如下五方面工作。

一是要深刻挖掘徽文化中蕴含的朴素生态文明思想和生态建设经验，以生动活泼的形式加强对村民的徽文化教育，帮助村民切实提高对徽文化的认知水平。认知是认同的基础，深刻认知徽州古村落文化的魅力，才能产生对古村落文化的情感依恋和保护的自觉性。徽州古村落能吸引到国内外大量学者和游客的关注，就因为其拥有独特魅力。但古村落村民却因为缺乏对古村落生活方式的深刻解读而忽视了其内在价值，也就难以产生高水平的认同。因此，政府很有必要帮助村民深刻认识徽州古村落文化的思想和灵魂，以此凝聚村民对古村落的情感，增进其保护和建设古村落的自觉性。

二是要加强对生态文明建设的宣传力度，切实提高古村落居民对生态文明的认识水平。生态文明作为人类社会发展的新形态，对地方经济社会的持续、协调发展具有重大意义。但目前古村落居民对生态文明的内涵理解层次较低，认同度不够，更谈不上以生态文明的要求来约束自己的行为方式，这也限制了居民对传统文化中朴素生态文明思想和建设经验的总结与发掘。因此，通过有效的宣传增进居民对生态文明的认识，将有助于居民深刻认识传统文化的潜在价值，在日常生活中养成人地和谐的思想理念和行为方式，这也会增进居民对于古村落文化的认同，优化古村落文化保护的环境。

三是要制定严格的生态环境保护制度，探索建立能反映市场供求和资源稀缺程度、体现生态价值和代际补偿的资源有偿使用制度和生态产品价格体系，从而使生态文明建设的成果与居民的经济利益直接挂钩。任何地方的生态文明建设，都要求建立严格的环境保护制度，重新评估自然资源的价值和价格，以逐步消除自然资源的外部效应，提高自然资源和生态环境的使用成本，从而构建节约、集约使用资源的生产、生活方式。在此背景下，传统古村落文化中节约资源、顺应自然规律的生产生活经验和管理经验将对低成本的发展具有借鉴意义，古村落文化的现代经济价值也将得到更多体现。可见，制定严格的生态环境保护制度不仅是生态文明建设的内在要求，也有助于激活徽州古村落文化的现代价值，给当地居民带来现实的经济利益，从而促进生态文明与古村落文化保护的互促协调发展。当然，这方面的制度建设是个系统工程，当前既可以从提高资源产品的价格着手，引导居民在一定程度上回归节约使用资源的生活方式，也可以通过构建和完善生态补偿体系，引导居民更加珍惜和保护生态环境。

四是要以新农村建设为基础，基于地方文化传统科学合理地改进村容村貌，使古村落居民从优良的人居环境中感受到生态文明建设和传统文化保护的好处。实地调查中发现，不少古村落卫生条件较差，人居环境很不理想，与新农村建设的"二十字"要求还有很大差距。在居民日常生活的合理需求都难以被满足的条件下，要求村民爱护和保护古村落文化是不现实的。但古村落文化保护与村民人居环境改善之间并不存在根本矛盾，关键是要以保护古村落传统文化精神为重点，通过合理规划，科学进行村容村貌的整治。当前可以先从垃圾集中处理、河流整治等基本生活问题着手，让村民感受到实惠。

五是要促进高品质的旅游开发，将文化旅游与生态旅游紧密结合起来，通过高水平的生态文化旅游服务，为村民创造更好的增收条件。文化旅游的实质是让游客鉴赏、体验和感受旅游地深厚的文化内涵。当前，徽州古村落文化旅游的一个重要不足之处就在于缺乏对古村落文化的深度解读，很少揭示古村落文化的时代价值，因而难以满足旅游者提高文化修养和体验水平的需求。如果能深度发掘古村落文化对生态文明建设的潜在价值，并使其转化为古村落生态保护和修复的现实成果，那就不仅能使旅游者得到更多感悟和收获，也将扩大古村落旅游的市场影响力和增值能力，促进古村落经济发展和国际影响力提升。

总之，生态文明作为人类文明的新形态，是人类社会共同的发展目标。徽州古村落在近代以来，受现代主流文化扩散的影响相对较小，从而保留了许多传统文化景观，积淀了极具地方特色的深厚文化传统，也拥有相对较好的生态环境。但长期以来较大的人口压力，也使其遗留的生态足迹过多，生态承载力接近极限；而在改革开放的时代背景下，仍处于传统农耕文明的古村落，居民改进生活条件的要求比较迫切。在生态环境保护和文化传承都面临挑战的背景下，徽州古村落急需从传统文化中借鉴有益经验，力争在生态文明建设中取得领先地位，以此让居民从较丰厚的利益回报中增进对古村落文化的认同，从而增强其保护古村落文化和参与生态文明建设的自觉性。这对于形成生态文明建设与传统文化保护之间的良性循环具有重要价值，也将促进传统文化留存比较丰富的地区在新一轮区域竞争中抢得先机。

第三节　徽州古村落生态价值与文化旅游 [①]

文化旅游是 21 世纪各国旅游业发展的亮点，遗产旅游则是文化旅游中最具地方特色和文化传承、传播功能的部分。中共十七届六中全会通过的决定提出，要"积极发展文化旅游，促进非物质文化遗产保护传承与旅游相结合"，这就为文化遗产旅游的优化发展明确了方向。徽州古村落作为徽文化的重要载体，蕴含着丰富的文化遗产旅游资源，并在近年来的文化旅游实践中展现出独特魅力，但也暴露出文化内涵挖掘不够、同质化倾向明显等突出问题。为此，有必要以探析文化遗产旅游发展的内在要求为基础，探索生态文明建设背景下，徽州古村落文化旅游的优化路径。

一、展现传统文化魅力是文化遗产旅游发展的内在要求

学术界对文化旅游有不同的认识。例如，蒙吉军和崔凤军（2001）认为，它是以学习、研究、考察游览地文化为主要目的的旅游产品，具体包括历史文化旅游、文学旅游、民俗文化旅游等；于岚（2003）也认为，其主要是局限在民俗文化层的具体的旅游产品；吴必虎（2000）则将其定义为利用地方文化深厚内涵，通过某些具体的载体或表达方式，提供游客鉴赏、体验和感受游憩机会的一种高层次旅游产品。不过，更多的学者认为，文化旅游不仅是一类旅游产品，更是一种旅游行为和旅游过程。例如，李巧玲（2003）认为，它是旅游者为实现特殊的文化感受，对旅游资源文化内涵进行深入体验，从而得到精

---

① 本节引自孔翔，《徽州古村落文化旅游的优化路径研究》，《中国文化产业评论》，2012年第2期，第233-243页。

神和文化享受的旅游过程；刘宏燕（2005）认为，它是文化旅游者进入异质
文化的现实氛围中，切身体验和了解其生活习惯、社会风俗等的行为；钟军
（2011）则提出，它是旅游者通过旅游目的地的具体载体和相关表达方式，了
解、鉴赏、体验和感受目的地文化内涵，以提高自身文化修养、陶冶情操的
一种旅游行为。还有学者强调了文化旅游中的文化创意，认为文化旅游既不
是一种无形的服务，也不是一种经历，而是作为一种意识，融入到观光、度
假等旅游产品服务中去，使游客从中领略到目的地丰富的文化底蕴（郭丽华，
1999）。当然，这一认识实际仍将文化旅游视为一种旅游行为，只不过更多
强调了旅游者的文化创造能力。总的看来，在有关文化旅游的定义中，都强
调了对异域文化的体验和感知。正如世界旅游组织的定义，文化旅游是"人
们想了解彼此的生活和思想时所发生的旅行"，是以参与和感受地方文化为
主的一种旅游方式（张广海和方百寿，2004）。在这种旅游活动中，需要让
游客鉴赏、体验和感受旅游地地方文化的深厚内涵，从而丰富其旅游体验
（Thorburn，1996），因此，它通常是那些对体验文化经历有特殊兴趣的游客所
发生的旅游行为（Reisinger，1994）。

从文化旅游的概念探讨中不难看出，文化旅游优化发展的关键在于，使
游客体验和感受到异域文化的独特魅力。有调查显示，英、美、日、德、法、
澳等国的旅游者无一例外地把"与当地人交往，了解当地文化和生活方式"
视为出境旅游的三大动机之一（Walle，1998），可见，即使是为了增强对国外
旅游者的吸引力，也应更好地展示当地文化和生活方式。遗产旅游作为文化
旅游的重要组成部分，更应深度展示传统文化的魅力。这不仅关乎文化旅游
的质量，更可能影响到文化的传承。因为居民和游客对遗产的理解、现存遗
产的营销、遗产地规划，以及遗产旅游与当地社区的相互依存性等都是遗产
旅游面临的特殊挑战（Nuryanti，1996）；而 Chhabra（2003）的研究也表明，
遗产旅游资源的"原真性"是影响旅游质量和游客满意度的关键因素，因此
对经营者进行遗产保护和相关教育很有必要（Silberberg，1995），加强文化遗
产的建设与恢复也应成为文化旅游的重要内容（尤陶江，2001）。遗产旅游与
遗产保护之间的复杂关系，一定程度上体现了传统与现代的矛盾。如果传统
文化的特色魅力和时代价值能得到深度发掘，那就不仅能为旅游地的文明进
步继续提供养料，还能为其他地区的文化繁荣提供有益的借鉴。由此，文化
旅游者将从遗产旅游中得到更多感悟和收获，旅游地居民和经营者也会对传
统文化萌生更多的认同和情感依恋，这对于遗产保护和文化旅游之间的良性
互动具有深远的价值。

二、徽州古村落旅游尚缺乏对传统文化的深度展现

徽州文化是我国三大地方文化之一，有着丰富的器物文化遗存和深刻的精神文化内涵（朱国兴，2002），徽州古村落则是徽州文化的重要空间载体。据2007年5月黄山市社科联公布的调查数据，黄山市所辖地域内有古村落1022个、古民居6079幢。黄山的古村落旅游始于1986年，而大多数古村落旅游则兴起于1992年。截至2009年7月，黄山市共有105个行政村经营旅游业务；52家列入统计的黄石市景区中，39家在乡村；19个4A级以上景区中，以古村落、古民居为主的占13个。2008年，黄山市古村落旅游共接待游客1020万人次，占全市游客接待总数的56.62%，古村落旅游总收入占全市旅游总收入的29.09%①。徽州古村落旅游已经显现出巨大的经济效益。

然而，徽州古村落旅游也存在诸多问题。例如，朱生东等（2010）认为，徽州文化旅游存在开发面窄、开发深度不够、无序竞争明显、资源浪费严重，以及缺乏整体规划、后劲不足等方面的问题，因而需要推进整体开发；张飞（2007）也认为，徽州文化旅游还存在认识误区，文化旅游大氛围还未完全形成，业态创新步履艰难，对文化挖掘的深度不够，潜在的资源优势未能完全转化为现实的产品优势，同时局部存在重开发轻保护的倾向等，因而很有必要整合文化旅游资源、构建徽文化旅游圈；吴丽蓉（2006）则将徽州文化旅游的问题归纳为产品种类少且发展不平衡，零星散乱且规模小、档次低，缺乏专项规划和科学管理导致资源破坏严重，旅游人才队伍不能适应市场开发需要等四个方面，她还提出了深度开发的系列对策；而黄成林和冯学钢（1999）更早就提出，发展徽州文化旅游必须避免重复建设和规模不经济，避免破坏性建设和不合理开发，大力推出徽州文化旅游精品线路，提高导游人员素质。这些对徽州文化旅游的问题诊断，从根本上都指向旅游开发中缺乏对传统文化的深度解读和生动展示。也就是说，徽州古村落旅游还处在简单、雷同地展示物质文化遗存的较低水平，并未有效诠释徽州古村落文化的地方特色和思想精髓。这就既不能满足游客对古村落文化进行鉴赏、体验的需求，也难以激发当地人对古村落文化的自豪感和认同度。于是，旅游发展对古村落文化传承的负面影响频频显现：某些旅游开发破坏了文物的真实性与完整性，极度的商业化与集市化破坏了古村落的宁静与平和，大量游客的涌入给古村落的生态环境和遗产保护造成巨大压力，旅游活动的金钱示范腐蚀了山乡水村的淳朴民风（章尚正，

---

① 黄山市乡村旅游发展总体规划（修编），ZW.huangshan. gov. cn/Common Pages/Titleview. aspx? Category=48unitcode=JA378Class Code=0610w&1d=130376［2012-02-24］

2005）。这些都严重损伤着古村落旅游持续发展和古村落文化保护传承的能力。

从实地调研看，无论古村落居民或游客都对古村落文化的思想精髓缺少深刻认识，因而难以形成对古村落文化的深度认同和情感依附。他们都更多关注建筑文化特色，不大了解徽州的儒商文化，对古村落的宗族文化特色和风水思想也关注不够，至于三雕、楹联等蕴含丰富徽州文化思想精髓的景观也较少受到重视。这就折射出徽州古村落旅游中过度展示物质文化留存而忽视文化精神解读的现状。它也正是古村落旅游存在产品种类少、开发深度不够、无序竞争明显、破坏性开发频现等问题的内在原因。为克服这些困难，进行整体规划和深度开发固然重要，但更为关键的，是要深度解读和生动展现古村落文化的思想精髓，以更好地满足旅游者体验、鉴赏地方文化魅力的需求，并以此增进村民的文化自豪感和保护传承古村落文化的自觉性。

三、展示人地关系和谐应成为徽州古村落旅游的重要特色

传统地方文化能传承至今，一般具有三方面特点：一是能与当地自然、人文环境和谐共生，这是地方文化延续的基础；二是近期有过相对封闭的发展阶段，从而较少受到异域文化扩散的影响，能保留住较多的地方特色景观；三是集聚了许多特定历史时期的优秀文化特质，反映了特定经济技术条件下文化进步的优秀成果。因此，在传统地方文化中，一般会有丰富的物质文化遗存可供展示，但其当前的经济技术水平普遍落后于现代文明，其文化传统中也存在不少过时的成分，在急于实现现代化的背景下，其优秀文化精神很容易被忽视。因为存在急功近利倾向，又对传统文化解读不深，因此，遗产旅游常常难以超越简单、雷同地展示先人物什的较低水平，而盗卖、破坏文物的现象也屡禁不止。要提升遗产旅游的开发水平，提高人们保护、传承传统文化的自觉性，关键还要从解读地方文化的思想精髓出发，更好地展示地方文化的优秀特质，增进旅游者和当地人对传统文化的认同。

徽州文化是我国优秀传统地方文化的代表，是由中原士民以迁移扩散方式将中原文化带到徽州，并在徽州特定地理环境下形成的一种新质文化（黄成林，1995），而徽州古村落则是徽州文化的重要载体。一般认为，徽州古村落孕育于皖、浙、赣三省接壤的崇山峻岭之中，依托相对封闭的地形条件，成为中原文化在战乱时期的避风港；而人多地少的矛盾、适宜的水运条件，以及丰富的林木、矿产资源共同促成了"徽民寄命于商"；富起来了的徽商则在继承和发扬先祖文化精神的过程中塑造了其富人文化与贵族文化兼备的特征；清道

光以后，徽商逐渐衰落，徽州文化重又依托古村落相对封闭的自然环境，较好地躲避了历次战争、运动的破坏（孔翔和陆韬，2010）。徽州文化的发展历程表明，它不仅是宋代以来中原文化精神在徽州传播和发展的进步成果，更是农耕文化时期徽州地域人地关系和谐的反映。徽州古村落文化的魅力不仅存在于"三雕""三绝"等物质文化遗存中，更体现在适应当地自然、人文环境要求而日渐深厚的文化精神里。诚然，徽州古村落文化在近代以后因为独立发展而不再"富贵"，也残留着许多封建糟粕，但它的确体现了先民与自然、人文环境和谐共生的美好图景，对于当下加快推进生态文明建设、实现科学发展和持续发展具有启示价值。具体地说，徽州古村落传统文化的人地关系和谐主要体现在如下三个方面。

首先，传统文化的形成与保护都有赖于徽州独特的自然地理环境。若无相对封闭的地形条件和良好的自然风光，徽州就不会成为中原士家、大族的避难之所；若无良好的水运条件和林木、矿产资源，徽商就很难开展贸易活动，古村落文化也就没有了繁荣发展的物质基础；而徽州相对封闭的自然环境也成为近代以来徽州古村落文化得以较好留存的条件。可以说，正是依托相对封闭的地貌条件和较丰富的资源禀赋，人多地少的徽州才能在农耕时代的技术条件下，主要通过贸易活动促成了人员和物资的交流，实现了生态平衡和文化发展。

其次，徽州古村落的许多景观特征体现了对当地自然环境的适应，而这种适应不仅减轻了对自然环境的破坏压力，也优化了当地的人居环境。典型的，如徽派建筑中天井的设计，不仅改善了室内通风环境，也使得进入居室的光线更为柔和，由此形成的水循环系统还能在一定程度上调节室温，这对于在亚热带季风气候条件下，应对夏季炎热潮湿的挑战很有益处。再比如，徽州古村落的街巷大多狭窄，一般仅一米多宽，只能供 2~3 人同时行走，还有不少一尺巷，这不仅体现了人多地少条件下节约土地的要求，也有助于夏季遮阳。此外，徽州建筑多为两层的木质结构，徽州"三雕"多以本地竹、木和石材为载体，徽菜、徽派盆景也多取材于本地食材和植物资源等，都体现了自然地理环境为地方文化创造所提供的物质基础。

最后，徽州古村落对自然环境的许多巧妙利用，还体现了人的志趣追求，促进了人类社会的和谐发展。这就使得人地关系的和谐不仅保障了人类的生存，更促进了文明的进步。就天井而言，徽文化不仅赋予了其"聚财"的内涵，还通过"如日中天"等样式设计，既满足了贵族小姐追求幸福婚姻的愿望（据说二楼的相亲孔可以让贵族小姐看到从狭窄通道穿过天井的公子），也寄托着人们的良好祝愿。在狭窄的街巷，街角的古建筑往往会将底层的棱角改造成斜面，以为车辆拐弯提供便利；而街边如有水沟，则会设置一些"让路石"，以为行人避让车辆提供立足的空间。在徽州，古村落布局非常重视风水，这承载着人们敬畏自然的理念，而古村落里的水口则在满足风水和"聚财"要求的同时，为人们生活和防御火灾提供了便利。至于徽州民居在门楼、窗棂乃至柱础、房梁、屋檐等处布置的精美"三雕"更充满着丰富的文化符号，它们和楹联等一起诉说着先民的志趣追求。

从人地关系视角解读徽州古村落文化，还有助于辩证地分析儒商文化和宗族文化特质。徽文化的儒商文化特征，与其创造者作为迁居于此的北方大族后裔，在人多地少的矛盾下"寄命于商"，进而又依托商业活动赚取的财富传承和发展中原文化有着密切联系。在这些北方大族的后裔看来，"几百年人家无非积善，第一等好事只是读书"，因此，"富而教不可缓也"，这也为程朱理学的兴盛创造了条件。而徽州浓厚的宗族文化氛围，也与北方移民整族迁入、聚族而居有关，因此祠堂不仅维系着族人的亲情和经济利益，更承载着与北方先祖的情感联系，那些"忠、孝、节、义"的牌坊也寄托着光宗耀祖的梦想，至于大面积的族田和严苛的族规，在"十三四岁、往外一丢""一世夫妻三年半"的徽州，也能部分发挥提供公共服务和维护家庭稳定的功能。强调儒商文化和宗族文化形成的特定历史地理条件，并不是要维护传统文化的糟粕，而是要更通过对历史局限性的科学分析，更好地促进遗产资源的旅游开发，帮助旅游者提高鉴赏徽州文化的能力。

四、以展现生态价值为重点优化徽州古村落旅游的努力方向

徽州古村落旅游取得的巨大经济利益，已经凸显了徽州文化的经济价值，但仅仅停留在简单、雷同地展示物质文化遗存的较低水平，又反映出其远未激活徽州文化的潜在价值。作为人地关系大体平衡时期的优秀地方文化代表，徽州文化在如何实现人与自然和谐共生方面有着许多成功经验，很有必要通过生动展现徽州古村落的生态价值，优化旅游开发的水平。具体地说，应该着重开展如下三方面的工作。

一是注重深度解读徽州文化的形成机制和文化内涵。徽州文化是以独特地理环境为空间载体，主要基于北方移民的贸易活动和文化传承逐步发展和繁盛的。因此，徽文化既继承了中原文化思想，更折射出在徽州独特地理环境下中原文化思想演进的特殊路径，它不仅要适应当地自然地理环境的挑战，也要满

足移居到徽州的北方后裔在主要从事商贸活动后的特殊文化追求。在旅游开发中，要注重和旅游者分享徽州文化形成的特殊机制，并以此串联古民居、古牌坊，以及"三雕"、楹联等古村落文化的诸多特质，从而形成旅游者对古村落文化的深度认知和情感，满足旅游者对体验、鉴赏异域文化的需求。

二是要注重结合不同的地理环境诠释不同村落的特色文化模式。徽州古村落很多，单从物质文化遗存看，相似性比较大，这也是徽州古村落游往往陷入同质竞争的重要原因。但如果能从文化与环境关系的视角进行深度解读，就会发现各个村落的不同文化特色，而旅游者也会因为在不同村落感受到不同的文化发展模式，而得到更多的文化体验。例如，宏村的水系规划很有特色，但呈坎的风水文化在选址和村落布局上也非常成功，唐模则在水口、桥梁等的布局上有独到的思考……如果各村落都在旅游开发中能找到人地关系和谐的特色实现模式，那么低水平同质竞争就可以避免，旅游者也能得到更深刻的生态文明教育。

三是要注重增强古村落旅游的体验性。吴文智和庄志民（2003）早就探讨过古村落旅游产品体验化开发的问题，但如何通过整合多种感官刺激来增强遗产旅游的体验水平，一直是个难题。笔者认为，要将人地关系和谐作为徽州古村落旅游的开发重点，首先就要地让旅游者切实感受到古村落的优美环境，而目前古村落的环境卫生条件亟待改善，水体污染等也急需治理，这是让旅游者喜欢徽州古村落的前提；其次，可以通过有奖问答等多种形式，引导导游和游客深度理解徽州古村落文化的独特形成机制和思想精髓，也可以通过"梦回徽州"等穿越体验形式，增强旅游者对古村落文化的感受，但这些都要注意合理布局，不能破坏古村落的整体风貌。此外，增加旅游纪念品的徽文化含量，提高古村落居民对徽文化的认识水平，系统性地推进古村落游的文化内涵发掘，对于古村落游的水平提升都有重要意义。

总之，徽州古村落作为农耕文化时期典型的地方文化留存，承载着特定地方人地关系和谐的诸多理念和实践，这对于更好地满足旅游者体验、鉴赏地方文化的需求具有重要价值，也对于当前因地制宜地推进生态文明建设很有借鉴意义。因此，通过多样化的体验和展示方式，深度解读各个徽州古村落促进生态和谐的不同文化实践，将对于徽州文化旅游和徽州古村落文化的传承、传播发挥积极的价值。

第七章
在文化传承中建设美丽家园

改革开放以来，我国经济社会发展取得了举世瞩目的伟大成就，但由于长期主要依靠以有形要素为支撑的外延型增长模式，也导致了相当严重的资源环境问题，"资源约束趋紧，环境污染严重，生态系统退化，发展与人口资源环境之间的矛盾日益突出，已成为经济社会可持续发展的重大瓶颈制约"[①]。另外，我国的经济总量扩张还是在产品内分工条件下，主要以劳动、土地和其他自然资源参与国际分工而获取的（孔翔，2013），因此，利润率比较低，难以重走发达国家"先污染后治理"的发展道路。在此背景下，加快推进生态文明不仅关乎人民福祉，更关乎民族未来。

反思过去30多年的持续快速增长，至少可归纳出三个特点：一是脱离地方的，是全球化背景下积极吸收借鉴外来文明而取得的成果，发展最快的地方和部门往往是与全球生产网络联系最为紧密的，而在发展过程中，那些地方也都因为大拆大建完全改变了原有面貌，"千城一面""千区一面""千村一面"比比皆是，新的景观和地方形态不过是资本操纵下服务于资本获利的空间产品，较少关注人的发展需求，既缺乏人文精神，更缺少民众对地方的情感依恋；二是与历史割裂的，无论从景观特色、产业结构或者人口结构看，发展较快的地方都发生了断崖式的变化，不仅传统乡村社会衰落，地方原有的价值理念和风俗习惯更是"皮之不存、毛将焉附"，不仅大量移民和流动人口无以寄托乡愁，即便是留居本地的长者也在普遍的"一年一个样、三年大变样"的快速更新中，无法辨识曾经熟悉的家园，现代化在仓促间替代了传统，越来越多的民众感受到无根的焦虑，这也造成了更多的社会矛盾，削弱了地方发展的凝

[①] 《中共中央国务院关于加快推进生态文明建设的意见》，2015年4月25日。

聚力；三是技术理性的，不仅推崇技术进步，而且热衷于以技术进步成果打造标准化的、人造的空间，忽视地方性知识经验和文化传统，不得不依赖更多的能源、资源投入，还面临更高的灾害风险，从而对自然生态环境造成了巨大压力，这也是文化决定论思想的显现。总的看来，由于脱离特定的地理环境、割裂特有的历史进程，热衷于以技术理性打造人工生态系统，因此，不少地方的经济增长不可避免地忽视人文情怀和人对地方的情感，不仅造成巨大的生态压力，也对地方文化的传承和生态环境的保护都构成巨大挑战。

在生态文明建设中，不仅要加快转变经济发展方式、提高发展的质量和效益，更重要的，要坚持以人为本、因地制宜，从而使文明进步的成果更人本、更低耗、更有特色，更能体现特定地方人与自然、人与人和谐共处的要求。这就需要"把培育生态文化作为重要支撑"，树立"尊重自然、顺应自然、保护自然的理念"，"倡导勤俭节约、绿色低碳、文明健康的生活方式和消费模式"；"在资源开发与节约中，把节约放在优先位置，以最少的资源消耗支撑经济社会持续发展；在环境保护与发展中，把保护放在优先位置，在发展中保护、在保护中发展；在生态建设与修复中，以自然恢复为主，与人工修复相结合"；"坚持把绿色发展、循环发展、低碳发展作为基本途径"，促进"资源得到高效循环利用、生态环境受到严格保护"①。因此，生态文明建设必须更多注入文化的理念、地方的意识，注重发挥地方性知识和经验的积极价值，以人类的智慧促进低耗、高效的发展，同时，尊重和保护人对地方的情感、对价值的追求，从而成为民众建设美好家园的自觉选择。

作为人类文明进步的新形态，生态文明建设必须包括文化的内涵，必须体现文化在传承中的新发展，必须尊重特定地方的地理环境特点和人文发展需求。这就是说，生态文明建设是有文化内涵的，不仅要体现人类认识水平的提高，更要体现人类智慧成果的总结和提升。生态文化就正是在人地关系发展新阶段上，人类适应自然环境挑战、运用智慧和经验所做出的新的选择。同时，生态文明建设也是有地方属性的，需要适应地方文化生态系统的特点，在长期地方性知识积累的基础上，以新的价值理念为指导、新的制度体系为保障，谋求新的物质和精神文化创造路径，从而赋予地方文化生态系统更多活力和特色，实现持续、协调的发展。由此看来，生态文明建设不仅需要以生态文化认同为前提，以地方文化资源的积累和应用为基础，更重要的是，它还将全面丰富和发展地方文化，从而促进地方文化系统更为优质、高效地发展，更具人本

---

① 《中共中央国务院关于加快推进生态文明建设的意见》，2015年4月25日。

精神和地方特色。

作为一项复杂的系统性工程，生态文明建设需要凝聚各方的智慧和力量，也需要协调方方面面的复杂利益关系，因此各地民众对地方和地方文化的普遍认同就是形成生态文明建设合力的重要基础。这不仅需要增进民众对地方和地方文化的情感，也需要普遍增强民众对人地关系的认识水平，从而使大多数人不仅能够基于对地方和地方文化的认同与情感愿意参与生态文明建设，同时，也会有正确的价值理念来约束和指导日常的生产和消费行为，把生态文明建设的各项目标、举措和要求落到实处。而在此过程中，也将伴随着更具地方特色和凝聚力的人类文化演变新模式。

党的十七届六中全会提出，"优秀传统文化凝聚着中华民族自强不息的精神追求和历久弥新的精神财富，是发展社会主义先进文化的深厚基础，是建设中华民族共有精神家园的重要支撑"[①]，这就不仅对保护传统地域文化提出了明确要求，更深刻表明传统文化可能蕴含着丰富的现代价值。在传统文化的保护、传承中，不仅要保存先民创造的物质文明成果，更要以扬弃的方式，普及、继承和弘扬优秀的传统文化精神。这不仅能提供集体记忆的连续性，表达独特的地方感，增进地方认同，也对于增强地方文化的国际影响力具有积极意义，从而培养民众对传统文化的自珍意识，促进传统文化的原真性保护和活态传承。在全球化、现代化深入发展的背景下，传统地方文化不得不遭遇现代主流文化的冲击，如果不能满足当地民众在文化、社会和生态利益等方面的诉求，就很可能被逐渐抛弃。因此，注重加强对优秀传统地方文化思想价值的挖掘，深刻阐释并激活其内涵的经济、社会、文化和生态价值，将对保护和传承地方传统文化具有决定性影响。

生态文明建设的思想基础是"尊重自然、顺应自然、保护自然的生态文明理念"；实现途径则主要是通过制度和技术创新，改变大量生产、大量消费、大量废弃、大量占用自然空间的经济结构、社会结构和发展方式，尽量减少生态足迹，真正按照"节约优先、保护优先、自然恢复为主"的要求，建设资源节约型、环境友好型社会；其基本目标是"推动形成人与自然和谐发展的现代化建设新格局"，而以人为本、因地制宜、低耗高效、协调、健康、可持续则是其基本特征。由此可见，因地制宜地构建和谐人地关系，正是生态文明建设的要旨，也是人类文明进步的标志。而作为在农耕时代、人地关系大体平衡时期，与独特自然环境长期相互作用所创造的优秀文明成果，不少传统地方文化

---

① 中共中央关于深化文化体制改革推动社会主义文化大发展大繁荣若干重大问题的决定，http://theory. People. com. cn/GB//6018030. html［2011-10-26］。

都蕴含着许多人地和谐共处的朴素生态文明思想与实践经验总结。如果能以生态文明建设为契机,促进传统地方文化转化成当地民众实实在在的经济利益和文化自豪感,并帮助当地低耗、高效地克服自然条件约束及更好地协调主体间的利益关系,那就能增进民众对地方和地方传统文化的认同,从而构建起传统地方文化保护与区域生态文明建设之间的互促关系。

徽州古村落是徽州文化的重要空间载体,但许多优秀传统文化精神正在现代主流文化的冲击下快速流逝,古村落居民和游客对于徽州文化的认同感也趋于下降。但不少徽州古村落仍处于以农业为主的发展阶段,工业文明的影响还很小,虽然长期面临人多地少的生态压力,但遭遇的不可逆的环境污染还不多,若能积极吸收传统文化中蕴含的朴素生态文明思想和地方性经验总结,就有可能以雄厚的文化积淀为基础,率先建成生态文明,在未来的区域间竞争中处于有利地位。而徽州文化的形成、发展和留存又的确得益于特定自然地理环境下人与自然和谐共处的成功经验。正是依托相对封闭的独特自然环境,徽州才在东汉以后吸引了北方移民的大量进入;以后又因为人多地少的矛盾和丰富的自然资源,在封建时代的中国探索出一条以贸易活动为基础的开放发展道路,并在宗族文化引导、商业利润支持下,积极传承和发展先祖文化,在有限的经济技术水平下,较好地克服了人地之间的矛盾,促进了生态保护和文明进步的均衡。虽然这种均衡是暂时的和较低水平的,但却蕴含着人与环境和谐共生的理念和实践经验,对于当下的古村落生态文明建设具有重要的启示价值。而徽州先民因地制宜创造文化的理念和经验,则不仅反映了人的志趣追求,也折射出以人为本的生态建设智慧。如能以吸收借鉴传统文化的先进理念和成功经验为基础,更好地探寻当下徽州古村落人地和谐的发展道路,则不仅有助于增进当地民众的经济利益和文化自豪感,也能通过高质量的文化旅游活动扩大徽州文化的影响,普遍增进对古村落传统文化的认同,从而增强各方传承古村落文化和参与生态文明建设的自觉性。

总之,今天的中国,民众对建设美丽家园充满期待,不仅是因为生态环境面临严峻挑战,更是因为在快速的空间生产中缺乏家园的安全感和舒适度,在全球化和现代化造就的繁荣中无以寄托乡愁。作为新的人类文明形态,生态文明既是生产和生活方式的变革,更包含着丰富的文化和地方内涵。传统地方文化作为建构地方认同的重要载体,不仅蕴含着可供借鉴的生态理念和地方性经验,更是凝聚生态文明建设共识的基础。因此,以加快推进生态文明建设为契机,构建地方认同、文化传承与区域生态文明建设之间的良性关系,将有助于建设各具地方特色、人地和谐的美丽家园。

参 考 文 献

阿尔温·托夫勒 .1984. 第三次浪潮 . 黄明坚译 . 北京：生活·读书·新知三联书店：187.

埃里克森 .2000. 同一性：青少年与危机 . 孙名之译 . 杭州：浙江教育出版社：79-127.

埃森克 .2000. 心理学——一条整合的途径 . 阎巩固译 . 上海：华东师范大学出版社：611-621.

安东尼·吉登斯 .1998. 现代与自我认同 . 赵旭东，方文译 . 上海：上海三联书店 .

奥斯瓦尔德·斯宾格勒 .2006. 西方的没落（第二卷）. 吴琼译 . 上海：上海三联书店：79.

巴巴拉·沃德，雷内·杜博斯 .1981. 只有一个地球——对一个小小行星的关怀和维护 . 国外公害丛书编
    委会译 . 北京：石油工业出版社 .

白长虹，卞晓青，陈晔 .2008. 从城市营销到城市文化发展 . 天津社会科学，（2）：80-84.

白木，子萌 .2003. 毁于生态灾难的古文明 . 河南林业，（3）：28-29.

柏贵喜 .2002. 文化系统论 . 恩施职业技术学院学报（综合版），（2）：31-35.

柏贵喜 .2002. 文化系统论 . 恩施职业技术学院学报（综合版），（2）：31-35.

班克斯 .2010. 文化多样性与教育 . 荀渊等译 . 上海：华东师范大学出版社 .

包学明，春花，金国 .2009. 东乌珠穆沁旗草原生态系统变化浅谈 . 内蒙古草业，21（1）：14-16.

保罗·克拉瓦尔 .2007. 地理学思想史 . 郑胜华等，译 . 北京：北京大学出版社 .

贝克 .2008. 地理学与历史学：跨越楚河汉界 . 阙维民译 . 北京：商务印书馆 .

毕忠松，李沄璋，曹毅 .2014. 徽州古村落呈坎村文化内涵浅析 . 建筑与文化，（8）：194-197.

卞利 . 变迁、结构与转型：明清徽州的乡村社会 . 理论建设，2015(5)：66-74.

卞利 .2001. 徽州文化与徽学漫谈 . 文史知识，（11）：49-54.

卞利 .2004. 徽州文化遗存的文化内涵与学术价值 . 探索与争鸣，（8）：38-39.

蔡静瑜 .2002. 地方营造形成过程之研究 . 台湾大学硕士学位论文 .

蔡文川 .2004. 地方感：科际共同的语言与对台湾的意义 . 中国地理学会会刊，（34）：43-64.

蔡毅 .2013. 西方文化与生态文明 . 中华文化论坛，（11）：5-10.

蔡运龙 .1996. 人地关系研究范型：哲学与伦理思辨 . 人文地理，（1）：1-6.

曹孟勤 .2007. 人与自然：从主奴关系走向本质统一 . 科学技术与辩证法，24（6）：4-7.

曹萍，冯琳 .2009. 胡锦涛同志生态文明思想的区域实现探析 . 毛泽东思想研究，26（6）：65-69.

常绍舜 .2000-08-17. 生态文明是社会文明的最高形式 . 社会科学报，第 3 版 .

车文博 .1988. 弗洛伊德主义原理选辑 . 沈阳：辽宁人民出版社：375.

陈彩棉 .2009. 生态文化是生态文明建设的核心和灵魂 . 中共贵州省委党校学报，（4）：50-52.

陈怀荃 .2003. 东南扬越之域的开发 . 安徽师范大学学报，31（6）：691-694.

陈静生 .2007. 人类 - 环境系统及其可持续性 . 北京：商务印书馆：146.

陈瑞 .2008. 徽文化研究的主要应用价值 . 安徽广播电视大学学报，（3）：110-113.

陈世联，刘云艳 .2006. 西南六个少数民族儿童民族文化认同的比较研究 . 学前教育研究，（11）：12-15.

陈伟民 .1999. 古代华南少数民族的居住民俗文化 . 中南民族学院学报（哲学社会科学版），（1）：50-54.

陈文苑，闵丽 .2012. 徽州古村落型文化遗产保护及旅游开发模式探讨——以古村呈坎为例 . 黄山学院学
    报，40（1）：47-51.

陈学明 .2008. 生态文明论 . 重庆：重庆出版社：120.

陈月平.2013.以生态文化为支撑推动生态文明建设.赤子（中旬），（07）：298-299.

陈宗合.2001-05-17.神秘消失的楼兰古国.云南科技报，第4版.

程必定.2006.徽州文化与徽商兴衰的历史启迪.探索与争鸣，（12）：26-27.

程民生.1997.论宋代佛教的地域差异.世界宗教研究，（1）：42-51.

程伟礼，马庆，等.2012.中国一号问题：当代中国生态文明问题研究.上海：学林出版社.

崔新建.2004.文化认同及其根源.北京师范大学学报（社会科学版），（4）：102-104.

大卫·雷·格里芬.2004.后现代科学——科学魅力的再现.马季方译.北京：中央编译出版社：34.

逯海勇.2005.徽州古村落水系形态设计的审美特色——黟县宏村水环境探析.华中建筑，23（4）：144-146.

丹尼尔·贝尔.2007.资本主义文化矛盾.严蓓雯译.南京：江苏人民出版社.

德伯里 H J.1988.人文地理学：文化、社会与空间.王民等译.北京：北京师范大学出版社.

邓辉.2003.卡尔·苏尔的文化生态学理论与实践.地理研究，（5）：625-634.

丁怀堂.2007.新农村建设中加强古村落保护的思考.徽州社会科学，（6）：17-18.

东西方文化发展中心.1999.文明的可持续发展之道——东方智慧的历史启示.北京：人民出版社.

董莉，李庆安，林崇德.2014.心理学视野中的文化认同.北京师范大学学报（社会科学版），（1）：68-75.

杜超.2008.生态文明与中国传统文化中的生态智慧.江西社会科学，（5）：183-188.

杜芳娟，陈晓亮，朱竑.2011.民族文化重构实践中的身份与地方认同——仡佬族祭祖活动案例.地理科学，（12）：1512-1517.

段义孚.2005.逃避主义.周尚意，张春梅译.石家庄：河北教育出版社.

恩格斯.1956.英国工人阶级的状况.北京：人民出版社：80-82.

恩格斯.1970.反杜林论.北京：人民出版社：112.

恩格斯.1971.劳动在从猿到人转变过程中的作用.北京：人民出版社.

恩格斯.1984.自然辩证法.北京：人民出版社.

樊芷芸.1997.环境学概论.北京：中国纺织出版社：1-20.

方创琳.2004.中国人地关系研究的新进展与展望.地理学报，59（S1）：21-32.

方发龙.2008.马克思物质变换理论对我国区域生态文明建设的启示.经济问题探索，（9）：27-30.

方利山.2007.徽州文化之成因.黄山学院学报，（6）：4-9.

方文.2001.社会心理学的演化：一种学科制度视角.中国社会科学，（6）：126-136.

方文.2008.学科制度和社会认同.北京：中国人民大学出版社：148-149.

方修琦.1999.论人地关系的主要特征.人文地理，（2）：24-26.

费穗宇，张潘仕.1988.社会心理学辞典.石家庄：河北人民出版社：45.

费孝通.1999.费孝通文集.第14卷.北京：群言出版社：197.

费孝通.2006.乡土中国.上海：上海人民出版社.

冯天瑜.2001.中华文化辞典.武汉：武汉大学出版社：20.

冯文雅.2014.世界三大城市的前世今生.http://news.xinhuanet.com/politics/2014-05/12/c_126487249.htm［2014-05-12］.

傅守祥.2010.生态文明时代的城市文化生态保护与文脉接续.深圳大学学报（人文社会科学版），27（4）：93-98.

傅修延 .2008. 生态文明与地域文化视阈中的赣文化 . 江西社会科学，（8）：22-31.

傅祖德 .1999. 人类社会与自然环境辩证统一关系的基本特点 . 福建地理，（2）：6-10.

高德明 .2009. 国内外生态文明研究概况 . 红旗文稿，（18）：26-28.

高国荣 .2010. 土地缘何沙化：1930 年代美国大平原和 1990 年代内蒙古的比照分析 . 江苏社会科学，（4）：
102-108.

高红 .1997. 妈祖文化与地理环境 . 人文地理，12（3）：38-41.

高凌旭 .1995. 傣族的傣楼 . 地理知识，（4）：1.

高文武，关胜侠 .2011. 建设生态文明必须同时调整人与人、人与自然的关系 . 湖北社会科学 .（12）：5-7.

高祥峪 .2009. 富兰克林•罗斯福政府沙尘暴治理研究 . 历史教学，（3）：29-32.

高祥峪 .2011.《愤怒的葡萄》与美国 1930 年代的大平原沙尘暴 . 外国文学评论，（3）：159-168.

高祥峪 .2013. 第一次世界大战与美国大平原尘暴区的形成 . 世界历史，（4）：41-49.

高宣扬 .2010. 罗兰•巴特文化符号论的重要意义 . 探索与争鸣，（12）：9-13.

戈尔 .2012. 濒临失衡的地球 . 陈嘉映译 . 北京：中央编译出版社 .

葛剑雄 .2004. 从历史地理看徽商的兴衰 . 安徽史学，（5）：84-86.

葛全胜，彭贵堂，陈媛 .1997. 美国全球变化研究计划 . 地理科学进展，（1）：57-61.

葛荣晋 .1991. 道家文化与现代文明 . 北京：中国人民大学出版社：194.

龚建华，承继成 .1997. 区域可持续发展的人地关系探讨 . 中国人口、资源与环境，（1）：11-15.

古川 .2003. 民族生态：从金沙江到红河 . 昆明：云南教育出版社 .

谷树忠，胡咏君，周洪 .2013. 生态文明建设的科学内涵与基本路径 . 资源科学，35（1）：2-13.

顾嘉祖 .2002. 从文化结构看跨文化交际研究的重点与难点 . 外语与外语教学，（1）：45-48.

顾智明 .2004. 追寻现代人的澄明之境——生态人生观探析 . 福建论坛（人文社会科学版），（11）：103-
106.

管健 .2011. 社会认同复杂性与认同管理策略探析 . 南京师大学报（社会科学版），（2）：96-102.

郭丽华 .1999. 略论"文化旅游". 北京第二外国语学院学报 .（4）：42-45.

郭齐勇 .1990. 文化学概论 . 武汉：湖北人民出版社：53-55.

国兆果 .2013. 从历史地理角度论古代徽州政区稳定的原因 . 遵义师范学院学报，15（4）：5-7.

哈贝马斯 .2000. 合法化危机 . 刘北成，曹卫东译 . 上海：上海人民出版社 .

郝昭 .2012. 徽州传统民居平面生成语法研究 . 合肥工业大学硕士学位论文 .

何博 .2011. 认同的本质及其层次性 . 大理学院学报，（1）：61-65.

贺为才 .2012. 作为生态文明界标的徽州村镇人居环境建设 . 安徽农业大学学报：社会科学版，21（3）：
32-37.

贺学君 .2005. 关于非物质文化遗产保护的理论思考 . 江西社会科学，（2）：103-109.

黑格尔 .1978. 历史哲学 . 上册 . 王造时译 . 北京：生活•读书•新知三联书店 .

洪偶 .1986. 明以前徽州外来居民研究 . 徽学，（1）：18-26.

侯灿 .2013-01-18. 环境变迁与楼兰文明兴衰 . 中国社会科学报，第 A07 版 .

胡鞍钢 .2010. 六十年中国减灾的成功之路 // 潘维，玛雅 . 人民共和国六十年与中国模式 . 北京：生活•
读书•新知三联书店：2-4.

胡彬彬 .2012-01-15. 我国传统村落及其文化遗存现状与保护思考 . 光明日报，第 7 版 .

胡大平 .2012. 地方认同与文化发展 . 苏州大学学报（哲学社会科学版），（3）：14-18.

胡中生 .2004. 徽州人口社会史研究的理论视野和概念创新 . 探索与争鸣，（8）：40-42.

黄秉维 .1996. 论地球系统科学与可持续发展战略科学基础（Ⅰ）. 地理学报，（4）：350-354.

黄成林，冯学钢 .1999. 徽州文化旅游开发研究 . 人文地理，（1）：58-60.

黄成林 .1995. 徽州文化生态初步研究 . 地理科学，15（4）：299-300.

黄涛 .2007. 保护传统节日文化遗产与构建和谐社会 . 中国人民大学学报，（1）：56-63.

黄显琴，周传艳，罗时琴，等 .2013. 黔东南苗侗民族文化与生态文明建设 . 贵州科学，31（4）：85-90.

黄湘莲 .2009. 生态文明：当代公民文化建构的重要领域 . 北京师范大学学报（社会科学版），（3）：72-77.

黄琇玫 .2003. 地方文化活动与地方认同 . 台南师范学院硕士学位论文 .

霍尔 .1991. 无声的语言 . 上海：上海人民出版社 .

姬振海 .2007. 生态文明论 . 北京：人民出版社 .

姬振海 .2007. 生态文明论 . 北京：人民出版社：15.

吉田茂 .1980. 激荡的百年史 . 北京：世界知识出版社 .

江潭瑜 .2008. 生态文明的正义维度 . 马克思主义与现实，（4）：190-192.

蒋高明 .2008. 怎样理解生态文明 . 中国科学院院刊，（1）：5-5.

金观涛 .1986. 悲壮的衰落 . 成都：四川人民出版社 .

金其铭，董新，等 .1987. 人文地理学导论 . 南京：江苏教育出版社 .

景爱 .1996. 中国北方沙漠化的原因及对策 . 济南：山东科学技术出版社 .

克劳斯坦·拉费斯坦 .2008. 欧洲文化的乡村根源和 21 世纪的挑战 // 《第欧根尼》中文精选版编委会 . 文化认同的变形 . 蜀君译 . 北京：商务印书馆 .

克利福德·格尔兹 .1999. 文化的解释 . 韩莉译 . 南京：译林出版社 .

克利福德·吉尔兹 .2000. 地方性知识——阐释人类学论文集 . 王海龙，张家瑄译 . 北京：中央编译出版社 .

克罗伯，科拉克洪 .2000. 文化：一个概念定义的考评 // 中国大百科全书 . 北京：中国大百科全书出版社 .

孔翔，杨宏玲 .2011. 基于生态文明建设的区域经济发展模式优化 . 经济问题探索，（7）：38-42.

孔翔，陆韬 .2010. 传统地域文化形成中的人地关系作用机制初探——以徽州文化为例 . 人文地理，25（3）：153-156.

孔翔，苗长松 .2014. 区域发展视角下的生态文明建设之我见 // 中国城市研究 . 第七辑 . 北京：商务印书馆：27-34.

孔翔，钱俊杰 .2014. 生态文明发展与地域文化保护关系初探——兼议徽州古村落的保护 . 黄山学院学报，16（2）：57-63.

孔翔，郑汝楠 .2011. 低碳经济发展与区域生态文明建设关系初探 . 经济问题探索，（2）：44-48.

孔翔 .2013. 中国外向型加工制造业区位与区域创新研究 . 北京：经济科学出版社 .

拉尔夫·布朗 .1990. 美国历史地理 . 下册 . 秦士勉译 . 北京：商务印书馆：573，563-564.

喇维新 .2003. 西北回族大学生民族认同、心理健康与高校管理策略的研究 . 西北师范大学硕士学位论文 .

蓝天 .2001. 楼兰文明：消逝的辉煌 . 科学启蒙，（5）：15-17.

雷蒙德·弗思 .2002. 人文类型 . 费孝通译 . 北京：华夏出版社：152.

黎利云 .2010. 建设两型社会的实质、困难与出路 . 云梦学刊，31（4）：76-79.

李灿金 .2014. 认同理论研究多学科流变 . 贵州大学学报（社会科学版），（1）：103-108.

李春，宫秀丽.2006.自我分类理论概述.山东师范大学学报（人文社会科学版），51（3）：157-160.

李道湘.2013.世界文明兴衰与生态文明的危机——兼谈中华生态文明理念建构.云南社会主义学院学报，（03）：47-51.

李广全，刘继生.2001.思维方式与人地关系理论.人文地理，16（6）：77-80.

李红卫.2004.生态文明——人类文明发展的必由之路.社会主义研究，（6）：114-116.

李建国.1996.生态文明——人类未来的文明——关于人与自然持续发展的思考.生态学杂志，1996（6）：71-74.

李婧.2010.发改委：中国 GDP 占全球 8% 消耗世界 18% 能源.http://news.163.com/10/0821/12/6EK2EPMU000146BC.html［2010-08-21］.

李婧.发改委：中国 GDP 占全球 8% 消耗世界 18% 能源.http://news.163.com/10/0821/12/6EK2EPMU000146BC.html［2010-08-21］.

李敬敏.2002.全球一体化中的地域文化与地域文学.西南民族大学学报（人文社科版），23（5）：53-56.

李良美.2005.生态文明的科学内涵及其理论意义.毛泽东邓小平理论研究，（2）：47-51.

李宁宁.2013.生态文化：生态文明建设的重要基础.群众，（12）：74-75.

李培超.2011.论生态文明的核心价值及其实现模式.当代世界与社会主义，（1）：51-54.

李巧玲.2003.文化旅游及其资源开发刍议.湛江师范学院学报，（2）：87-90.

李善同，刘勇.2002 环境与经济协调发展的经济学分析.经济研究参考，（3）：5-12.

李绍东.1990.论生态意识和生态文明.西南民族大学学报（人文社科版），（2）：104-110.

李顺春.2011.开创新的生态文明——论加里·斯奈德的深层生态观.外语与外语教学，（5）：93-96.

李想.2009.生态人本主义——人类中心主义与非人类中心主义走向整合的产物.理论前沿，（10）：21-23.

李旭旦.1985.人文地理学论丛.北京：人民教育出版社.

李约瑟.1990.中国科学技术史.第 2 卷.北京：科学出版社，上海：上海古籍出版社：76.

李振泉.1985.中国地理学会经济地理专业学术讨论会简记.经济地理，（1）：78-79.

李忠，石文典.2007.文化同化与冲突下的民族认同与民族偏见.社会心理科学，（23）：13-17.

李宗桂.2012.生态文明与中国文化的天人合一思想.哲学动态，（6）：34-37.

李祖扬，邢子政.1999.从原始文明到生态文明——关于人与自然关系的回顾和反思.南开学报（哲学社会科学版），（3）：37-44.

林恩·怀特，汤艳梅.2010.生态危机的历史根源.都市文化研究，（00）：82-91.

林耿.2013.地方认同与规划中的权力建构——基于规划选址的案例分析.城市规划，37（5）：35-41.

林庆.2008.云南少数民族生态文化与生态文明建设.云南民族大学学报（哲学社会科学版），25（5）：26-30.

林秀玉.2004.古代文明与地理环境之关系——古代中国、埃及及两河流域比较.闽江学院学报，25（1）：87-91.

凌子.2015.他山之石：外国如何治理雾霾.http://www.biketo.com/news/international/21672.html［2015-02-01］.

刘伯山.1997.全面观照中国后期封建社会的徽州文化.探索与争鸣，（11）：29-31.

刘伯山.2002.徽州文化的基本概念及历史地位.安徽大学学报（哲学社会科学版），26（6）：28-33.

刘伯山.2010.徽州传统文化遗存的开发路径与价值评估.探索与争鸣，（12）：76-79.

刘和惠，汪庆元 .2005. 徽州土地关系 . 合肥：安徽人民出版社：38.

刘红萍 .2009. 非物质文化遗产保护评价指标体系初探 . 社科纵横（新理论版），24（1）：249-254.

刘宏燕 .2005. 文化旅游及其相关问题研究 . 社会科学家，（5）：430-433.

刘建明 .2005. 文化全球化与地方文化认同 . 湖北大学学报（哲学社会科学版），（4）：460-461.

刘敏 .2012. 以文化认同理论为依据的草原节庆发展研究 . 社会科学家，（10）：74-77.

刘敏中 .1990. 文化符号论 . 齐齐哈尔大学学报（哲学社会科学版），（2）：5-9.

刘某承，苏宁，伦飞，等 .2014. 区域生态文明建设水平综合评估指标 . 生态学报，34（1）：97-104.

刘沛林 .1997. 古村落：和谐的人聚空间 . 上海：上海三联书店 .

刘启营 .2008. 从中国传统文化解读生态文明 . 前沿，（8）：157-159.

刘筱，肖嘉凡 .2002. 浅议 Governance 在全球的兴起 . 城市规划汇刊，137（1）：72-74.

刘演，李茂田，孙千里，等 .2014. 中全新世以来杭州湾古气候、环境变迁及对良渚文化的可能影响 . 湖泊科学，26（2）：322-330.

刘艳丽，陈芳，张金荃等 .2010. 历史文化村镇的保护途径探讨——参与式社区规划途径的适用性 . 城市发展研究，17（1）：148-153.

刘燕 .2009. 国族认同的力量：论大众传媒对集体记忆的重构 . 华东师范大学学报（哲学社会科学版），（6）：77-81.

刘源 .2004. 文化生存与生态保护——以长江源头唐乡为例 . 中央民族大学博士学位论文 .

卢风 .2011. 文化自觉、民族复兴与生态文明 . 道德与文明，（4）：28-30.

陆发春 .2010. 徽商兴盛历史地理成因的再反思 . 徽学，（00）：128-132.

陆丽姣 .1990. 人文地理学概论 . 武汉：华中师范大学出版社 .

陆林，凌善金，焦华富，等 .2004. 徽州古村落的景观特征及机理研究 . 地理科学，（6）：660-665.

路柳 .2004. 关于地域文化研究的几个问题——第一次十四省市区地域文化与经济社会发展研讨会综述 . 山东社会科学，（12）：88-92.

路透社 .2014. 中国 2013 年自然灾害损失飙升至 690 亿美元 . http://www. huaxunnsw. com/finance/caijing/139409566236028. html［2014-03-06］.

吕拉昌，黄茹 .2013. 人地关系认知路线图 . 经济地理，33（8）：5-9.

罗超 .2004. 文化结构与中国文化本体 . 殷都学刊，（2）：76-82.

罗尔斯 .2000. 政治自由主义（第二部分）. 万俊人译 . 南京：译林出版社 .

罗来平 .1995. 新安江上一明珠——历史文化名村呈坎 . 规划师，（1）：33-50.

罗来平 .2005. 呈坎——中国古代消防博物馆 . 合肥学院学报（社会科学版），22（2）：18-21.

洛桑灵智多杰 .2013. 基于生态文化构建生态文明 . 西北民族大学学报（哲学社会科学版），（2）：69-74.

马凯 .2013. 坚定不移推进生态文明建设 . 求是，（9）：3-9.

马克思，恩格斯，等 .1971.《反杜林论》的准备材料 // 马克思恩格斯全集 . 第 20 卷 . 北京：人民出版社：672.

马克思，恩格斯，等 .1972. 马克思恩格斯选集 . 第 3 卷 . 北京：人民出版社：517-518.

马丽旻 .2005. 宏村古水系在居住环境水体造景上的优越性 . 东南大学学报（哲学社会科学版），（S1）：195-198.

马林诺夫斯基 .1987. 文化论 . 北京：中国民间文艺出版社 .

马晓琴，杨德亮 .2006. 地方性知识与区域生态环境保护 . 青海社会科学，（2）：134-139.

迈克·克朗 .2003. 文化地理学 . 杨淑华，宋慧敏译 . 南京：南京大学出版社：127-152.

曼纽尔·卡斯特 .2003. 认同的力量 . 北京：社会科学文献出版社 .

梅克·汪耐尔，靳桂云 .1996. 科尔沁草原史前时代的聚落与沙漠化过程的环境考古学研究 . 辽海文物学
刊，（1）：130-140.

梅力乔 .2013. 晚清徽州文化生态研究 . 苏州大学博士学位论文 .

梅雪芹 .2003. 从环境史角度重读《英国工人阶级的状况》. 史学理论研究，（1）：127-132.

梅雪芹 .2005. "老父亲泰晤士"：一条河的污染与治理 . 经济社会史评论，（00）：75-87.

蒙吉军，崔凤军 .2001. 北京市文化旅游资源开发研究 . 北京联合大学学报，15（1）：139-143.

米哈依罗·米萨诺维克，爱德华·帕斯托尔 .1987. 人类处在转折点上 . 刘长毅，等译 . 北京：中国和平
出版社：36.

苗长松 .2011. 旅游开发与传统地域文化保护关系初探——基于典型徽州古村落的调研 . 华东师范大学硕
士学位论文 .

苗东升 .2012. 文化系统论要略——兼谈文化复杂性（一）. 系统科学学报，（4）：1-6.

苗东升 .2013. 文化系统论要略——兼谈文化复杂性（二）. 系统科学学报，（2）：1-5.

苗东升 .2014. 文化系统论要略——兼谈文化复杂性（三）. 系统科学学报，（1）：4-8.

明庆忠 .2007. 人地关系和谐：中国可持续发展的根本保证——一种地理学的视角 . 清华大学学报（哲学
社会科学版），（6）：114-121.

南文渊 .2000. 藏族生态文化的继承与藏族聚居区生态文明建设 . 青海民族学院学报（社会科学版）.26
（4）：1-7.

聂存虎 .2011. 古村落保护的策略与行动研究——以山西下州村为例 . 中央民族大学博士学位论文 .

牛文浩 .2013. 中国传统文化视域中的生态文明思想研究 . 创新，（1）：29-126.

欧人 .2004. 关于地域文化与区域经济发展问题的几点思考 . 经济经纬，（5）：27-29.

欧阳玲 .2008. 人地关系理论研究进展 . 赤峰学院学报（自然科学版），（3）：103-105.

潘桂成，Poon K S.1997. 人本主义地理学之本质 . 台北：固地出版社 .

潘岳 .2006. 论社会主义生态文明 . 绿叶，（10）：10-18.

彭兆荣 .1997. 民族认同的语境变迁与多极化发展 . 广西民族学院学报（哲学社会科学版），（1）：31-39.

普雷斯顿·詹姆斯 .1982. 地理学思想史 . 李旭旦译 . 北京：商务印书馆 .

祁庆富 .2009. 存续 "活态传承" 是衡量非物质文化遗产保护方式合理性的基本准则 . 中南民族大学学报
（人文社会科学版），29（3）：1-4.

钱俊希，钱丽芸，朱竑 .2011. "全球的地方感" 理论述评与广州案例解读 . 人文地理，（6）：40-44.

秦亚青 .2003. 世界政治的文化理论——文化结构、文化单位与文化力 . 世界经济与政治，（4）：4-9.

曲格平 .1992. 中国人口与环境 . 北京：中国环境科学出版社 .

阮仪三，邵甬，林林 .2002. 江南水乡城镇的特色、价值及保护 . 城市规划汇刊，（1）：1-4.

阮仪三 .1990. 中国历史文化名城保护的现状 . 同济大学学报，（4）：452.

阮仪三 .2005. 城市遗产保护论 . 上海，上海科学技术出版社：33-50.

塞缪尔·亨延顿 .1998. 文明的冲突与世界秩序的重建 . 周琪，刘绯等译 . 北京：新华出版社：2.

邵龙，张伶伶，等 .2008. 工业遗产的文化重建——英国工业文化景观资源保护与再生的借鉴 . 华中建筑，
26（9）：194-202.

邵培仁 .2010. 地方的体温：媒介地理要素的社会建构与文化记忆 . 徐州师范大学学报（哲学社会科学

版），36（5）：143-148.

邵甬，阮仪三 .2002.关于历史文化遗产保护的法制建设——法国历史文化遗产保护制度发展的启示 .城市规划汇刊，（3）：57-60.

申扶民 .2013.西江流域水神崇拜文化的生态根源——以蛙崇拜与蛇 - 龙母崇拜为例 .哈尔滨工业大学学报（社会科学版），15（6）：128-133.

盛晓明 .2000.地方性知识的构造 .哲学研究，（12）：36-44.

盛学峰 .2004.游遍徽州 .北京：中国旅游出版社 .

世界文化遗产委员会 .2000. Ancient Villages du sud du Anhui-Xidi et Hongcun. http://whc.unesco.org/fv/list/1002/［2000-11-30］.

舒永久 .2013.用生态文化建设生态文明 .云南民族大学学报（哲学社会科学版），30（04）：27-31.

宋娇，李海峰 .2015.古代两河流域地区土地盐碱化问题探析 .农业考古，（3）：273-276.

苏勤，林炳耀 .2003.基于文化地理学对历史文化名城保护的理论思考 .城市规划汇刊，（4）：38-42.

苏珊·汉森 .2009.改变世界的十大地理思想 .肖平等译 .北京：商务印书馆：244.

孙克勤 .2009.北京门头沟区古村落遗产资源保护与开发 .地域研究与开发，28（4）：72-76.

孙亚忠，张杰华 .2009.20 世纪 90 年代以来我国生态文明理论研究述评 .贵州社会科学，（4）：19-22.

孙钰 .2007.生态文明建设与可持续发展——访中国工程院院士李文华 .环境保护，（21）：32-34.

汤因比 .1986.历史研究 .上海：上海人民出版社 .

唐常春，吕昀 .2008.基于历史文化谱系的传统村镇风貌保护研究 .现代城市研究，（9）：35-41.

唐力行 .2002.徽商在上海市镇的迁徙与定居活动 .史林，（1）：25-34.

唐纳德·沃斯特 .1988.地球的终结——关于现代环境史的一些观点 .薛良凯译 .北京：商务印书馆 .

唐雪琼，钱俊希，陈岚雪 .2011.旅游影响下少数民族节日的文化适应与重构——基于哈尼族长街宴演变的分析 .地理研究，30（5）：835-844.

唐永进 .2004.繁荣地域文化促进社会经济发展 .天府新论，（5）：143-145.

田心铭 .2009.以人为本与生态文明建设 .科学发展观研究，（6）：4-7.

涂尔干 .2000.社会分工论 .渠东译 .北京：生活·读书·新知三联书店：244-246.

汪道昆 .2006.太函集·卷七·新都太守济南高公奏最序 .合肥：黄山书社 .

汪森强 .2004.水脉宏村 .南京：江苏美术出版社 .

汪顺生 .2009.中国第一状元县 // 汪大白 .徽州学研究 .第 3 卷 .北京：中国文史出版社：141-155.

汪宇明，马木兰 .2007.非物质文化遗产转型为旅游产品的路径研究——以大型天然溶洞实景舞台剧《夷水丽川》为例 .旅游科学，21（4）：31-35.

汪玥 .2003.徽州文化与地域环境艺术研究 .武汉理工大学硕士学位论文 .

王爱民，樊胜岳，刘加林，等 .1999.人地关系的理论透视 .人文地理，（2）：43-47.

王爱民，缪磊磊 .2000.地理学人地关系研究的理论评述 .地球科学进展，15（4）：415-420.

王邦虎 .2007.“典范”的危机——徽州古村落生态文化的现代缺陷 .学术界，（3）：163-167.

王传满 .2006.徽州文化对构建社会主义和谐社会的启示 .理论建设，（4）：65-68.

王恩涌 .1995.文化地理学 .南京：江苏教育出版社 .

王浩锋 .2008a.宏村水系的规划、建设与管理 .小城镇建设，（7）：51-55.

王浩锋 .2008b.宏村水系的规划与规划控制机制 .华中建筑，26（12）：224-228.

王洪文 .1988.地理思想 .台北：明文书局 .

王会昌 .1996. 尼罗河流域文明与地理环境变迁研究 . 人文地理,（1）：12-16.

王沛,刘峰 .2007. 社会认同理论视野下的社会认同威胁 . 心理科学进展, 15（5）：822-827.

王倩 .2013. 徽州的生态伦理理念与实践 . 安徽大学硕士学位论文.

王清华 .1995. 哈尼族的梯田文化 . 地理知识,（7）：24-28.

王庆 .2004-03-18. 林海飞歌 . 贵州日报.

王如松 .2010. 更新观念是生态建设核心 . http://www. dezhoudaily. com/news/dezhou/folder132/2010/12/2010-
　　12-16207265. html ［2010-12-16］.

王石英, 蔡强国, 吴淑安 .2004. 美国历史时期沙尘暴的治理及其对中国的借鉴意义 . 资源科学, 26（1）：
　　120-128.

王晓云 .2012. 论中国特色社会主义生态文明文化模式的生成 . 华中农业大学学报（社会科学版）,（4）：
　　95-99.

王歆 .2009. 认同理论的起源、发展与评述 . 新疆社科论坛,（2）：78-83.

王学涛 .2012.7 年消失近一半——拿什么拯救我们的古村落？ http: //new.xinhuanet.com/politics/2012-10-11/
　　C_113342489.htm[2012-10-11].

王雪琴 .2003. 美国 20 世纪 30 年代的沙尘暴及其治理 . 生态经济,（10）：206-209.

王义民 .2006. 论人地关系优化调控的区域层次 . 地域研究与开发, 25（2）：20-23.

王逸凡 .2013. 大学生生态文明理念认同教育探析 . 学理论,（31）：207-208.

王玉庆 .2010. 生态文明——人与自然和谐之道 . 北京大学学报（哲学社会科学版）,（1）：58-59.

王云才, 石忆邵, 陈田 .2009. 传统地域文化景观研究进展与展望 . 同济大学学报（社会科学版）, 20
　　（1）：18-24.

王振忠 .2006a. 古村落不只是老建筑——以徽州历史文化脉络下的婺源古村落为例 . 今日国土, 24：
　　16-22.

王振忠 .2006b. 明清文献中"徽商"一词的初步考察 . 历史研究,（1）：170-173.

王志弘 .1998. 流动、空间与社会 . 台北：田园城市文化事业有限公司：145.

王卓琳, 罗观翠 .2013. 论社会认同理论及其对社会集群行为的观照域 . 求索,（11）：223-225.

威廉斯 .1991. 文化与社会 . 北京：北京大学出版社.

魏波 .2007. 环境危机与文化重建 . 北京：北京大学出版社：85.

魏建中, 姜又春 .2014. 侗族民间信仰的生态伦理学解读 . 民族论坛,（1）：32-36.

沃姆利斯 D J, 刘易斯 G J.1988. 行为地理学导论 . 王兴中, 等译 . 西安：陕西人民出版社.

吴必虎 .2000. 地方旅游开发与管理 . 北京：科学出版社.

吴传钧 .1991. 论地理学的研究核心——人地关系地域系统 . 经济地理, 11（3）：1-6.

吴丽蓉 .2006. 徽州文化旅游深度开发与对策研究 . 安徽师范大学硕士学位论文.

吴文祥, 胡莹, 周扬 .2009. 气候突变与古文明衰落 . 古地理学报, 11（4）：455-463.

吴文祥, 刘东生 .2002.5500aBP 气候事件在三大文明古国古文明和古文化演化中的作用 . 地学前缘,（1）：
　　155-162.

吴文祥, 刘东生 .2004.4000aBP 前后东亚季风变迁与中原周围地区新石器文化的衰落 . 第四纪研究, 24
　　（3）：278-284.

吴文智, 庄志民 .2003. 体验经济时代下旅游产品的设计与创新——以古村落旅游产品体验化开发为
　　例 . 旅游学刊, 18（6）：66-70.

吴宇虹 .2001.生态环境的破坏和苏美尔文明的灭亡 .世界历史,(3):114-116.

吴媛媛 .2008.明清徽州水旱灾害研究 .安徽史学,(4),78-87.

西山夘三 .1991.历史文化城镇保护 .路秉杰译 .北京:中国建筑工业出版社.

谢觉民 .1999.自然,文化,人地关系 .北京:科学出版社:19-21.

辛儒孔旭红,邵凤芝 .2008.非物质文化遗产保护背景下的地域文化保护与利用——以方言为例 .河北学刊,28(2):201-203.

徐春 .2010.对生态文明概念的理论阐释 .北京大学学报(哲学社会科学版),(1):61-63.

徐永志 .2004.加强保护、开发和利用中国少数民族传统民间文化资源刍议 .中央民族大学学报(哲学社会科学版),31(5):57-62.

许桂灵,司徒尚纪 .2006.粤港澳区域文化综合体形成刍议 .地理研究,25(3):495-506.

许建萍,王友列,尹建龙 .2013.英国泰晤士河污染治理的百年历程简论 .赤峰学院学报(汉文哲学社会科学版),(3):15-16.

许顺进 .2006.争议历史与现实对照下的徽州文化 .徽州社会科学,(8):43-44.

杨红 .2005.凉山彝族生态文化的继承与凉山彝区生态文明建设 .西南民族大学学报(人文社科版),26(2):22-25.

杨怀中,杨倩 .2012.生态文明视域下科学文化与人文文化交融的再认识 .武汉科技大学学报(社会科学版),14(6):604-607.

杨凯源 .2002.城市管理、城市管治与城市经营的比较 .经济师,(5):59.

杨磊 .2014.2013 中国环境状况公报:大气、水、土壤污染状况仍严重 http://money. 163. com/14/0626/19/9VMIBK0D00253B0H. html[2014-06-26].

杨青山,梅林 .2001.人地关系、人地关系系统与人地关系地域系统 .经济地理,21(5):532-537.

杨庭硕,吕永锋 .2004b.人类的根基:生态人类学视野中的水土资源 .昆明:云南大学出版社.

杨庭硕 .2004a.论地方性知识的生态价值 .吉首大学学报(社会科学版),25(3):23-29.

杨庭硕 .2005.地方性知识的扭曲、缺失和复原——以中国西南地区的三个少数民族为例 .吉首大学学报(社会科学版),26(2):62-66.

杨通进 .1999.整合与超越:走向非人类中心主义的环境伦理学 // 徐嵩龄 .环境伦理学进展:评述与阐释 .北京:中国社会科学文献出版社 .115-701.

杨雪吟 .2007.生态人类学与文化空间保护——以云南民族传统文化保护区为例 .广西民族大学学报(哲学社会科学版),29(3):42-46.

杨阳 .2007.韩国的传统文化保护与扩展解析 .装饰,(3):92-94.

杨宜音,张存武 .2002.文化认同的独立性和动力性:以马来西亚华人文化认同的演进与创新为例 .海外华族研究论集,(3):407-420.

叶岱夫 .2001.人地关系地域系统与可持续发展的相互作用机理初探 .地理研究,20(3):307-314.

叶鸣声,郗延红 .2004.徽州文化的传承与创新 .理论建设,(1):52,56.

叶显恩 .1983.明清徽州农村社会与佃仆制 .合肥:安徽人民出版社:40-41.

叶显恩 .2005.徽州文化的定位及其发展大势 .黄山学院学报,(2):8-12.

叶育登,胡记芳 .2008.民工社会认同形成机制探析——基于群际传播视角 .西北人口,29(4):88-92.

伊武军 .2001.从"人类中心观"到"生态文明观"——生态文化的环境生态学视角 .东南学术,(5):38-42.

尹绍亭.2000.人与森林：生态人类学视野中的刀耕火种.昆明：云南教育出版社.

雍际春.2008.地域文化研究及其时代价值.宁夏大学学报（人文社会科学版），30（3）：52-57.

雍琳，万明刚.2003.影响藏族大学生藏、汉文化认同的因素研究.心理与行为研究，（3）：181-185.

尤陶江.2001.发展文化旅游应重视旅游文化环境的研究.太原师范专科学校学报，（2）：32-45.

游俊，田红.2007.论地方性知识在脆弱生态系统维护中的价值——以石灰岩山区"石漠化"生态救治为例.吉首大学学报（社会科学版），28（2）：85-90.

于海海，金盛华.2013.国家认同的研究现状及其研究趋势.心理研究，（4）：3-9.

于岚.2003.文化旅游概念不宜泛化.北京第二外国语学院学报，（4）：78-79.

余歌.2010.洛杉矶烟雾事件.世界环境，（3）：7.

余谋昌.2006.生态文明是人类的第四文明.绿叶，（11）：20-21.

余谋昌.2009.从生态伦理到生态文明.马克思主义与现实（双月刊），（2）：112-118.

余振国.2013.浅论生态文明建设的内涵、源流与核心.中国国土资源经济，（3）：19-22.

俞可平.2015.科学发展观与生态文明.马克思主义与现实，（4）：4-5.

俞明海，杨洁，周波.2009.徽州传统聚落建设的系统理念探讨.安徽农业科学，37(32):16105-16108.

约瑟夫·拉彼德，弗里德里希·克拉托赫维尔.2003.文化和认同：国际关系回归理论.金烨译.杭州：浙江人民出版社：2.

岳毅平，吴惠敏，郭其智.2005.试析徽州园林的文化意蕴.安徽农业大学学报（社会科学版），（6）：103-107.

詹嘉.2012.景德镇陶瓷作坊的文化生态景观研究.地理科学，31（1）：55-59.

詹姆斯·科尔曼.1990.社会理论的基础.邓方译.北京：社会科学文献出版社.

詹姆斯·科尔曼.1990.社会理论的基础.邓方译.北京：社会科学文献出版社.

张安东.2011.20世纪90年代以来徽州文化研究的回顾与前瞻.理论建设，（4）：90-95.

张春兴.1992.张氏心理学大辞典.上海：上海辞书出版社：122.

张飞.2007.基于资源整合理论的徽文化旅游圈构建研究.华东经济管理，21（9）：114-116.

张风琦.2008."地域文化"概念及其研究路径探析.浙江社会科学，（4）：63-66.

张广海，方百寿.2004.旅游管理综论.北京：经济管理出版社：72.

张海鹏，王廷元.1995.徽商研究.合肥：安徽人民出版社：504-534.

张亮.2015.徽州古道：徽州文化形成、扩散的通道.中国文化遗产，（6）：14.

张脉贤.1997.徽州文化的现存及其价值.中外文化交流，（4）：50-53.

张乃和.2004.认同理论与世界区域化研究.吉林大学社会科学学报，（3）：116-123.

张青兰.2010.马克思主义的生态文明观及其现实意义.山东社会科学，（8）：131-133.

张汝伦.2003.现代西方哲学十五讲.北京：北京大学出版社：82.

张首先.2010.生态文明：内涵、结构及基本特性.山西师大学报（社会科学版），37（1）：26-29.

张淑华，李海莹，刘芳.2012.身份认同研究综述.心理研究，5（1）：21-27.

张淑燕.2016.雾霾战：英国如何强力治污.http://paper.people.com.cn/rmzk/html/2016-01/01/content_1645534.htm[2016-01-01].

张松.1999.历史城镇保护的目的与方法初探——以世界文化遗产平遥古城为例.城市规划，23（7）：50-53.

张松.2009.文化生态的区域性保护策略探讨——以徽州文化生态保护实验区为例.同济大学学报（社会

科学版），20（3）：27-35.

张向东.2006.认同的概念辨析.湖南社会科学，（3）：78-80.

张艳红，佐斌.2012.民族认同的概念、测量及研究述评.心理科学，（2）：467-471.

张杨.2009.社区居民对历史建筑保护与利用的态度研究——以比利时鲁汶市女修道院为例.社会科学研究，（6）：102-105.

张莹瑞，佐斌.2006.社会认同理论及其发展.心理科学进展，14（3）：475-480.

张在元.2003.城市发展的软道理.城市规划，（9）：55.

张泽忠，吴鹏毅，米舜.2011.侗族古俗文化的生态存在论研究.桂林：广西师范大学出版社：86-93.

章尚正.2005.经济全球化冲击下地方文化的传承发展——以徽文化的旅游利用与文物保护为例.安徽大学学报（哲学社会科学版），29（6）：152-156.

赵成.2008.生态文明的内涵释义及其研究价值.思想理论教育，（5）：46-51.

赵东海.2010.生态文明研究的态势分析.自然辩证法研究，（12）：81-87.

赵华富.2001.与客家始迁祖不同的徽州中原移民.安徽大学学报（哲学社会科学版），25（6）：23-28.

赵华富.2011.明清时期徽州的儒贾观.安徽大学学报（哲学社会科学版），（6）：125-131.

赵明华，韩荣青.2004.地理学人地关系与人地系统研究现状评述.地域研究与开发，23（5）：6-10.

赵荣，等.2006.人文地理学.北京：高等教育出版社.

赵世瑜，周尚意.1991.中国文化地理概说.太原：山西教育出版社.

赵懿梅.2010.徽州非物质文化遗产的调查与价值——兼评《徽州记忆》.黄山学院学刊，12（2）：1-4.

赵勇，张捷，李娜，等.2006.历史文化村镇保护评价体系及方法研究——以中国首批历史文化名镇（村）为例.地理科学，26（4）：497-505.

赵志裕，温静，谭俭邦.2005.社会认同的基本心理历程——香港回归中国的研究范例.社会学研究，（5）：202-227.

赵中枢.2001.从文化保护到历史文化名城保护——概念的扩大与保护方法的多样性.城市规划，25（10）：33-36.

郑度.1994.中国21世纪议程与地理学.地理学报，（6）：481-489.

郑度.2002.21世纪人地关系研究前瞻.地理研究，21（1）：9-13.

郑慧子.2011.生态文明：一个人类学的解释.河南大学学报（社会科学版），51（5）：42-47.

郑培凯.2006.口传心授与文化传承——非物质文化遗产：文献，现状与讨论.桂林：广西师范大学出版社

郑权，田晨.2013.美国洛杉矶雾霾之战的经验和启示.中国财政，（11）：70-71.

郑土有.2007."自鄙"、"自珍"与"自毁"——关于古村落文化遗产保护的思考.云南社会科学，（2）：135-137.

郑晓云.1992.文化认同论.北京：中国社会科学出版社.

郑雪，王磊.2005.中国留学生的文化认同、社会取向与主观幸福感.心理发展与教育，21（1）：48-54.

郑易生.2002.自然文化遗产的价值与利益.经济社会体制比较，18（2）：82-85.

中共中央马克思恩格斯列宁斯大林著作编译局译.1979.马克思恩格斯全集（46上）.北京：人民出版社.

中国环境科学学会，中国风水文化研究院.2010.传统文化与生态文明.北京：环境科学出版社.

中国科学院南方山区综合科学考察队第三分队.1987.安徽省南部丘陵山区国土开发与整治研究.上海：华东师范大学出版社：76-77.

钟军.2011.海南文化旅游产业建设研究.中南大学硕士学位论文.

周尚意，孔翔，朱弘.2004.文化地理学.北京：高等教育出版社：205-208，263-268.

周尚意，彭建.1998.浅析转型期村镇空间感知特点.人文地理，（4）：14-18.

周尚意，唐顺英，戴俊骋.2011."地方"概念对人文地理学各分支意义的辨识.人文地理，（6）：10-13.

周尚意，吴莉萍.2007.地域文化、地方性知识对区域发展的影响.地理教育，（3）：4-5.

周生贤.2009.积极建设生态文明.求是，22（12）：30-32.

周晓虹.1993.现代社会心理学的危机——实证主义、实验主义和个体主义批判.社会学研究，（3）：94-104.

周晓虹.2008.认同理论：社会学与心理学的分析路径.社会科学，（4）：46-53.

周有光.2006.学思集——周有光文化论稿.上海：上海教育出版社：258-260.

周元祥，查珍，黄志斌.2004.从宏村古水系保护谈世界文化遗产保护的和谐追求.合肥工业大学学报（社会科学版），18（1）：56-59.

朱国兴，余向洋，胡善风.2013.基于流视角的徽州文化发展研究.人文地理，（5）：49-53.

朱国兴，余向洋，钱克金.2006.徽州文化发展与人地关系演进的对应分析.黄山学院学报，（2）：21-25.

朱国兴.2002.徽州村落旅游开发初探.资源开发与市场，（6）：40-43.

朱贺琴.2010.维吾尔族民居建筑中的文化生态.新疆社会科学，（2）：104-108.

朱竑，封丹，王彬.2008.全球化背景下城市文化地理研究的新趋势.人文地理，（2）：6-10.

朱景.2013.1943年美国洛杉矶光化学烟雾事件.http://www.southcn.com/nfdaily/news/content/2013-11/07/content_83950968.htm［2013-11-07］.

朱生东，章锦河，杨效忠.2010.徽州文化旅游整体开发模式研究.地域研究与开发，29（2）：86-90.

朱维琴.2005.美国洛杉矶光化学烟雾事件.绿色视野，（8）：29-30.

诸大建.2008.生态文明与绿色发展.上海：上海人民出版社.

庄春萍，张建新.2011.地方认同：环境心理学视角下的分析.心理科学进展，19（9）：1387-1396.

庄孔韶.2009.文化遗产保护的观念与实践的思考.浙江大学学报（人文社会科学版），（4）：9-17.

邹广文，王纵横.2011.当代中国生态文明转型的文化解读.人民论坛，2011（1）：30-32.

邹一清.2005.古蜀与美索不达米亚——从灌溉系统的比较分析看古代文明的可持续发展.中华文化论坛，（2）：145-148.

左宏愿.2012.原生论与建构论：当代西方的两种族群认同理论.国外社会科学，（3）：107-114.

Adler P S. 1975. The transitional experience：An alternative view of culture shock. Journal of Humanistic Psychology，15（4）：13-23.

Agnew J A，Duncan J S. 1990. The power of place：bringing together the geographical and sociological imaginations. Geographical Journal，47（4）：525-526.

Alexander T. 2009. Welcome to old times：Inserting the okie Past into california's san joaquin valley present. Journal of Cultural Geography，26（1）：71-100.

Amiot C E，De la Sablonniere R，Terry D J，et al. 2007. Integration of social identities in the self：Toward a cognitive-developmental model. Personality and Social Psychology Review，11（4）：364-388.

Angelides M C. 2000. Using multimedia database information systems over the Internet for enhancing the planning processes for dealing with the built heritage. International journal of information management，20（5）：349-367.

Antrop M. 2005. Why landscapes of the past are important for the future. Landscape and Urban Planning,（70）：21-34.

Barker C. 2000. Cultural Studies: Theory and Practice. London: Sage.

Basu S, Michaëlsson K, Olofsson H, et al. 2001. Association between oxidative stress and bone mineral density. Biochemical and biophysical research communications, 288 (1): 275-279.

Bedrry J W. 1999. Aboriginal cultural identity. Canadian Journal of Native Studies, 19 (1): 1-36.

Bell G H. 1971. The action of monocarboxylic acids on Candida tropicalis growing on hydrocarbon substrates. Antonie van Leeuwenhoek, 37 (1): 385-400.

Beltran E, Rojas M. 1996. Diversified funding methods in Mexican archaeology. Annals of Tourism Research, 23 (2): 463-478.

Berry J W, Kim U, Power S, et al. 1989. Acculturation attitudes in plural societies. Applied psychology, 38 (2): 185-206.

Berry J W, Phinney J S, Sam D L, et al. 2006. Immigrant Youth in Cultural Transition: Acculturation, Identity, and Adaptation Across National Contexts. Mahwah: Lawrence Erlbaum Associates.

Berry J W. 2005. Acculturation: Living successfully in two cultures. International journal of intercultural relations, 29 (6): 697-712.

Berry J W. 2005. Acculturation: Living successfully in two cultures. International Journal of Intercultural Relations, 29 (6), 697-712.

Berry J. 1980. Comparative studies of acculturative stress. international migration review, (21): 491-511.

Blake J. 2000. On defining the cultural heritage. The International and Comparative Law Quarterly, 49 (1): 61-85.

Bohannan P. 1971. Beyond civilization. Natural History Magazine, (80): 8-20.

Bonaiuto M, Breakwell G M, Cano I. 1996. Identity processes and environmental threat: The effects of nationalism and local identity upon perception of beach pollution. Journal of Community & Applied Social Psychology, 6 (3): 157-175.

Bonnifield P. 1979. The Dust Bowl: Men, Dirt, and Depression. Albuquerque: University of New Mexico Press.

Borja J, Castells M, Belil M, et al. 1997. Local and global: the management of cities in the information age. London: Earthscan Publications.

Bourhis R Y, Moise L C, Perreault S, et al. 1997. Towards an interactive acculturation model: A social psychological approach. International Journal of Psychology, 32 (6): 369-386.

Branscombe N R, Spears R, Ellemers N, et al. 2002. Intragroup and intergroup evaluation effects on group behavior. Personality and Social Psychology Bulletin, 28 (6): 744-753.

Breakwell G M. 1986. Coping with Threatened Identity. London: Psychology Press.

Brewer M B, Gaertner S L. 2004. Toward reduction of prejudice: Intergroup contact and social categorization. Self and social identity, 53 (243): 298-318.

Brown R. 2000. Social identity theory: Past achievements, current problems and future challenges. European journal of social psychology, 30 (6): 745-778.

Buckle H T. 1972. History of Civilization in England. London: Longman.

Buttimer A, Seamon D. 2015. The Human Experience of Space and Place. London: Routledge.

Canter D V. 1977. The Psychology of Place. New York: Palgrave Macmillan.

Casey E S. 1997. The Fate of Place: a Philosophical History. Berkeley: University of California Press.

Castells M. 1996. The Rise of the Network Society, The Information Age: Economy, Society and Culture Vol. I. Cambridge, Oxford: Blackwell.

Chang T C. 1997. From "Instant Asia" to "multi-faceted jewel": urban imaging strategies and tourism development in Singapore . Urban Geography, 18 (6): 542-564.

Charles A R. 1981. Webster, Environmental Health Law. London: Sweet & Maxwell: 198.

Claval P. 1998. An introduction to regional geography. Blackwell Publishers, 20 (1): 1-5.

Cloke P, Crang P, et al. 1999. Introducing Human Geographies. London: Amold.

Coeterier J F. 2002. Lay peoples' evaluation of historic sites. Landscape and Urban Planning, 59 (2): 111-123.

Condominas G. 2004. Researching and Safeguarding the Intangible Heritage. Museum International, 57 (2): 21-31.

Croci G. 2000. General methodology for the structural restoration of historic buildings: the case study of the Tower of Pisa and the Basilica of Assisi. Journal Of Cultural Heritage, 1 (1): 10-18.

Cuba L, Hummon D M. 1993. A place to call home: Identification with dwelling, community, and region. The sociological quarterly, 34 (1): 111-131.

Cullen H M, Hemming S, Hemming G, et al. 2000. Climate change and the collapse of the Akkadian empire: Evidence from the deep sea. Geology, 28 (4): 379-382.

Daniels S. 1993. Fields of Vision: Landscape Imagery and National Identity in England and the United States . Princeton: Princeton University Press.

Deepak Chhabra D. 2003. Ttaged authenticity and heritage tourism. Annals Tourism Research, 30 (3): 702-719.

Demotte R. 2004. National policies concerning intangible cultural heritage: the example of Belgium's French community. Museum International, 56 (1-2): 174-179.

Dixon J, Durrheim K. 2004. Dislocating identity: desegregation and the transformation of place. Journal of Environmental Psychology, 24 (4): 455-473.

Drost A. 1996. Developing sustainable tourism for world heritage sites. Annals of tourism research, 23 (2): 479-484.

Drost A. 1996. Developing sustainable tourism for world heritage. Sites, Annals of Tourism Research, 23 (2): 479-492.

Duncan J, Duncan N. 1988. (Re) reading the landscape. Environment and Planning D: Society and Space, 6 (2): 117-126.

Ellemers N, Spears R, Doosje B. 2002. Self and social identity. Annual review of psychology, 53 (1): 161-186.

Entrikin J N. 1991. Corrigendum: The betweenness of place: towards a geography of modernity. Transactions of the Institute of British Geographers, 17 (4): 288.

Entrikin J N. 1997. Place and region 3. Progress in human geography, 21 (2): 263-268.

Entrikin J N. 1999. Political community, identity and cosmopolitan place. International sociology, 14 (3): 269-282.

Erikson E H. 1959. Identity and the life cycle. Psychological Issues, 1（1）: 18-164.

Flint C. 2002. Political geography: globalization, metapolitical geographies and everyday life. Progress in Human Geography, 26（3）: 391-400.

Freud S. 1922. Group Psychology and the Analysis of Ego. New York: Norton: 41.

Giuliani M V, Feldman R. 1993. Place attachment in a developmental and cultural context. Journal of environmental psychology, 13（3）: 267-274.

Gold J R. 1980. An Introduction to Behavioral Geography. Oxford: Oxford University Press: 42-57.

Graham B, Ashworth G J, Tunbridge J E. 2000. A Geography of Heritage: Power, Culture, and Economy. London: Arnold..

Green T, 蔡瑞良. 1979. 泰晤士河变迁记. 世界科学译刊, 1979（4）: 17.

Hall R M, Collis C M. 1995. Mobile gene cassettes and integrons: capture and spread of genes by site - specific recombination. Molecular microbiology, 15（4）: 593-600.

Halliday S. 1999. The Great Stink of London: Sir Joseph Bazalgette and the Cleansing of the Victorian Metropolis. Gloucestershire: Sutton Publishing Limited.

Hammitt W E. 1998. Wildland Recreation: Ecology and Management. New York: John Wiley &Sons.

Hansen T. 1997. The willingness-to-pay for the royal theatre in copenhagen as a public good. Journal of Cultural Economics, 21（1）: 1-28.

Harner J. 2001. Place identity and copper mining in Senora, Mexico. Annals of the Association of American Geographers, 91（4）: 660-680.

Hayek F A V. 1967. Studies in Philosophy, Politics and Economics. London: Routledge and Kegan Paul.

Heidegger M. 1971. Poetry, Language, Thought. New York: Harper and Row.

Hidalgo M C, Hernandez B. 2001. Place attachment: conceptual and empirical questions. Journal of Environmental Psychology, 21（3）: 273-281.

Hodson R, Massey G. 1994. National tolerance in the former Yugoslavia. American Journal of Sociology, 99（6）: 1534-1558.

Hogg M A, Ferry D J, White K M. 1995. A tale of two theories: a critical comparison of identity theory with social identity theor. Social Psychology Quarterly, 58（4）4: 255-269.

Hogg M A. 2004. Social Identity, Self-categorization, and communication in small groups//Candlin C. Chiu C Y. Language Matters: Communication, Culture, and Social Identity. Hong Kong: City University of Hong Kong Press: 221-243.

Hurt R D. 1981. The Dust Bowl: An Agricultural and Social History . Chicago: Nelson-Hall Inc.

Hurt R D. 1981. The Dust Bowl: An Agricultural and Social History. Chicago: Nelson-Hall: 34.

ICOMOS. 1964. International Charter for the Conservation and Restoration of Monuments and Sites（The Venice Charter）. 2nd International Congress of Architects and Technicians of Historic Monuments Venice.

Jackson J B. 1994. A Sense of Place, a Sense of Time. New Haven: Yale University Press: 25.

Jackson P. 1989. Maps of Meaning: An Introduction to Cultural Geography. London: Unwin Hyman.

Jacobsen T. 1982. Salinity and irrigation agriculture in antiquity. Bibliotheca Mesopotamica, 26（1）: 2357-2362.

Johnston R J. 2000. The Dictionary of Human Geography. Oxford: Blackwell.

Jonathan F. 1994. Culture Identity and Global Process. London: Sage Publication, 45, 117.

Kelly R, Macinnes L, Thackray D, et al. 2001. The Cultural Landscape: Planning for a Sustainable Partnership between People and Place. London: ICOMOS.

Kim S. 2007. Assessing the economic value of a world heritage site and willingness-to-pay determinants: A case of Changdeok Palace. Tourism Management, 27 (1): 317-322.

Korpela K M. 1989. Place-identity as a product of environmental self-regulation. Journal of Environmental Psychology: 9 (3):241-256.

Korpela K, Hartig T. 1996. Restorative qualities of favorite places. Journal of Environmental Psychology, 16 (3): 221-233.

Kroopf S. 2007. 天使之城——洛杉矶. 大视野, (10): 54-57.

Leibkind K. 1992. Ethnic identity challenging the boundaries of social psychology//Breakwell G M. Social Psychology of Identity and the Self Concept. Sari Surrey University Press.

Ley D, Samuels M. 1978. Humanistic Geography: prospects and problems. Chicago: Maaroufa Press.

Lukerman F. 1964. Geography as a Formal Intellectual Discipline and the Way in Which It Contributes to Human Knowledge. The Canadian Geographer, 8 (4): 167-172.

Mann S, Kröger S. 1996. Agrin is synthesized by retinal cells and colocalizes with gephyrin (corrected title). Molecular and Cellular Neuroscience, 8 (1): 1-13.

Marcia J E. 1980. Identity in adolescence. Handbook of adolescent psychology, 9 (11): 159-187.

Massey D, Jess P M. 1995. A Place in the World: Places, Cultures and Globalization. Oxford : Oxford University Press in association with the Open University.

Massey D. 1993. Power-geometry and a progressive sense of place. Mapping the futures: Local cultures, global change, (1): 59-69.

Massey D. 1994. Space, Place and Gender. Minneapolis: University of Minnesota Press: 146-156.

Massey D. 1995. Masculinity, dualisms and high technology. Transactions of the Institute of British Geographers, 20 (4): 487-499.

Massey D. 1995. The conceptualization of place//Massey D, Jess P. A Place in the World?Places, Cultures and Globalization. Oxford: Oxford University Press: 45-85.

Mayor M F. 2002. Convention concerning the protection of the world cultural and natural heritage. Agronomy Journal, 25 (1-2): 452-458..

McMillan D W, Chavis D M. 1986. Sense of community: a definition and theory. Journal of Community and Psychology, 14 (1): 6-23.

Mellaart J. 1966. Excavations at çatal Hüyük, 1965: fourth preliminary report. Anatolian Studies, (16): 165-191.

Miller D, Jackson P, Thrift N, et al. 1998. Shopping, Place, and Identity. London: Routledge.

Mitchell D. 2000. Cultural Geography: A critical Introduction. Oxford: Blackwell.

Moore R L, Graefe A R. 1994. Attachments to recreation settings: the case of rail-trail users. Leisure sciences, 16 (1): 17-31.

Morrison R. 1995. Ecological Democracy. Boston: South End Press.

Nanzer A M, Khalaf S, Mozid A M, et al. 2004. Ghrelin exerts a proliferative effect on a rat pituitary somatotroph cell line via the mitogen-activated protein kinase pathway. European Journal of Endocrinology, 151（2）: 233-240.

Nelson B, Robert L, Velt W. 1992. The Idea of Europe, Problems of National and Transnational Identity. Oxford: Berg: 92.

Nixon E B, Franklin D. 1957a. Roosevelt and Conservation, 1911-1945. Volume One. New York: Franklin D. Roosevelt Library: 437-438.

Nixon E B, Franklin D. 1957b. Roosevelt and Conservation, 1911- 1945, Volume Two. New York:Franklin D. Roosevelt Library.

Nuryanti W. 1996. Heritage and postmodern tourism. Annalso Tourism Research, 23（2）: 249-260.

Padilla A M, Perez W. 2003. Acculturation, social identity, and social cognition: A new perspective. Hispanic Journal of Behavioral Sciences, 25（1）: 35-55.

Peiser B J. 1998. Comparative analysis of late holocene environmental and social upheaval: evidence for a global disaster in the late 3rd millennium BC. 中国林业科技（英文版），（3）: 22-28..

Phinney J S, Ong A D. 2007. Conceptualization and measurement of ethnic identity: current status and future directions. Journal of Counseling Psychology, 54（3）: 271.

Phinney J S. 1989. Stage of ethnic identity development in minority group adolescents. Journal of Early Adolescenc, 9（1-2）: 34-49.

Proshansky H M, Fabian A K, Kaminoff R. 1983. Place-identity: Physical world socialization of the self. Journal of environmental psychology, 3（1）: 57-83.

Proshansky H M. 1978. The city and self-identity. Environment and behavior, 10（2）: 147-169.

Purcell A T, Nasar J L. 1992. Experiencing other people's houses: a model of similarities and differences in environmental experience. Journal of Environmental Psychology, 12（3）: 199-211.

Redfield R, Linton R, Herskovits M J. 1936. Memorandum for the study of acculturation. American anthropologist, 38（1）: 149-152.

Reisinger Y. 1994. Tourist-host contact as part of cultural tourism. World Leisure And Recreation, （36）: 24-28.

Relph E. 1976. Place and placelessness. London: Pion: 89-100.

Robin A. 1983. The Ethics of Environmental Concern. Oxford: Basic Blackwell Pub: 30-70.

Rosaldo R. 1993. Culture and Truth, The Remaking of Social Analysis. London: Houghton Mifflin: 92.

Rose G. 1995. Place and identity: a sense of place//Massey D, Jess P. A Place in the World？ Plaas, Gultas and Globalization. Oxford: The open University.

Sack R D. 1992. Place, modernity, and the consumer's world: A relational framework for geographical analysis. Baltimore: Johns Hopkins University Press.

Said E. 1994. Culture and Imperialism. New York: Knopf.

Sanders C. 2001. What keeps a student at home? http: // www. timeshighereducation. co. uk/news/analysis-what-keeps-a-student-home/158288. article.

Sauer K.1956.The Agency of Man on Earth//William L, Thomas Jr.Man's Role in Changing the Face of the Earth.Chicago: University of Chicago Press:49-69.

Schubert S D, Suarez M J, Pegion P J, et al. 2004. 论20世纪30年代美国沙尘暴成因. 干旱气象, 22（2）:

89-94.

Schwartz S J, Montgomery M J, Briones E. 2006. The role of identity in acculturation among immigrant people: Theoretical propositions, empirical questions, and applied recommendations. Human development, 49 (1): 1-30.

Silberberg T. 1995. Cultural tourism and business opportunities for museums and heritage sites. Tourism Management, 16 (5): 361-365.

Soja E W. 1989. Postmodern Geographies: The Reassertion of Space in Critical Social Theory. London: Verso: 76-93.

Stedman R C. 2002. Toward a social psychology of place: predicting behavior from place-based cognitions, attitude, and identity. Environment and Behavior, 34 (5) :561-581.

Steele F. 1981. The sense of place. Boston, CBI Publishing.

Stewart P J, Strathern A. 2003. Landscape, Memory and History: An Thropological Perspectives. London: Pluto.

Sutton K, Fahmi W. 2001. The rehabilitation of old cairo. Journal of Fish Biology. 59 (12): 17-25.

Tajfel H, Turner J C. 1979. An integrative theory of intergroup conflict. The social psychology of intergroup relations, 33 (47): 74.

Tajfel H, Billig M G, Bundy R P, et al. 1971. Social categorization and intergroup behaviour. European journal of social psychology, 1 (2): 149-178.

Tajfel H, Turner J C. 1986. The social identity theory of intergroup behavior//Worchel S, Austin W G. Psychology of Intergroup Relations. Chicago: Nelson-Hall: 7-24.

Tajfel H. 1978. Differentiation Between Social Groups: Studies in the Social Psychology of Intergroup Relations. London: Academic Press.

Tajfel H. 1982. Social psychology of intergroup relations. Annual Review of Psychology, (33): 1-39.

Taylor C. 2001. Sources of the Self: The Making of Modern Identity. Cambridge: Harvard University Press: 27.

Theodmson G A, Theodroson A G. 1969. A modern dictionary of sociology. New York: Cromwell.

Thorburn A. 1996. Marketing cultural heritage: does it work within Europe. Travel and Tourism Analyst, (6): 39-48.

Thrift N. 1985. Flies and germs: a geography of knowledge//Gregorg D, Vrry J. Social Relations and Spatial Structures. London:Macrnillan Press.

Tuan Y F. 1974. Topophilia: A Study of Environmental Perception, Attitudes, Values. Englewood Cliffs: Prentre-Hall.

Tuan Y F. 1977. Space and Place: the Perspective of Experience. Minneapolis: University of Minnesota Press: 118-131.

Tuathail G ó. 1998. Political geography III: dealing with deterritorialization. Progress in Human Geography, 22 (1): 81-93.

Turner J C. 1985. Social categorization and the self-concept: A social cognitive theory of group behavior. Advances in group processes, (2): 77-122.

Twigger-Ross C L, Uzzell D L. 1996. Place and identity processes. Journal of environmental psychology,

16（3）：205-220.

Vaske J J, Kobrin K C. 2001. Place attachment and environmentally responsible behavior. The Journal of Environmental Education, 32（4）：16-21.

Walle A H. 1998. Cultural Tourism：A Strategic Focus. Boulder：Westview Press：238.

Walton G M, Cohen G L. 2007. A question of belonging：race, social fit, and achievement. Journal of personality and social psychology, 92（1）：82.

Weeks J. 1998. The value of difference in identity：Community, culture, difference. London：Lawrence & Ishart Press.

Weiss H, Courty M A, Wetterstrom W, et al. 1993. The genesis and collapse of third millennium north Mesopotamian civilization. Science, 261（5124）：995-1004.

Weiss H. 2000. Beyond the Younger Dryas：collapse as adaptation to abrupt climate change in ancient West Asia and the Eastern Mediterranean//Bawden G, Reycraft. Confronting Natural Disaster：Engaging the Past to Understand the Future. Albuquerque：University of New Mexico Press：75-98.

WHC. 2005. Operational Guideline for the Implementation of the World Heritage Convention.

Williams D R, Patterson M E. 1999. Environmental psychology：Mapping landscape meanings for ecosystem management//Cordell H K, Bergstrom J C. Integrating social sciences and ecosystem management：Human dimensions in assessment, policy and management. Champaign：Sagamore：141-160.

Williams D R, Roggenbuck J W. 1989. Measuring place attachment：some preliminary results//McAvoy L H, Howard D. Abstracts of the 1989 Leisure Research Symposium. Arlington：National Recreation and Park Association：32.

Wood L B. 1982. The Restoration of the Tidal Thames. Bristol：Adam Hilger Ltd.

Worster D. 1979. Dust Bowl：The Southern Plains in the 1930s. New York：Oxford University Press：4.

Worster D. 1986. The dirty thirties, a study in agricultural capitalism. Great Plains Quarterly, 974（2）：107-116.

Wright J K. 1947. Terrae incognitae：The place of the imagination in geography. Annals of the association of american geographers, 37（1）：1-15.

Young T. 2001. Place matters. Annals of the Association of American Geographers, 91（4）：681-682.